SISTEMAS FOTOVOLTAICOS CONECTADOS À REDE ELÉTRICA

Roberto Zilles

Wilson Negrão Macêdo

Marcos André Barros Galhardo

Sérgio Henrique Ferreira de Oliveira

oficina de textos

© 2012 Oficina de Textos
1ª reimpressão 2015 | 2ª reimpressão 2021

Grafia atualizada conforme o Acordo Ortográfico da Língua Portuguesa de 1990, em vigor no Brasil desde 2009.

CONSELHO EDITORIAL Cylon Gonçalves da Silva; Doris C. C. K. Kowaltowski; José Galizia Tundisi; Luis Enrique Sánchez; Paulo Helene; Rozely Ferreira dos Santos; Teresa Gallotti Florenzano

CAPA Malu Vallim
DIAGRAMAÇÃO Casa Editorial Maluhy & Co.
PROJETO GRÁFICO Douglas da Rocha Yoshida
PREPARAÇÃO DE TEXTO Gerson Silva
REVISÃO DE TEXTO Felipe Navarro Bio de Toledo

Dados Internacionais de Catalogação na Publicação (CIP)
(Câmara Brasileira do Livro, SP, Brasil)

Sistemas fotovoltaicos conectados à rede elétrica /Roberto Zilles...[et al.]. – São Paulo : Oficina de Textos, 2012. -- (Coleção aplicações da energia solar fotovoltaica ; 1)

Outros autores: Wilson Negrão Macêdo, Marcos André Barros Galhardo, Sérgio Henrique Ferreira de Oliveira
Bibliografia.
ISBN 978-85-7975-052-6

1. Energia elétrica - Distribuição 2. Energia elétrica - Sistemas 3. Sistemas Fotovoltaicos Conectados à Rede (SFCRs) I. Zilles, Roberto. II. Macêdo, Wilson Negrão. III. Galhardo, Marcos André Barros. IV. Oliveira, Sérgio Henrique Ferreira de. V. Série.

12-04225 CDD-621.3191

Índices para catálogo sistemático:
1. Sistemas fotovoltaicos conectados à rede elétrica : Sistemas elétricos de potência : Engenharia elétrica   621.3191

Todos os direitos reservados à **Editora Oficina de Textos**
Rua Cubatão, 798
CEP 04013-003 São Paulo SP
tel. (11) 3085 7933
www.ofitexto.com.br
atend@ofitexto.com.br

Prólogo

Cuando escribo estas líneas, en marzo de 2012, el precio de los módulos fotovoltaicos en el mercado internacional ha descendido hasta 0,8 $ por vatio, lo que permite producir electricidad a costes inferiores a 0,1$/kWh, que resultan atractivos económicamente en un número creciente de escenarios de conexión a red. Así, la tecnología fotovoltaica, que hasta hace poco tiempo se consideraba marginal y apropiada sólo para suministrar electricidad en situaciones aisladas de las redes eléctricas, es ahora, y por sus propios méritos, una alternativa que gana pujanza en los mix de la electricidad convencional. Algunos datos servirán para corroborar esta afirmación. Entre los años 2008 y 2011, la producción fotovoltaica mundial pasó de 7,9 a 37,2 GW. Un crecimiento así, del 370% en 3 años, es seguramente record en la historia energética mundial. En 2011, la fabricación de los contactos frontales de las células solares consumió algo más de 4400 t de plata, equivalentes al 18% del total de la producción mundial de este metal. También en 2011, el mercado fotovoltaico europeo superó al eólico; y la producción fotovoltaica de electricidad en Alemania llegó a 18.000 GWh, superando a la hidráulica. Y, comoquiera que los análisis son unánimes a la hora de señalar que el advenimiento de la electricidad fotovoltaica no ha hecho más que empezar, urge disponer de instrumentos adecuados para formar a las generaciones de ingenieros que deberán empeñarse en la implantación a gran escala de esta tecnología. Y esto fue precisamente la primera idea que me vino a la cabeza cuando tuve la oportunidad de leer el manuscrito: este libro es un excelente instrumento de formación.

"Se aprende haciendo." La paternidad de la frase se atribuye a Sófocles, quien la habría enunciado en el siglo II a.C. Comoquiera que sea, la insistencia con la que se viene repitiendo desde entonces es buen síntoma de que los intentos de enseñar sin primero hacer (equivalentes, por tanto, a intentos de enseñar sin saber) representan una amenaza que se mantiene a lo largo del tiempo. Ortega y Gasset, en su Meditación de la Técnica, advirtió de los peligros que encierra esta amenaza en el ámbito de lo universitario:

> El llamado "espíritu" es una potencia demasiado etérea que se pierde en el laberinto de si misma, de sus propias infinitas posibilidades. ¡Es demasiado fácil pensar! La mente en su vuelo apenas si encuentra resistencia. Por eso es tan importante para el intelectual palpar objetos materiales y aprender en su trato con ellos una disciplina de contención.

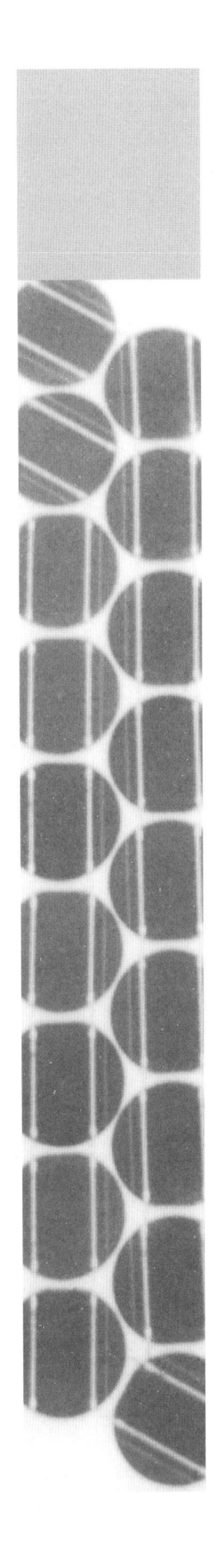

Ahora bien, para generar conocimiento, las enseñanzas del hacer deben encontrar acomodo en un corpus teórico que las estructure y permita avanzar en la concepción y entendimiento del caso general, sin el que lo aprendido no pasa de constituir un recetario de utilidad limitada. Es oportuno recordar dos de los cuatro principios que Descartes enunció en su Discurso del método:

> El primero, no admitir jamás cosa alguna como verdadera sin haber conocido con evidencia que así era. [...] El tercero, en conducir con orden mis pensamientos, empezando por los objetos más simples y más fáciles de conocer, para ascender poco a poco, gradualmente, hasta el conocimiento de los más compuestos, e incluso suponiendo un orden entre los que no se preceden naturalmente.

Pues bien, el libro se ajusta perfectamente a estos dos principios. Todo su contenido está apoyado en la evidencia adquirida por sus autores a su paso por el Laboratorio de Sistemas Fotovoltaicos del Instituto de Electrotécnia y Energía de la Universidad de Sao Paulo (IEE-USP). Así, el libro elude la tentación, desgraciadamente muy extendida, de presentar la "realidad virtual" constituida por simulaciones de software cerrado. En su lugar, presenta "realidades reales" y métodos de cálculo que en algún momento han formado parte del hacer de sus autores, y que el lector puede reproducir con relativa facilidad. Además, los temas están bien seleccionados y ordenados, abarcando desde una explicación somera pero rigurosa, del efecto fotovoltaico, que permite al lector hacerse una idea clara de cómo la luz se convierte en electricidad; hasta la presentación de los pormenores del funcionamiento operativo del sistema concreto que funciona desde hace una década en la sede del IEE-USP, que permite dar respuesta a las inquietudes respecto al impacto de los sistemas fotovoltaicos en la calidad del servicio que presta la red a la que están conectados.

El Laboratorio de Sistemas Fotovoltaicos del IEE-USP es un auténtico lugar de encuentro de la energía solar en Latinoamérica, por el que han pasado todos los autores del libro, que se formaron o trabajaron allí bajo la orientación del profesor Roberto Zilles, alma Mater de este laboratorio desde su fundación en 1995. Conozco a Roberto desde que llegara a España para hacer su tesis doctoral en 1987. Por aquel entonces, los viajes turísticos eran patrimonio de muy pocos, y los tópicos sobre los países sustituían al conocimiento directo de la realidad. El tópico que circulaba sobre Brasil hacía presuponer que Roberto debía ser una especie de mezcla entre un jugador de futbol y un bailarín de samba. Pero hizo falta poco tiempo para que entendiéramos lo diferente que era ese tópico de la realidad. Roberto, que ciertamente era un más que aceptable jugador de futbol pero a quien nunca vimos sambar, resultó ser un trabajador infatigable, con una buena formación teórica y muy riguroso en sus métodos, lo que pronto hizo de él un excelente ingeniero experimental. Pero, más allá de su capacidad profesional, Roberto es sobretodo un hombre empático, con un extraordinario don natural para entender las preocupaciones y los sentimientos de los demás, que le granjean el cariño de todos los que le conocemos, y el respeto unánime de quienes han tenido la fortuna de formarse bajo su orientación. Haber dado cabida en este libro a la práctica totalidad de las experiencias de otros grupos de trabajo de Brasil, no es más que una muestra de su generosidad.

Eduardo Lorenzo
Catedrático de la Universidad Politécnica de Madrid
Mañón, primavera de 2012

Apresentação

Quando escrevo estas linhas, em março de 2012, o preço dos módulos fotovoltaicos no mercado internacional caiu para US$ 0,8 por watt, o que permite produzir eletricidade a custos inferiores a US$ 0,1/kWh, economicamente atraentes em um número crescente de cenários de conexão de rede. Desse modo, a tecnologia fotovoltaica, que até pouco tempo era considerada marginal e apropriada somente para fornecer eletricidade em situações isoladas das redes elétricas, é agora, e por seus próprios méritos, uma alternativa que ganha força nos *mix* da eletricidade convencional. Alguns dados servirão para corroborar essa afirmação. Entre 2008 e 2011, a produção fotovoltaica mundial passou de 7,9 a 37,2 GW. Um crescimento assim, de 370% em três anos, é certamente recorde na história energética mundial. Em 2011, a fabricação dos contatos frontais das células solares consumiu pouco mais de 4.400 t de prata, equivalentes a 18% do total da produção mundial desse metal. Também em 2011, o mercado fotovoltaico europeu superou o eólico; e a produção fotovoltaica de eletricidade na Alemanha chegou a 18.000 GWh, superando a hidráulica. E, sendo as análises unânimes ao apontar que o advento da eletricidade fotovoltaica está apenas começando, urge dispor de instrumentos adequados para formar as gerações de engenheiros que deverão se dedicar à implantação em grande escala dessa tecnologia. Foi justamente essa a primeira ideia que me veio à cabeça quando tive a oportunidade de ler o manuscrito: este livro é um excelente instrumento de formação.

"Deve-se aprender fazendo." A paternidade da frase é atribuída a Sófocles, que a teria enunciado no século II a.C. Seja como for, a insistência com que vem sendo repetida desde então é um bom sintoma de que as tentativas de ensinar sem primeiro fazer (equivalentes, portanto, a tentativas de ensinar sem saber) representam uma ameaça que perdura ao longo do tempo. Ortega y Gasset, em *Meditación de la Técnica*, advertiu sobre os perigos que encerra essa ameaça no âmbito universitário:

> O chamado "espírito" é uma potência etérea demais, que se perde no labirinto de si mesma, de suas próprias infinitas possibilidades. É muito fácil pensar! A mente, em seu voo, não encontra resistência. Por isso é tão importante para o intelectual palpar objetos materiais e aprender, em seu trato com eles, uma disciplina de contenção.

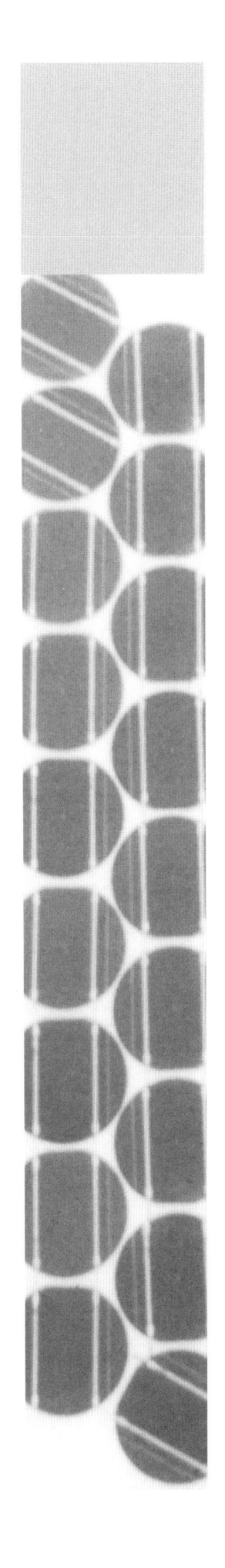

Pois bem, para gerar conhecimento, os ensinamentos do fazer devem encontrar acomodação em um corpo teórico que os estruture e permita avançar na concepção e entendimento do caso geral, sem o que o aprendido não passa de um receituário de utilidade limitada. É oportuno recordar dois dos quatro princípios que Descartes enunciou em *Discurso do método*:

> O primeiro, jamais admitir coisa alguma como verdadeira sem ter conhecido com evidência que assim era. [...] O terceiro, em conduzir com ordem meus pensamentos, começando pelos objetos mais simples e mais fáceis de conhecer, para progredir, pouco a pouco, gradualmente, até o conhecimento dos mais compostos, e inclusive supondo uma ordem entre os que não se precedem naturalmente.

Bem, o livro se ajusta perfeitamente a esses dois princípios. Todo seu conteúdo está apoiado na evidência adquirida por seus autores em sua passagem pelo Laboratório de Sistemas Fotovoltaicos do Instituto de Eletrotécnica e Energia da Universidade de São Paulo (IEE-USP). Assim, o livro escapa à tentação, infelizmente muito difundida, de apresentar a "realidade virtual", constituída por simulações de *software* fechado. Em seu lugar, apresenta "realidades reais" e métodos de cálculo que em algum momento fizeram parte do fazer de seus autores, e que o leitor pode reproduzir com relativa facilidade. Além disso, os temas estão bem selecionados e ordenados, abarcando desde uma explicação simples, mas rigorosa, do efeito fotovoltaico, que permite ao leitor ter uma ideia clara de como a luz se transforma em eletricidade; até a apresentação dos pormenores do funcionamento operacional do sistema específico que funciona há uma década na sede do IEE-USP, que permite responder às inquietudes em relação ao impacto dos sistemas fotovoltaicos na qualidade do serviço prestado pela rede à qual estão conectados.

O Laboratório de Sistemas Fotovoltaicos do IEE-USP é um verdadeiro ponto de encontro da energia solar na América Latina, pelo qual passaram todos os autores do livro, que se formaram ou ali trabalharam sob a orientação do professor Roberto Zilles, *alma mater* desse laboratório desde sua fundação, em 1995. Conheço Roberto desde que chegou à Espanha para defender sua tese de doutorado, em 1987. Naquela época, as viagens turísticas eram patrimônio de muito poucos, e os clichês sobre os países substituíam o conhecimento direto da realidade. O lugar-comum que circulava sobre o Brasil fazia pressupor que Roberto devia ser uma espécie de mistura entre um jogador de futebol e um dançarino de samba. Mas foi necessário pouco tempo para que entendêssemos quão diferente era esse clichê da realidade. Roberto, que certamente era um mais que aceitável jogador de futebol, mas a quem nunca vimos sambar, mostrou ser um trabalhador incansável, com uma boa formação teórica e muito rigoroso em seus métodos, o que logo fez dele um excelente engenheiro experimental. Mas, além de sua capacidade profissional, Roberto é, acima de tudo, um homem empático, com um extraordinário dom natural de entender as preocupações e os sentimentos dos outros, o que lhe granjeia o carinho de todos que o conhecem e o respeito unânime de quem teve a felicidade de se formar sob sua orientação. Ter dado espaço neste livro a praticamente todas as experiências de outros grupos de trabalho do Brasil não é mais que uma mostra de sua generosidade.

Eduardo Lorenzo
Catedrático da Universidad Politécnica de Madrid
Mañón, primavera de 2012

Prefácio

O objetivo deste livro é apresentar uma base de Engenharia compreensível e que possa ser utilizada na análise operacional e em projetos de Sistemas Fotovoltaicos Conectados à Rede (SFCRs), de modo que não só engenheiros, mas também técnicos, possam entender e conhecer as peculiaridades dessa aplicação. O texto é planejado para auxiliar na capacitação de engenheiros e técnicos, fornecendo os principais conceitos associados à aplicação de SFCRs. Com um bom equilíbrio entre teoria e prática, o que o diferencia das poucas publicações existentes nessa área no País, este livro visa ajudar no entendimento dos principais parâmetros envolvidos no dimensionamento e na operação desse tipo de aplicação.

Embora o entendimento desse material seja mais fácil quando usado por engenheiros e técnicos praticantes da área de SFCRs, houve a preocupação dos autores em tornar o presente material suficientemente compreensível, de modo que sirva também para o uso em sala de aula como um livro de referência para quem se propõe a conhecer de forma mais aprofundada a geração distribuída de eletricidade com sistemas fotovoltaicos. A abordagem dada aos componentes elétricos de um SFCR neste livro pretende preencher parte da lacuna existente com relação ao material didático sobre sistemas fotovoltaicos no País.

Esta obra, além de apresentar os conceitos básicos associados aos dispositivos de conversão fotovoltaica, ilustra uma nova configuração do setor elétrico em termos de geração distribuída de eletricidade com SFCRs e apresenta as figuras de mérito para avaliação do desempenho dessas instalações. Modelos matemáticos representativos das várias partes que constituem um SFCR são também apresentados com o objetivo de auxiliar em análises operacionais e no dimensionamento de SFCRs. A apresentação de instalações e configurações usuais desses sistemas, bem como exemplos de sistemas instalados no País e a avaliação de seus resultados operacionais, complementam os conceitos básicos.

Alguns exemplos ilustrativos são incorporados ao final dos capítulos, dando ao leitor oportunidade de melhor compreender e aplicar o arcabouço teórico abordado. Nas próximas edições do livro, pretende-se ampliar continuamente a quantidade de exemplos e abordá-los de diferentes formas, sempre com o intuito de aguçar e testar o entendimento dos leitores a respeito do conteúdo apresentado.

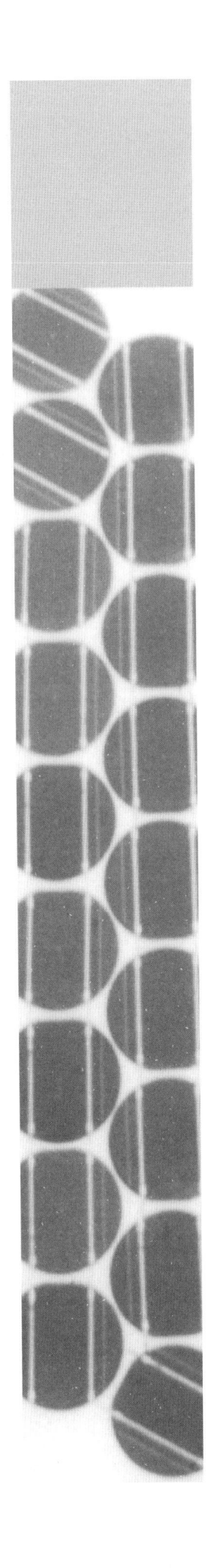

Como ferramenta de apoio à avaliação de instalações com geradores fotovoltaicos, no Anexo deste livro são apresentados alguns diagramas indicativos do percentual de captação anual de irradiação solar de uma dada superfície, conforme sua orientação e inclinação, para capitais dos Estados brasileiros e de países sul-americanos. Apresenta-se ainda na página do livro no site da editora (http://www.ofitexto.com.br) um código fonte de programação em Matlab para auxiliar em simulações numéricas de um SFCR.

Julga-se que a metodologia apresentada neste livro, essencialmente objetiva e prática, constitui um ótimo instrumento para aqueles que pretendem adquirir conhecimentos sobre os SFCRs. Finalmente, espera-se que esta obra possa ser útil a um grande número de estudantes, professores e profissionais da área, dos quais os autores aguardam e agradecem as críticas e sugestões, muito importantes para o desenvolvimento das próximas edições.

Por último, aproveita-se a oportunidade para agradecer aos bolsistas do Grupo de Estudos e Desenvolvimento de Alternativas Energéticas da Universidade Federal do Pará (GEDAE-UFPA) e do Instituto Nacional de Ciência e Tecnologia de Energias Renováveis e Eficiência Energética da Amazônia (INCT-EREEA) no importante apoio prestado à realização desta obra.

Os autores

Sumário

1 Dispositivos de Conversão Fotovoltaica, 13

1.1 – Conversão fotovoltaica, 13

1.2 – Tecnologias convencionais no mercado de células fotovoltaicas, 17

1.3 – Características construtivas das células e módulos fotovoltaicos, 18

1.4 – Características elétricas das células e módulos fotovoltaicos, 20

1.5 – Gerador fotovoltaico, 30

1.6 – Sistema fotovoltaico conectado à rede (SFCR), 38

1.7 – Exemplos ilustrativos, 41

2 Geração Distribuída de Eletricidade e Figuras de Mérito para Avaliação do Desempenho de SFCRs, 47

2.1 – O conceito de geração distribuída, 49

2.2 – Definições de geração distribuída, 49

2.3 – O atual mercado para os geradores distribuídos, 50

2.4 – Localização e uso da geração distribuída, 50

2.5 – Recursos naturais e tecnologias usadas na geração distribuída, 51

2.6 – Potência instalada em sistemas de geração distribuída, 51

2.7 – Vantagens e barreiras à geração distribuída, 53

2.8 – A geração distribuída de eletricidade com sistemas fotovoltaicos, 56

2.9 – Figuras de mérito para avaliação do desempenho de SFCRs, 65

2.10 – Custo da energia produzida, 68

3 Modelamento e Dimensionamento de SFCRs, 73

3.1 – Configuração básica de um SFCR, 73

3.2 – Gerador fotovoltaico, 74

3.3 – Inversor c.c./c.a., 78

3.4 – Cálculo da potência de saída do SFCR, 89

3.5 – Cálculo da energia produzida, 90

3.6 – Fator de dimensionamento do inversor, 90

3.7 – Perdas envolvidas, 92

3.8 – Dimensionamento e escolha da tensão de trabalho do gerador fotovoltaico, 97

3.9 – Exemplos ilustrativos, 105

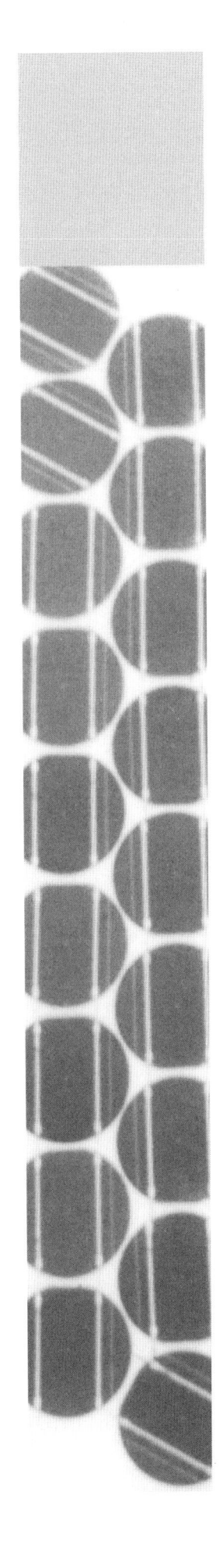

4 Instalação e Configuração de SFCRs, 113

4.1 – Configurações de SFCRs, 114

4.2 – Conexão com a rede de distribuição - ponto de conexão, 115

4.3 – Outros elementos necessários à instalação, 120

4.4 – Conexões trifásica, bifásica e monofásica, 121

5 Exemplos de SFCRs Instalados no Brasil, 125

5.1 – SFCRs instalados por universidades e centros de pesquisa, 127

5.2 – SFCRs instalados por concessionárias de energia, 139

5.3 – SFCRs instalados pela iniciativa privada, 143

6 Resultados Operacionais de um SFCR, 149

6.1 – Configuração do SFCR instalado no IEE-USP, 149

6.2 – Curva de carga da edificação e análise do fluxo de potência, 151

6.3 – Contribuição energética e desempenho do sistema, 152

6.4 – Aspectos qualitativos, 153

6.5 – Considerações sobre os resultados operacionais, 160

Referências Bibliográficas, 163

Anexo, 169

Lista de siglas e abreviações

AM – massa de ar

c.a. – corrente alternada

c.c. – corrente contínua

η_{Inv} – eficiência de conversão c.c./c.a.

η_{SPMP} – eficiência de seguimento do ponto de máxima potência do inversor

EE – energia específica

E_F – energia do fóton

E_G – energia de *gap*

EPBT – tempo de retorno do investimento (*energy payback time*)

FC – fator de capacidade

FDI – fator de dimensionamento do inversor

FF – fator de forma

FP – fator de potência

FP_e – fator de potência da edificação

FP_s – fator de potência do SFCR

γ_{mp} – coeficiente de temperatura do ponto de máxima potência

HGh – irradiância no plano horizontal

HGk – irradiância no plano inclinado

HSP – horas de sol pleno

$H_{t,\beta}$ – irradiância incidente no plano do gerador

I_0 – corrente reversa de saturação

$I_{c.a.}$ – corrente fornecida pela rede

I_{FV} – corrente fornecida pelo SFCR

I_L – corrente fotogerada

I_{mp} – corrente de máxima potência

I_{sc} – corrente de curto-circuito

m – coeficiente de idealidade do diodo

$P_{c.a.}$ – potência ativa fornecida pela rede

$P_{c.a.\,máx} = P_{Inv}^{máx}$ – potência elétrica máxima de saída do inversor

$P_{c.a.\,nom} = P_{Inv}^{0}$ – potência elétrica nominal do inversor

P_{FV} – potência ativa fornecida pelo SFCR

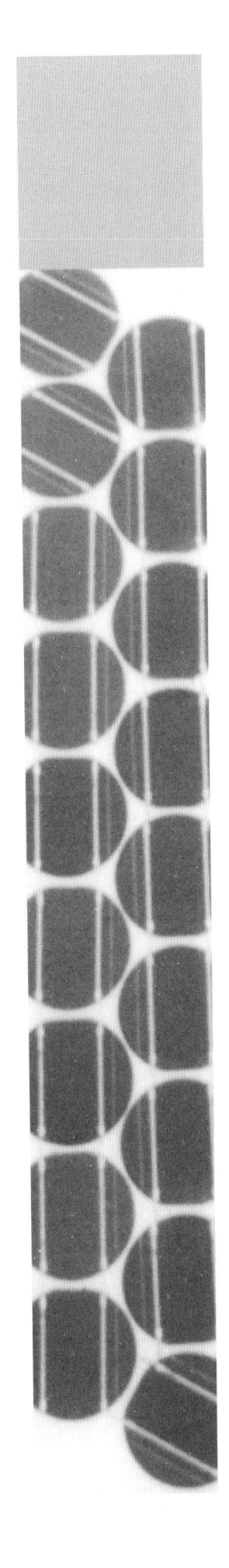

P^0_{FV} – potência nominal do gerador fotovoltaico

P^0_G – soma das potências nominais das máquinas que constituem o sistema

P^0_{Inv} – potência nominal do inversor em c.a.

P_L – potência ativa requerida pela edificação

P_{mp} – máxima potência do gerador fotovoltaico

PMP – ponto de máxima potência

PR – rendimento global do sistema (*performance ratio*)

$P_{Saída}$ – potência instantânea gerada pelo SFCR

$Q_{c.a.}$ – potência reativa fornecida pela rede

Q_{FV} – potência reativa fornecida pelo SFCR

Q_L – potência reativa requerida pela edificação

R_P – resistência paralelo

R_S – resistência série

$S_{c.a.}$ – potência aparente fornecida pela rede

SFCR – sistema fotovoltaico conectado à rede elétrica

SFD – sistemas fotovoltaicos domiciliares

SP – sol pleno

SPMP – seguimento do ponto de máxima potência

STC – condições padrão de teste (*standard test conditions*)

T_a – temperatura ambiente (°C)

T_C – temperatura equivalente de operação da célula fotovoltaica

THD – distorção harmônica total (*total harmonic distortion*)

THD_I – distorção harmônica total de corrente

THD_V – distorção harmônica total de tensão

TNOC – temperatura nominal de operação da célula

$V_{c.a.}$ – tensão fornecida pela rede

V_{mp} – tensão de máxima potência

$V_{mp-mín}$ – tensão de máxima potência mínima

V_{oc} – tensão de circuito aberto

Wp – watt-pico

Y_F – produtividade do sistema (*final yield*)

Y_R – produtividade de referência (*reference yield*)

Dispositivos de Conversão Fotovoltaica

A palavra "fotovoltaico" vem do grego *photos*, que significa luz, e de *Volta*, nome do físico italiano que, em 1800, descobriu a pilha elétrica. A descoberta do fenômeno de conversão fotovoltaica remete ao século XIX, período no qual alguns estudiosos observaram fenômenos físicos que permitiam a conversão da luz em energia elétrica. Alexandre-Edmond Becquerel, em 1839, percebe que uma solução de um eletrólito com eletrodos de metal, quando exposta à radiação luminosa, tem sua condutividade aumentada. Em 1873, Willoughby Smith descobre a fotocondutividade no selênio sólido. Em 1876, Adams e Day percebem que uma junção de selênio e platina desenvolve o efeito fotovoltaico quando exposta à luz solar.

A partir do século XX, o desenvolvimento da tecnologia dos semicondutores tornou possível o crescimento da indústria fotovoltaica, e sua expansão no mercado mundial foi acelerada com a utilização dessa tecnologia em aplicações aeroespaciais, militares e, posteriormente, para a geração de eletricidade, tanto na forma distribuída como em grandes centrais.

1.1 Conversão fotovoltaica

A transformação da energia contida na radiação luminosa em energia elétrica é um fenômeno físico conhecido como *efeito fotovoltaico*. Observado primeiramente pelo físico francês Edmond Becquerel em 1839, o *efeito fotovoltaico* ocorre em certos materiais semicondutores com capacidade de absorver a energia contida nos fótons presentes na radiação luminosa incidente, transformando-a em eletricidade. A energia absorvida por esses materiais quebra as ligações químicas entre as moléculas presentes em suas estruturas. Com isso, cargas elétricas são liberadas e podem ser utilizadas para a realização de trabalho. O *efeito fotovoltaico* é uma característica física intrínseca ao material que compõe os dispositivos de conversão fotovoltaica.

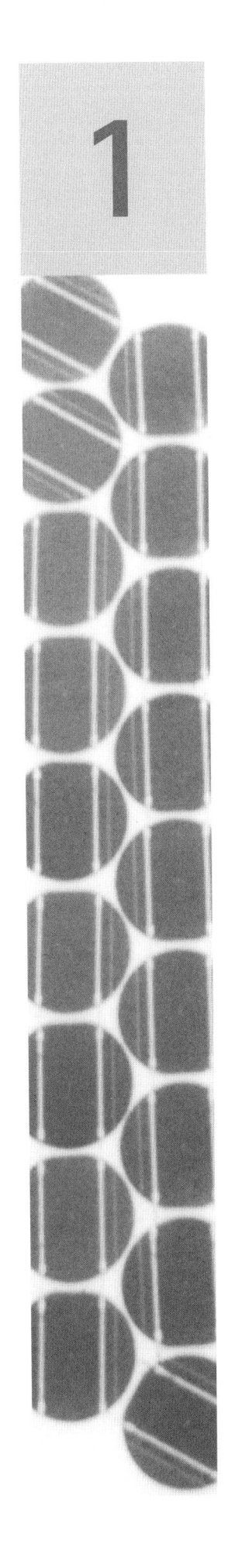

Os semicondutores utilizados nos dispositivos de conversão fotovoltaica são compostos de elementos capazes de absorver a energia da radiação solar e transferir parte dessa energia para os elétrons, produzindo, assim, pares de portadores de carga (elétrons e lacuna). Os materiais utilizados para fabricar dispositivos com essa finalidade são escolhidos levando em conta a equivalência de suas características de absorção com o espectro solar, além do custo de fabricação e os impactos ambientais causados na deposição do material. Os elementos semicondutores mais utilizados na indústria de dispositivos de conversão fotovoltaica são: silício (Si) monocristalino, policristalino e amorfo; arseneto de gálio (GaAs); disseleneto de cobre e índio ($CuInSe_2$); disseleneto de cobre, gálio e índio ($CuInGaSe_2$); e telureto de cádmio (CdTe).

A descrição do fenômeno fotovoltaico só foi possível a partir do desenvolvimento da teoria da mecânica quântica. Esta afirma que qualquer tipo de radiação eletromagnética possui partículas, denominadas de fótons, que carregam certa quantidade ("pacotes") de energia (E_F). A energia em um fóton é dada por uma equação familiar, $E_F = h \cdot c/\lambda$, onde h é a constante de Planck ($h = 6{,}63 \times 10^{-34}$ J·s), c é a velocidade da luz ($c = 2{,}998 \times 10^8$ m/s) e λ é o comprimento de onda do fóton em metros. Uma vez que a energia no nível atômico é tipicamente expressa em elétron-volt (1 eV = $1{,}602 \times 10^{-19}$ J) e o comprimento de onda é tipicamente expresso em micrômetro, é possível expressar o produto $h \cdot c$ em unidades apropriadas tal que, se λ é expresso em μm, então E_F será expresso em eV. A expressão de conversão será: $E_F(eV) = 1{,}24/\lambda$. Portanto, a energia em um fóton depende das características espectrais de sua fonte e varia inversamente com o comprimento de onda da emissão eletromagnética (Fig. 1.1a).

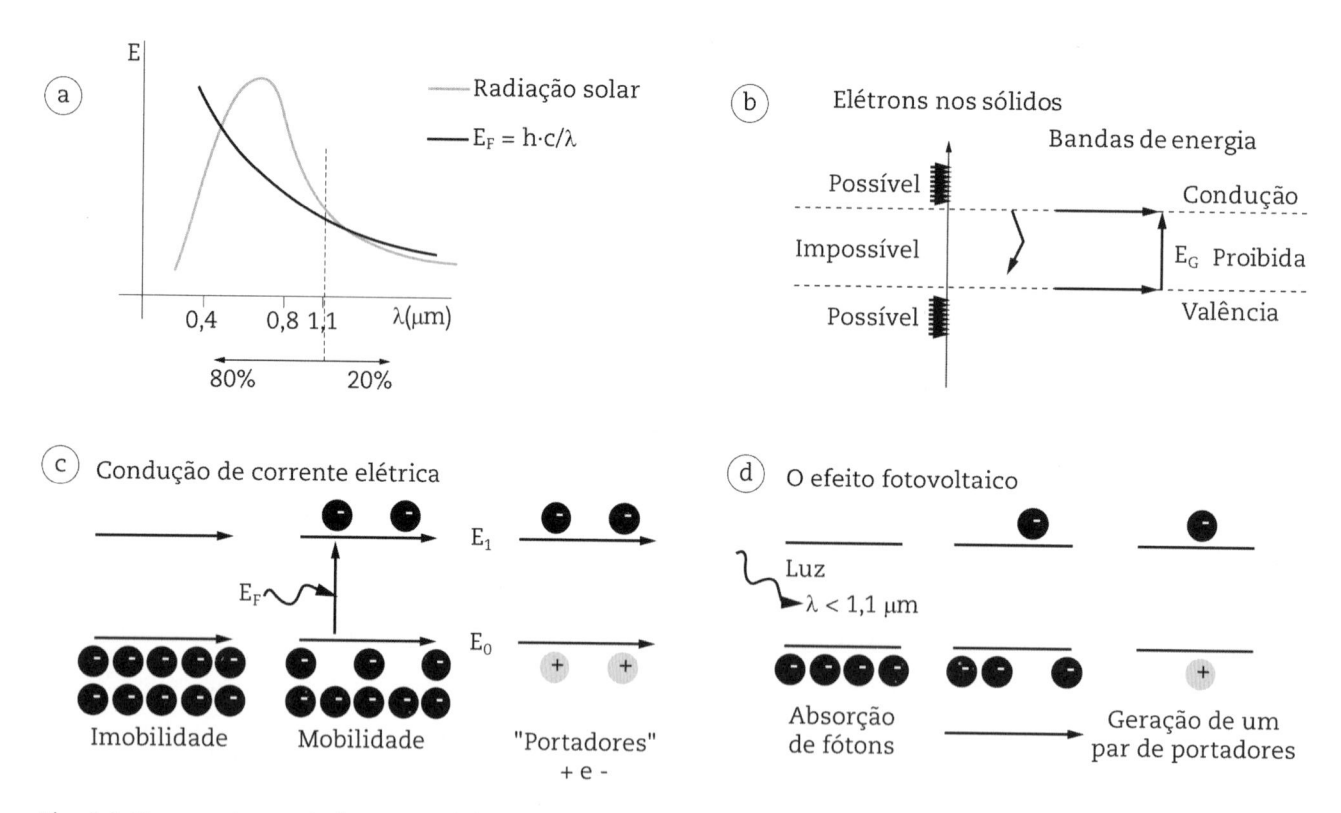

Fig. 1.1 Diagrama de energia de um semicondutor e fundamentos básicos da conversão solar fotovoltaica: (a) ilustração do espectro da radiação solar e da energia contida em cada fóton em função do comprimento de onda; (b) disposição dos elétrons nos sólidos – bandas de energia; (c) absorção de energia do fóton e liberação do elétron da banda de valência; (d) geração do par elétron-lacuna para o silício monocristalino – efeito fotovoltaico

De acordo com a teoria quântica da matéria, a quantidade de energia que os elétrons possuem está relacionada à banda ou camada em que esse portador de carga se encontra em relação ao núcleo do átomo de origem. Desse modo, define-se banda de valência como aquela de baixo nível de energia que é ocupada por elétrons capazes de efetuar ligações químicas com elétrons de outros átomos. Em determinadas circunstâncias, alguns elétrons da banda de valência podem adquirir energia suficiente capaz de fazê-los migrar para um estágio de maior nível de energia, chamado de banda de condução, na qual os elétrons podem se movimentar livremente pelo material e, assim, produzir corrente elétrica. Nesse processo, fica na banda de valência uma lacuna, daí a denominação de par elétron-lacuna quando um fóton consegue estimular o átomo para tal.

A energia necessária para fazer os elétrons mudarem de banda é chamada energia de *gap* (E_G), que é usualmente dada em elétron-volt (eV) e depende do tipo de material utilizado. A Fig. 1.1 ilustra os fundamentos básicos da conversão solar fotovoltaica, em que é possível observar que, como consequência da energia de *gap* necessária para a geração do par elétron-lacuna, no caso particular dos dispositivos de conversão monocristalinos ($E_G = 1,1\,eV$), apenas os fótons de comprimento de onda inferior a $1,1\,\mu m$ contribuem para a conversão solar fotovoltaica ($E_G(eV) = 1,24/\lambda\,(\mu m)$).

Mesmo com o surgimento de cargas elétricas após a incidência de fótons nesses dispositivos, o aproveitamento dessas cargas elétricas não é trivial, elas se recombinam rapidamente, impedindo a sua utilização. Há, portanto, a necessidade de se fazer uma série de tratamentos físico-químicos no material para que possa se transformar em dispositivos fotovoltaicos capazes de gerar eletricidade de forma mais eficiente.

Para que as cargas liberadas pela luz possam gerar energia elétrica, é preciso que circulem, de forma que é necessário extraí-las do material semicondutor, fazendo com que passem por um circuito elétrico externo, caso contrário, os elétrons liberados retornariam ao seu estado inicial na periferia do átomo. Essa extração de cargas se consolida por meio de uma junção criada voluntariamente no semicondutor, com o objetivo de gerar um campo elétrico no interior do material. Esse campo interno, por sua vez, se encarregará de separar as cargas negativas das cargas positivas. Isso é possível graças ao processo conhecido como *dopagem* do semicondutor. A dopagem eletrônica, ou simplesmente dopagem, é o processo de adição de impurezas químicas (usualmente boro ou fósforo) em um elemento químico semicondutor puro (germânio ou silício, notadamente este último), com a finalidade de dotá-lo de propriedades de semicondução. A adição de boro, elemento trivalente, provoca o aparecimento de cargas positivas (ou "lacunas"), enquanto que a adição de fósforo, elemento pentavalente, provoca o aparecimento de cargas negativas (elétrons livres).

Primeiramente o semicondutor intrínseco, ou seja, no seu estado puro, é dopado para a formação da região tipo p. Adiciona-se material dopante do tipo receptor, o que leva a uma deficiência de elétrons, conhecida como "lacunas" ou "buracos", na banda de valência, caracterizando uma região com uma densidade de carga positiva. Posteriormente, para a formação da região tipo n, é adicionado material dopante do tipo doador, o que ocasiona o aparecimento de elétrons livres. Entre as regiões tipo p e tipo n forma-se a junção p-n, que tem como principal função criar um campo elétrico interno que é responsável pela consolidação da conversão fotovoltaica.

Com a dopagem, a região n fica com uma alta concentração de elétrons que tendem a migrar para a região p. Concomitantemente, na região p, a qual está com alta concentração de lacunas, haverá o fluxo destas para a região n. Porém, quando o elétron caminha do lado n para o lado p, deixa para trás um íon doador positivo no lado n, exatamente na junção. De forma similar, quando uma lacuna deixa o lado p para o lado n, deixa para trás um íon aceitador negativo no lado p. Se um grande número de elétrons e lacunas trafega através da junção, um grande número de cargas, íons positivos e negativos fixos, é deixado nos limites da junção. Esses íons fixados, como resultado da lei de Gauss, produzem um campo elétrico que se origina nos íons positivos e termina nos íons negativos. Consequentemente, o número de íons positivos no lado n da junção deve ser igual ao número de íons negativos do lado p da junção.

Então, na junção p-n, surge um campo elétrico em razão dessa difusão de elétrons e lacunas, o qual se opõe à difusão original de cargas, criando uma barreira de potencial numa região de transição entre as camadas chamada de **região de depleção** (em reconhecimento à diminuição da mobilidade dos portadores de carga na região). Nessa situação, a corrente associada ao fluxo de elétrons e lacunas compensa a corrente originada pelo campo elétrico, levando o semicondutor a um estado de equilíbrio elétrico, tal como mostra a Fig. 1.2.

Quando o semicondutor é iluminado, esse estado de equilíbrio é quebrado. Quando um elétron da banda de valência é atingido por um fóton, ele absorve a energia deste e, se essa

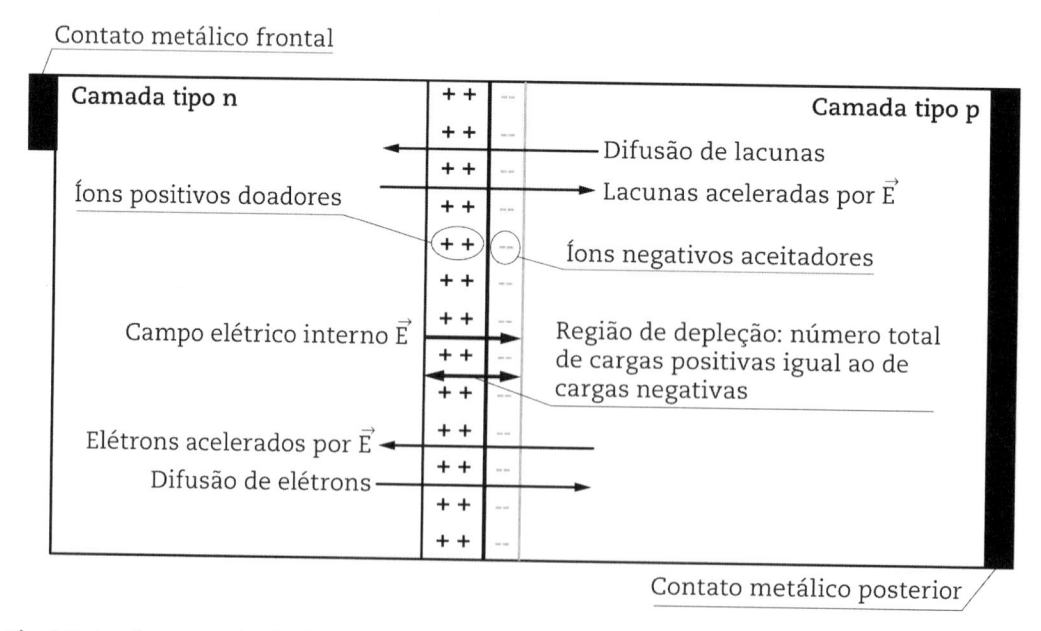

Fig. 1.2 Junção p-n com detalhe da região de depleção, da difusão e da ação do campo elétrico interno sob elétrons e lacunas

energia for suficiente para libertá-lo de sua ligação química, ele passa para a banda de condução, criando um par elétron-lacuna. O campo elétrico citado anteriormente atrai o elétron para a região n ao mesmo tempo que a lacuna é atraída para a região p. Com a incidência de mais fótons, mais pares elétron-lacuna são formados e separados pelo campo, ocorrendo, assim, um desequilíbrio nas correntes da junção e o estabelecimento de uma diferença de potencial decorrente do acúmulo de portadores de carga em cada lado da junção (elétrons na região n e lacunas na região p).

Se em cada lado da junção forem conectados terminais metálicos e estes forem interligados por um condutor, estabelece-se uma corrente elétrica chamada de fotocorrente, a qual estará presente enquanto houver radiação solar incidindo no semicondutor. A Fig. 1.3 ilustra o processo de conversão fotovoltaica com o aproveitamento da corrente fotogerada.

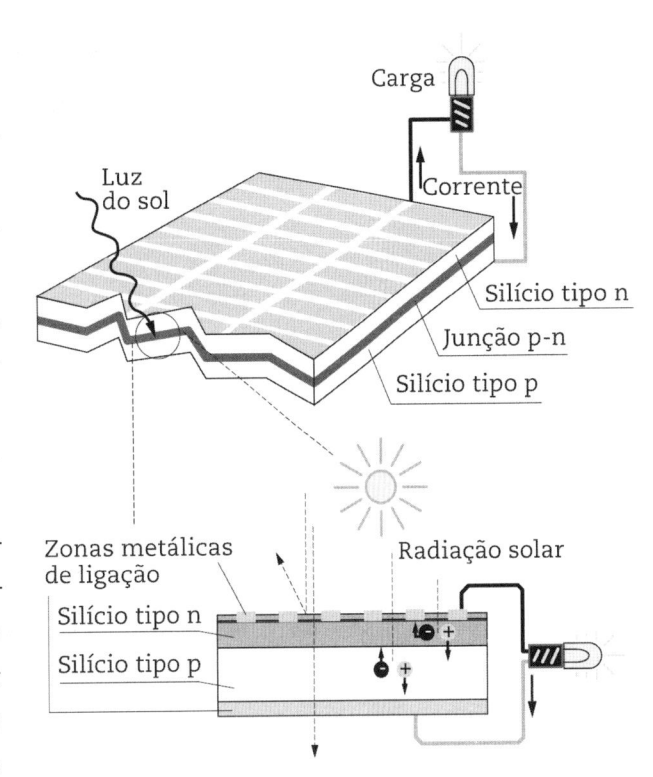

Fig. 1.3 Representação do processo de conversão fotovoltaica

1.2 Tecnologias convencionais no mercado de células fotovoltaicas

Como mencionado anteriormente, por meio do efeito fotovoltaico, a energia contida na radiação proveniente do Sol pode ser diretamente transformada em eletricidade. Para tal, utilizam-se células fotovoltaicas, que são dispositivos feitos de materiais semicondutores, construídos de forma a aproveitar o efeito fotovoltaico para a produção de eletricidade. A Fig. 1.4 mostra a participação das principais tecnologias utilizadas comercialmente na confecção de células e módulos fotovoltaicos (Hering, 2011).

Como se pode observar na Fig. 1.4, a maioria das células fotovoltaicas disponíveis comercialmente utiliza o silício como material de base para a sua fabricação, podendo ser encontradas na forma de silício monocristalino, multicristalino (ou policristalino) e amorfo. Existem também novos materiais, alguns ainda em estudo, como é o caso de células de material orgânico, translúcidas e de material plástico, e outros em escala reduzida de comercialização, como as denominadas tecnologias de filme fino.

Uma das razões para o domínio do silício como elemento mais utilizado na fabricação de células deve-se ao fato de a microeletrônica ter aperfeiçoado progressivamente, ao longo do século XX, a tecnologia do silício. Além disso, a abundância desse material na natureza fez o silício predominar no mercado de manufatura de células fotovoltaicas.

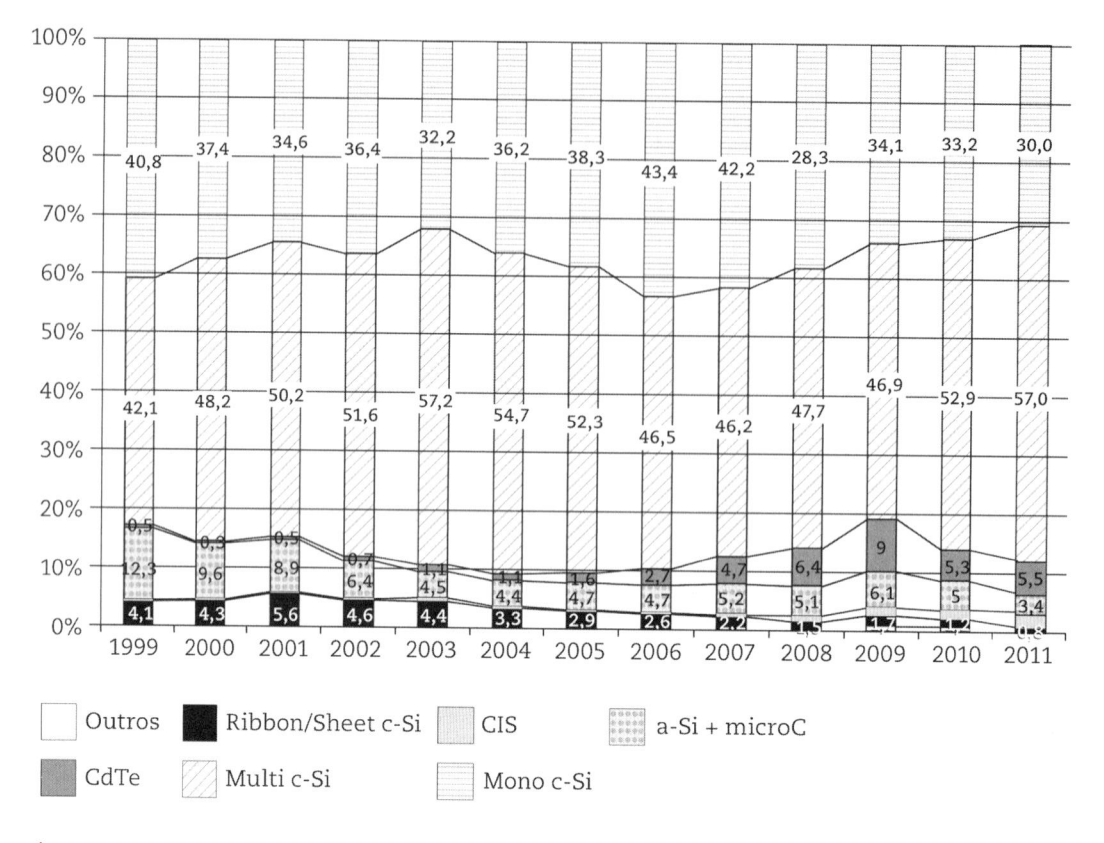

Fig. 1.4 Participação das diferentes tecnologias no mercado mundial de módulos fotovoltaicos
Fonte: Hering (2011).

1.3 Características construtivas das células e módulos fotovoltaicos

Como já mencionado, as células fotovoltaicas são fabricadas, em sua maioria, com lâminas de silício, mono e multicristalino, com área entre 50 cm² e 150 cm² e espessura entre 0,2 mm e 0,3 mm. A aparência externa de uma célula é a de uma lâmina circular ou quadrada, com tonalidade entre o azul-escuro e o preto. A parte superior da célula apresenta raias de coloração cinza que são constituídas de material condutor e têm a finalidade de coletar as cargas elétricas geradas quando as células são expostas à luz solar. A Fig. 1.5 mostra esses detalhes para uma célula fotovoltaica de silício monocristalino.

As células fotovoltaicas mais utilizadas são capazes de gerar na máxima potência, numa condição de sol de 1.000 W/m² e temperatura de célula de 25°C, uma corrente da ordem de 32 mA/cm², ou seja, cada uma gera uma corrente entre 1,5 A (50 cm²) e 4,5 A (150 cm²) numa tensão entre 0,46 V e 0,48 V. Na prática, as células

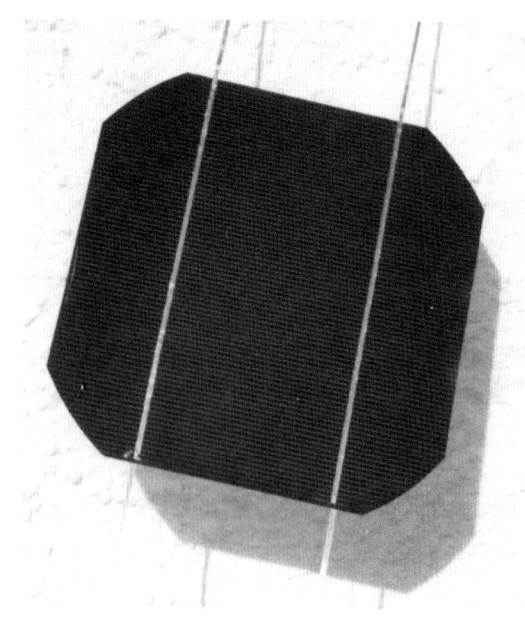

Fig. 1.5 Célula fotovoltaica de silício monocristalino

fotovoltaicas são agrupadas em associações série e paralelo para produzir corrente e tensão adequadas às aplicações elétricas a que se destinam. Uma vez tendo a configuração desejada (número de células conectadas em série e/ou paralelo), o conjunto é encapsulado para constituir um módulo fotovoltaico. A Fig. 1.6 apresenta alguns detalhes construtivos de um módulo fotovoltaico. O encapsulamento é realizado com materiais especiais, de forma a proporcionar a necessária proteção contra possíveis danos externos. Como inicialmente os módulos fotovoltaicos foram utilizados para carregar baterias de 12 V, eles eram geralmente constituídos de 36 células em série, com o intuito de obter a tensão necessária para este fim.

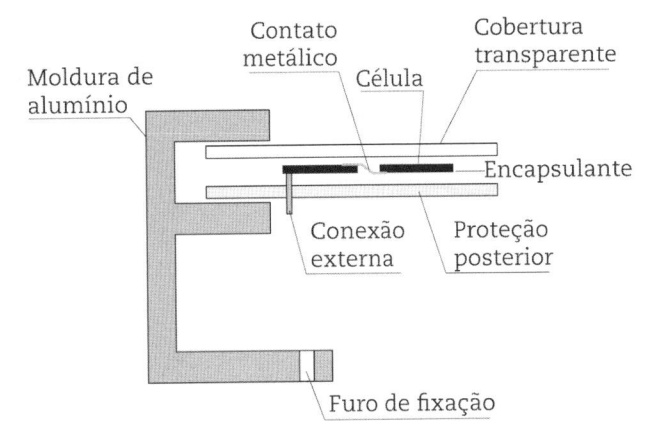

Fig. 1.6 Detalhe de corte transversal de um módulo fotovoltaico

Além de compor a associação de células, o módulo tem ainda a função de proteger as células das intempéries, isolá-las eletricamente de contatos exteriores e fornecer rigidez mecânica ao conjunto. O módulo fotovoltaico é composto, além das células, por pequenas tiras metálicas responsáveis por interligar as células e fornecer contatos externos de saída; por um material encapsulante disposto diretamente sobre as células, normalmente um polímero transparente e isolante (EVA - acetato de vinil-etila); por um vidro temperado e antirreflexivo para a cobertura frontal; por uma cobertura posterior, normalmente feita de polifluoreto de vinila; por uma caixa de conexões localizada na parte posterior do módulo; e por uma estrutura metálica que sustenta todo o equipamento. A Fig. 1.7 apresenta um módulo fotovoltaico e suas partes constituintes.

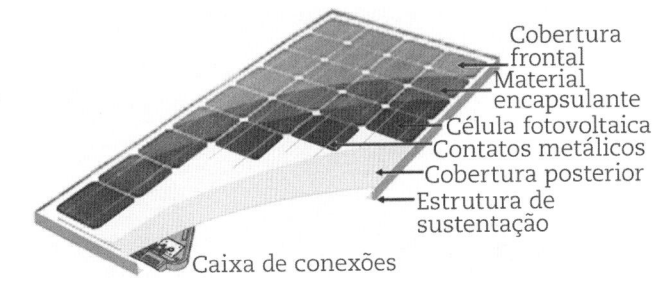

Fig. 1.7 Partes constituintes de um módulo fotovoltaico

As conexões externas localizadas na parte posterior, polos positivo e negativo, são protegidas por uma caixa denominada de caixa de conexão. Essa caixa é especialmente preparada para facilitar a conexão dos módulos com o resto do sistema, proporcionando a segurança necessária contra curtos-circuitos, choques elétricos, intempéries etc.

Os módulos fotovoltaicos podem ser de diferentes tipos, tamanhos, potências, cores e características ótimas de operação. A Fig. 1.8 apresenta alguns dos modelos encontrados atualmente no mercado, e todos eles podem facilmente ser integrados a edificações.

Fig. 1.8 Diferentes modelos de módulos fotovoltaicos encontrados no mercado

1 Dispositivos de Conversão Fotovoltaica

O módulo fotovoltaico é o elemento básico que os fabricantes fornecem ao mercado e é a partir desse elemento que o projetista deve planejar o gerador fotovoltaico a ser incorporado à edificação. Os que estão disponíveis no mercado encontram-se em condições de ser integrados em telhados, coberturas e fachadas, pois possuem elementos de fixação em seus marcos de alumínio. As células fotovoltaicas que constituem os módulos fotovoltaicos estão protegidas da intempérie e todas as suas partes eletricamente ativas estão isoladas do exterior.

1.4 Características elétricas das células e módulos fotovoltaicos

A célula fotovoltaica é um dispositivo gerador de eletricidade com características peculiares que a diferem das tradicionais fontes de energia. O dimensionamento de sistemas fotovoltaicos, sejam eles autônomos ou conectados à rede elétrica, depende do conhecimento dessas características por parte do projetista, para que o sistema tenha uma operação confiável, além de possibilitar o seu comissionamento e a detecção de possíveis erros.

Conforme já assinalado, o efeito fotovoltaico ocorre quando a célula é exposta à radiação solar e o aproveitamento desse efeito é consolidado por meio do campo elétrico da junção p-n e de um circuito elétrico externo. Se a célula não estiver conectada a nenhuma carga, aparecerá em seus terminais, quando iluminada, uma tensão chamada de tensão de circuito aberto (V_{OC}). Por outro lado, se a célula estiver conectada a uma carga, haverá circulação de corrente no circuito formado entre a carga e a célula.

Assim, é possível representar a célula a partir de seus parâmetros elétricos de saída (tensão e corrente) em função de fatores que influenciam na entrada (irradiância e temperatura da célula).

As características elétricas mais importantes de um módulo fotovoltaico, assim como em qualquer gerador elétrico, são a potência nominal, a tensão e a corrente. O valor da máxima potência de um módulo sob as condições padrão de teste (ou STC, do inglês *Standard Test Conditions*) é fornecido pelo fabricante como informação de placa. As condições padrão de teste (ou condições de referência) são definidas para os valores de 1.000 W/m² de irradiância, 25°C de temperatura de célula e AM = 1,5 para a massa de ar.

A máxima potência (P_{mp}) de um módulo fotovoltaico, dada em watt-pico (Wp), é atingida quando se obtém a corrente de máxima potência (I_{mp}) e a tensão de máxima potência (V_{mp}).

Outros parâmetros de suma importância são a corrente de curto-circuito (I_{sc} - *short circuit current*), obtida da aferição da corrente do módulo quando o mesmo está em curto-circuito, e a tensão de circuito aberto (V_{OC} - *open circuit voltage*), obtida da aferição da tensão do módulo quando o mesmo não apresenta carga.

1.4.1 Circuito equivalente ideal

A junção p-n do semicondutor pode ser representada como um diodo, cuja curva característica é mostrada na Fig. 1.9. Nota-se que, no primeiro quadrante, quase não há fluxo de corrente para níveis de tensão baixos, mas que, a partir de certo valor, a corrente cresce rapidamente. Já no terceiro quadrante, que mostra o comportamento reversamente polarizado da junção, o fluxo de corrente é bloqueado até certo valor de tensão, a partir do qual há a destruição do componente, tornando-o condutivo.

A curva $I - V$ da célula fotovoltaica é obtida por meio da superposição da corrente fotogerada com a curva do diodo, levando em conta apenas o primeiro quadrante da Fig. 1.9. No escuro, a célula tem as mesmas características elétricas de um diodo não polarizado, e uma pequena corrente flui pela junção quando a célula está conectada a uma carga (p.ex., uma bateria). À medida que a célula é iluminada, a sua curva se desloca para o quarto quadrante (quadrante da geração), pelo fato de o sentido da corrente agora ser o inverso do caso anterior. Quanto maior a intensidade da radiação solar, maior o deslocamento da curva. Convencionalmente, a curva da célula iluminada é espelhada no eixo da tensão. A Fig. 1.10 mostra os esboços da curva $I - V$ nas situações descritas anteriormente, assim como os circuitos equivalentes para cada uma, detalhando a polaridade da tensão e o sentido da corrente para cada caso.

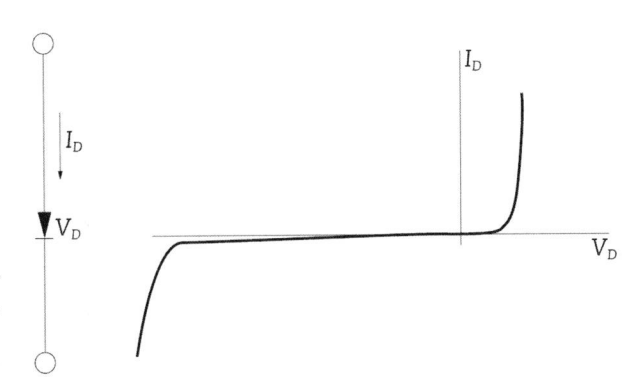

Fig. 1.9 Representação da curva I-V da junção p-n da célula fotovoltaica

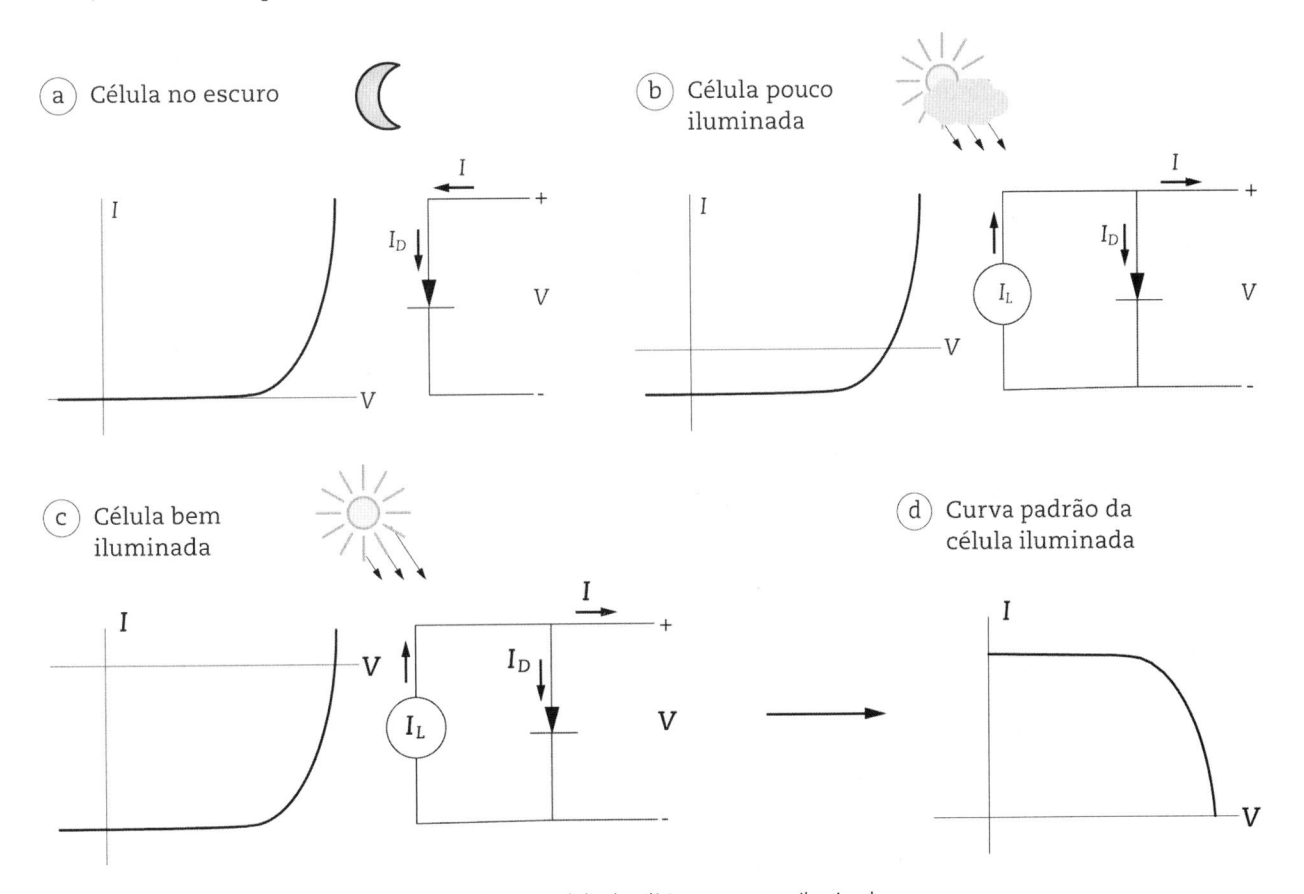

Fig. 1.10 Curva característica corrente-tensão de uma célula de silício no escuro e iluminada

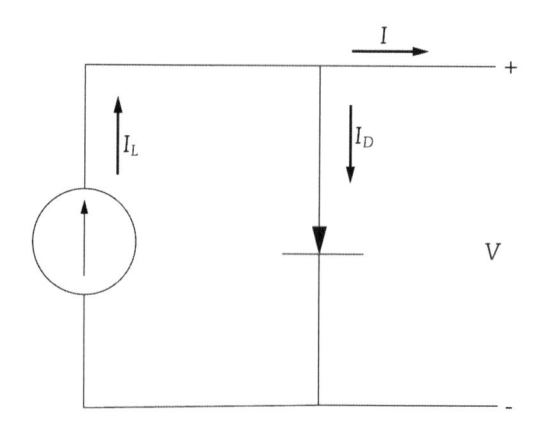

Fig. 1.11 Circuito equivalente ideal da célula fotovoltaica

A célula fotovoltaica ideal é uma fonte de corrente variável, em que a corrente fotogerada (I_L) varia de acordo com a mudança do nível de radiação no plano da célula e, em menor escala, com as mudanças de temperatura do dispositivo. Desse modo, é possível representar a célula a partir do circuito ideal mostrado na Fig. 1.11.

Analisando-se o circuito anterior e utilizando-se a lei de Kirchhoff, tem-se:

$$I = I_L - I_D \tag{1.1}$$

A corrente que flui através de um diodo, em função da tensão, é dada por:

$$I_D = I_0 \left[\exp\left(\frac{eV}{mkT_c}\right) - 1 \right] \tag{1.2}$$

onde:

I_0 - corrente de saturação reversa do diodo no escuro (a saturação significa que não se podem obter mais portadores minoritários do que os termicamente gerados);

V - tensão aplicada aos terminais do diodo;

e - carga do elétron;

m - fator de idealidade do diodo (entre 1 e 2 para o silício monocristalino);

k - constante de Boltzmann;

T_c - temperatura equivalente de operação da célula fotovoltaica. Sendo os valores de **e** e **k** iguais a $1,602 \times 10^{-19}$ C e $1,381 \times 10^{-23}$ J/K, respectivamente, e $T_c = 298,15$ K (25°C), o termo $V_t = kT_c/e$, conhecido como tensão térmica, é aproximadamente igual a 26 mV.

O aumento da temperatura da célula causa também um ligeiro aumento na corrente fotogerada I_L. Esse fato é representado pelo coeficiente de temperatura da corrente de curto-circuito. Em um diodo de junção p-n, a corrente reversa decorre do fluxo de elétrons do lado *p* para o lado *n* e das lacunas do lado *n* para o lado *p*. Por isso, a corrente reversa de saturação I_0 depende do coeficiente de difusão de elétrons e lacunas. Os portadores minoritários são termicamente gerados; logo, a corrente de saturação reversa é altamente sensível a mudanças de temperatura T_C.

Na prática, a maioria dos dispositivos não exibe um coeficiente de idealidade do diodo (*m*) igual à unidade, isto é, existe um caminho em paralelo à fonte de corrente permitindo a passagem de um fluxo de corrente. É comum adicionar um parâmetro *m* para levar em conta essas não idealidades. O fator de idealidade do diodo pode ser um parâmetro variável (em vez de ser fixado em 1 ou 2), constituindo o Modelo de Único Diodo, ou então podem ser introduzidos dois diodos em paralelo com diferentes valores de corrente de saturação (um com *m* = 1, outro com *m* = 2), representando o Modelo de Dois Diodos.

Assim, substituindo a Eq. 1.2 na Eq. 1.1, a corrente da célula fotovoltaica, em função da tensão, pode ser expressa por:

$$I = I_L - I_0 \left[\exp\left(\frac{eV}{mkT_c} \right) - 1 \right] \quad (1.3)$$

A partir da análise da Eq. 1.3, verifica-se que, na condição de curto-circuito ($V = 0$), a corrente do dispositivo é a própria corrente fotogerada (I_L), e, na condição de circuito aberto ($I = 0$), ocorre uma autopolarização com uma tensão tal que a corrente de polarização equilibra a fotocorrente. Trata-se da chamada tensão de circuito aberto (V_{OC}), que pode ser calculada pela Eq. 1.4.

$$V_{oc} = \frac{mkT_c}{e} \ln\left(1 + \frac{I_L}{I_0} \right) \quad (1.4)$$

No caso de $I_L \gg I_0$, tem-se que:

$$V_{oc} = \frac{mkT_c}{e} \ln\left(\frac{I_L}{I_0} \right) \quad (1.5)$$

É importante ressaltar que V_{oc} aumenta com o logaritmo de I_L; portanto, com o logaritmo da intensidade de iluminação. Por outro lado, decresce com a temperatura, apesar do termo mkT_c/e. De fato, a corrente de saturação I_0 depende da superfície do diodo (quer dizer, da célula) e das características da junção: I_0 varia exponencialmente com a temperatura e essa dependência da temperatura compensa demasiadamente o termo mkT_c/e. Portanto, a tensão de circuito aberto diminui com a temperatura, o que é importante no dimensionamento do sistema.

Percebe-se que o circuito equivalente ideal não leva em conta as perdas resistivas decorrentes do processo de conversão fotovoltaica e transmissão da corrente fotogerada.

1.4.2 Circuito equivalente real

Em uma célula real existem alguns fatores, citados anteriormente, que levam à alteração do circuito equivalente, resultando em um circuito mais complexo e completo, tal como mostrado na Fig. 1.12, na qual são incluídas uma resistência série e uma resistência paralelo para levar em consideração as perdas internas. Esse circuito equivalente também é válido para módulos fotovoltaicos, onde R_S representa a resistência série que leva em conta as perdas ôhmicas do material, das metalizações e do contato metal-semicondutor, e R_P representa a resistência paralelo que procede das correntes parasitas entre as partes superior e inferior da célula, pela borda sobretudo, e do interior do material por irregularidades ou impurezas.

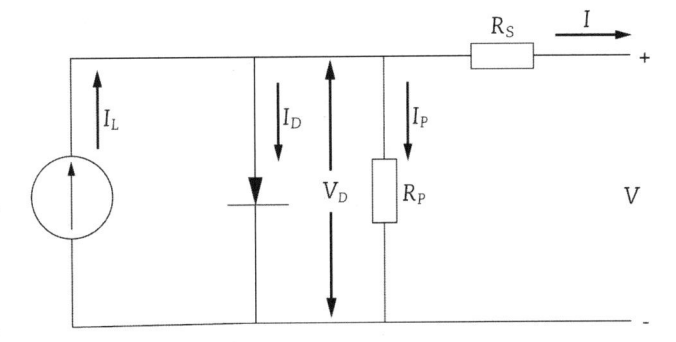

Fig. 1.12 Circuito equivalente de uma célula fotovoltaica

Ao se repetir a análise feita para o circuito equivalente anterior, obtém-se a Eq. 1.6:

$$I = I_L - I_D - I_P \qquad (1.6)$$

A parcela de corrente I_P representa as correntes de fuga. Assim, a Eq. 1.6, depois de efetuadas as devidas substituições, pode ser escrita como:

$$I = I_L - I_0 \left[\exp\left(\frac{eV_D}{mkT_c}\right) - 1 \right] - \frac{V + IR_S}{R_P} \qquad (1.7)$$

No caso de um módulo fotovoltaico com apenas células conectadas em série, à Eq. 1.7 acrescenta-se um termo que representa o número de células conectadas em série, resultando na Eq. 1.8. Aqui, V, R_S e R_P representam a tensão de saída, as resistências série e paralelo totais do módulo.

$$I = I_L - I_0 \left[\exp\left(\frac{e(V + IR_S)}{N_S mkT_c}\right) - 1 \right] - \frac{V + IR_S}{R_P} \qquad (1.8)$$

onde N_S é o número de células associadas em série.

1.4.3 Curva corrente *versus* tensão ($I - V$) e ponto de máxima potência

Do ponto de vista prático, para um profissional na área de sistemas fotovoltaicos, a parte útil da curva $I - V$ é a que produz energia elétrica. Com relação à Fig. 1.13, percebe-se que isso não ocorre no ponto de tensão de circuito aberto (0, Voc) e nem no ponto de curto-circuito (I_{sc}, 0). Nesses pontos não se produz nenhuma energia, uma vez que a potência instantânea obtida a partir do produto entre corrente e tensão é igual a zero.

A curva característica corrente *versus* tensão é definida como a "representação dos valores da corrente de saída de um conversor fotovoltaico em função da tensão, para condições preestabelecidas de temperatura e radiação". A partir da curva $I - V$, determinada sob as condições padrão de teste (ou STC), de uma célula ou módulo fotovoltaico, obtêm-se os principais parâmetros que determinam sua qualidade e desempenho, entre eles I_{sc}, V_{oc}, V_{mp}, I_{mp} e P_{mp}.

a] Tensão de circuito aberto, V_{oc}: tensão que se forma entre os terminais do diodo do circuito equivalente da Fig. 1.11 quando toda a corrente fotogerada circula por esse diodo. Ou seja, é a tensão formada quando não há carga conectada à célula. Para células de silício monocristalino, esse valor fica na faixa de 0,5 V - 0,7 V, enquanto as de silício amorfo ficam em torno de 0,6 V - 0,9 V.

b] Corrente de curto-circuito, I_{sc}: medida do fluxo de portadores de corrente quando os terminais da célula estão no mesmo nível de referência, ou seja, curto-circuitados.

c] Ponto de máxima potência, P_{mp}: ponto da curva (I_{mp}, V_{mp}) onde ocorre a máxima transferência de potência da célula para a carga, e se localiza no "joelho" da curva $I - V$.

A Fig. 1.13 mostra uma curva $I - V$ genérica e a curva de potência ($P - V$) para o mesmo nível de irradiação. Esta última é traçada fazendo-se a multiplicação ponto a ponto dos valores de tensão e corrente equivalentes à curva $I - V$.

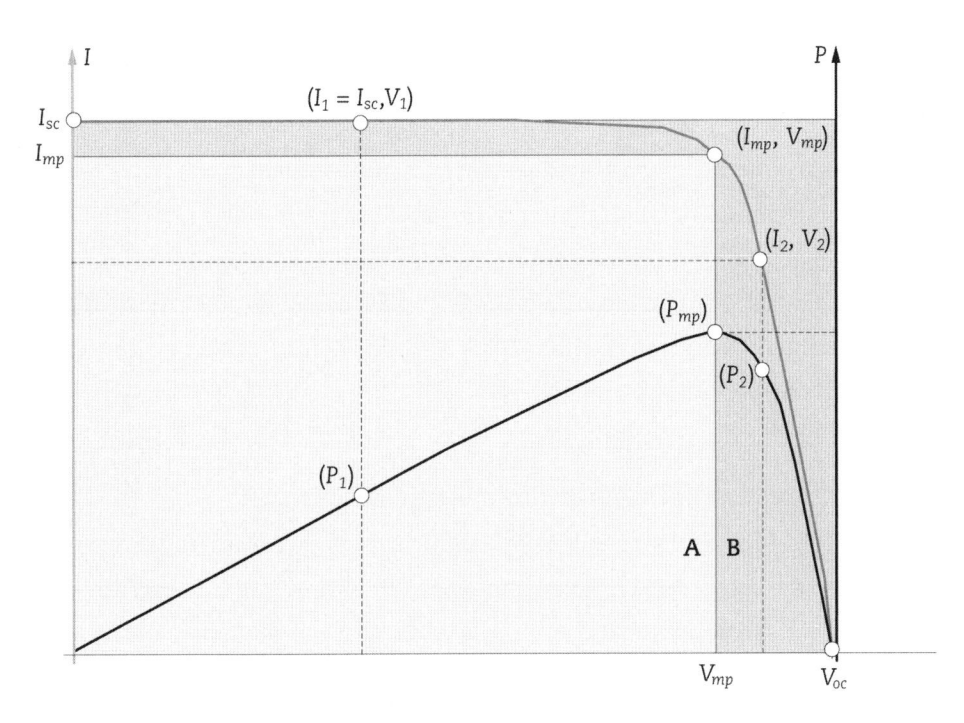

Fig. 1.13 Curva $I-V$, cinza-claro, e curva de potência ($P-V$), cinza-escuro, de uma célula ou módulo fotovoltaico

A partir da análise da Fig. 1.13, percebe-se que, apesar de os valores V_{oc} e I_{sc} serem os mais significativos em termos de magnitudes de tensão e corrente, não há transferência de potência quando a célula trabalha nesses pontos, uma vez que, em circuito aberto, não há carga conectada ao sistema e, em curto-circuito, a tensão entre os terminais da célula é zero.

A máxima transferência de potência ocorre em razão de uma única combinação de valores de tensão e corrente. Esse ponto é localizado no "joelho" da curvatura e possui valores típicos, chamados de V_{mp} e I_{mp}. Esses valores podem ser estimados tendo como base I_{sc} e V_{oc} (Fig. 1.13), conforme mostram as Eqs. 1.9 e 1.10 (Goetzberger; Hoffmann, 2005).

$$V_{mp} \approx (0{,}75 - 0{,}90) \times V_{oc} \qquad (1.9)$$

$$I_{mp} \approx (0{,}85 - 0{,}95) \times I_{sc} \qquad (1.10)$$

Contudo, é importante ressaltar que uma célula ou módulo fotovoltaico pode ter que trabalhar em uma potência baixa; por exemplo, a uma tensão inferior a V_{mp}, ponto (I_1, V_1), ou a uma corrente inferior a I_{mp}, ponto (I_2, V_2) (Fig. 1.13).

Outro conceito importante adotado na concepção da tecnologia fotovoltaica e que deve ser esclarecido diz respeito ao fator de forma *FF* (do inglês *fill factor*). Essa figura de mérito define o quão próximo a curva $I-V$ está da idealidade, ou seja, do retângulo formado com vértices em I_{sc} e V_{oc}. O *FF* depende muito das características de construção da célula (tipo de semicondutor, dopagem, conexão etc.), uma vez que esse fator é sensível às resistências série e paralelo da célula, as quais são as responsáveis por tornar a curva $I-V$ com característica menos retangular. Valores típicos do *FF* são de 0,6 a 0,85 para células monocristalinas e de 0,5 a 0,7 para as de silício amorfo. Matematicamente, esse fator é dado pela Eq. 1.11:

$$FF = \frac{I_{mp} \times V_{mp}}{I_{sc} \times V_{oc}} \qquad (1.11)$$

O *FF*, também conhecido como fator de preenchimento, é um parâmetro que, juntamente com V_{oc} e I_{sc}, determina a máxima potência do módulo fotovoltaico. Matematicamente (Eq. 1.11), é definido como a razão entre a potência máxima e o produto da corrente de curto-circuito e da tensão de circuito aberto. Graficamente, o fator de preenchimento pode ser definido pela razão entre as áreas dos retângulos A e B da Fig. 1.13. O fator de preenchimento ideal seria aquele com áreas A e B iguais.

1.4.4 Fatores que modificam as características elétricas

As características elétricas das células fotovoltaicas podem ser alteradas em razão de fatores intrínsecos e extrínsecos a estas. Muitos são os fatores que influenciam a geração fotovoltaica. Alguns são decorrentes do processo de fabricação e do material utilizado, como as resistências série e paralelo e a seletividade de absorção do espectro solar, e outros são fatores ambientais, como a irradiância e a temperatura da célula.

A seletividade de absorção é uma característica intrínseca do material utilizado e está relacionada com o nível de energia necessário para um fóton ser absorvido pelo material semicondutor, gerando um par elétron-lacuna.

As células fotovoltaicas variam na sua sensibilidade aos diferentes níveis espectrais da radiação incidente, dependendo da tecnologia e do material utilizado na fabricação. A sensibilidade espectral relativa diz respeito à resposta espectral da célula, ou seja, à capacidade de o dispositivo absorver a energia proveniente dos fótons da radiação solar em diferentes níveis do comprimento de onda. A Fig. 1.14 mostra esse comportamento para as células de silício amorfo e monocristalino. Os valores de sensibilidade espectral estão normalizados e o valor correspondente ao número 1,0, no eixo da ordenada, significa a máxima absorção de energia para determinado comprimento de onda.

Associada à sensibilidade espectral das células fotovoltaicas com a radiação solar está a distribuição espectral entre os vários comprimentos de onda. A Fig. 1.15 mostra essa distribuição fora da atmosfera e na superfície terrestre, bem como a sua comparação com o espectro de emissão de um corpo negro a 6.000 K.

Como se pode observar nas Figs. 1.14 e 1.15, o gerador fotovoltaico opera apenas com uma faixa do espectro das radiações eletromagnéticas, e, no caso dos módulos de silício, essa faixa corresponde à luz visível e ao infravermelho perto do visível. A não coincidência entre os máximos de energia para cada comprimento

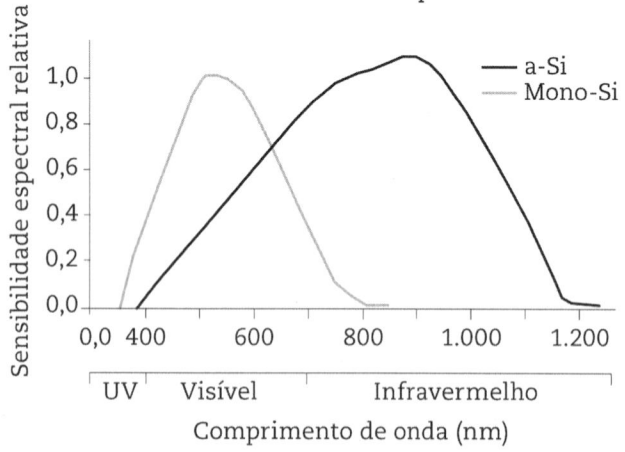

Fig. 1.14 Sensibilidade espectral em função do comprimento de onda
Fonte: Goetzberger e Hoffmann (2005).

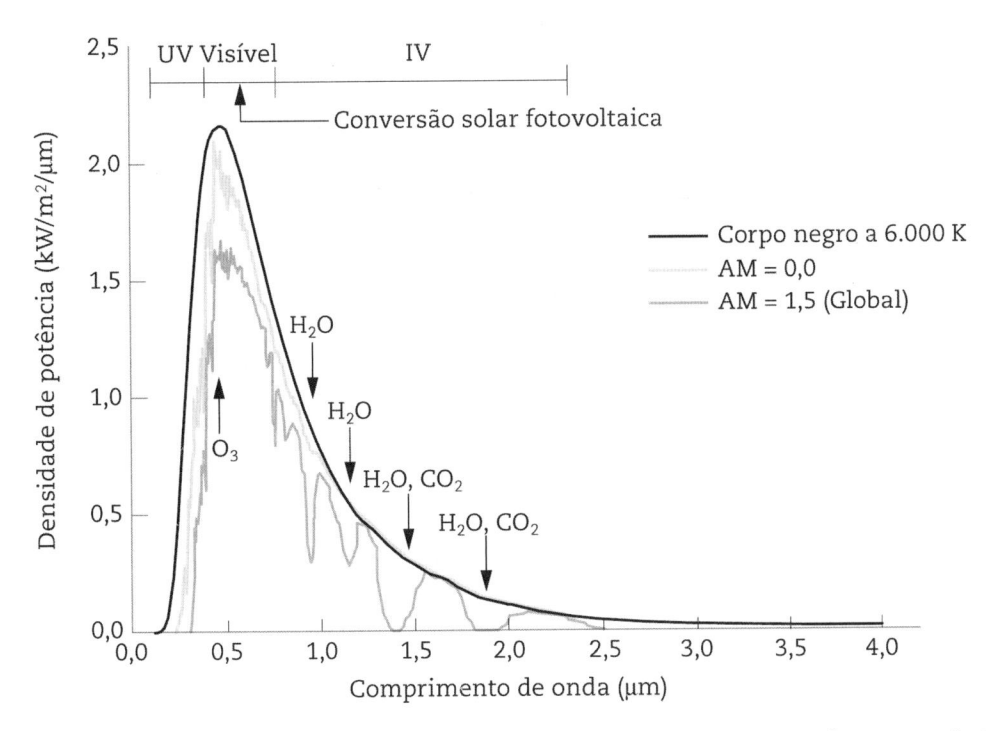

Fig. 1.15 Distribuição espectral da radiação solar: fora da atmosfera (AM = 0,0), na superfície terrestre (AM = 1,5) e semelhança do espectro de emissão de um corpo negro a 6.000 K com a radiação solar fora da atmosfera

de onda do espectro solar e a resposta espectral da célula de silício faz com que nem toda a energia solar incidente seja aproveitada.

Além da sensibilidade espectral, uma célula fotovoltaica possui dois parâmetros distintivos que afetam suas características elétricas: a resistência série (R_S) e a resistência paralelo (R_P). A resistência paralelo é oriunda de imperfeições na junção p-n, ou seja, é um problema relacionado ao processo de fabricação da célula. O ideal é que R_P seja a maior possível, de forma que a corrente fotogerada seja totalmente transferida para a carga. Valores baixos de R_P fazem com que parte da corrente fotogerada circule internamente pelo gerador fotovoltaico, reduzindo a corrente da junção e a tensão das células. A Fig. 1.16 mostra o comportamento da curva $I - V$ de uma célula de 1 cm² para diversos valores de R_P, sob irradiância e temperatura constantes.

As células fotovoltaicas mais modernas apresentam R_P que podem ser consideradas infinitas, conforme mostrado na Fig. 1.16, que revela pequena diferença entre as curvas $R_P = \infty$ e $R_P = 500\,\Omega$.

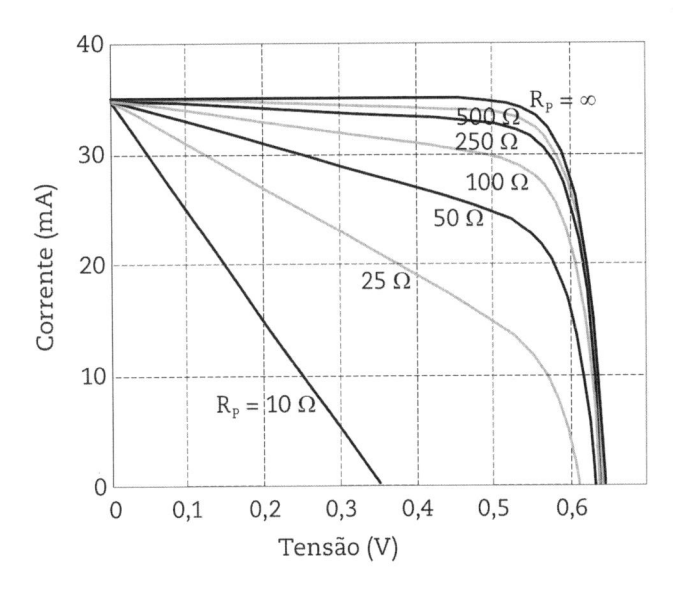

Fig. 1.16 Efeito da variação da resistência paralelo sobre o comportamento de uma célula fotovoltaica
Fonte: Prieb (2002).

A resistência série é oriunda da própria resistência do semicondutor dopado, da resistência de contato entre o silício e os contatos metálicos, da resistência dos contatos metálicos e da resistência dos *bornes*. O ideal é que R_S seja a menor possível, para diminuir a queda de tensão interna do gerador e não haver limitação da corrente fotogerada pelo aumento da resistência do circuito. Aumentar a área dos contatos metálicos diminui a resistência série, mas também diminui a quantidade de luz que chega às células. Algumas tecnologias de fabricação mais modernas minimizam esse problema empregando contatos metálicos enterrados em canaletas feitas a *laser*.

A Fig. 1.17 mostra o comportamento da curva $I - V$ de uma célula de 1 cm² para diversos valores de R_S, sob irradiância e temperatura constantes.

Os valores de R_S não são usualmente disponibilizados pelos fabricantes de módulos; todavia, sugerem-se valores entre 0,30 Ω e 0,33 Ω. A Fig. 1.17 mostra que, quanto maior a resistência série de uma célula fotovoltaica, maiores as perdas nos contatos e menor a potência máxima gerada.

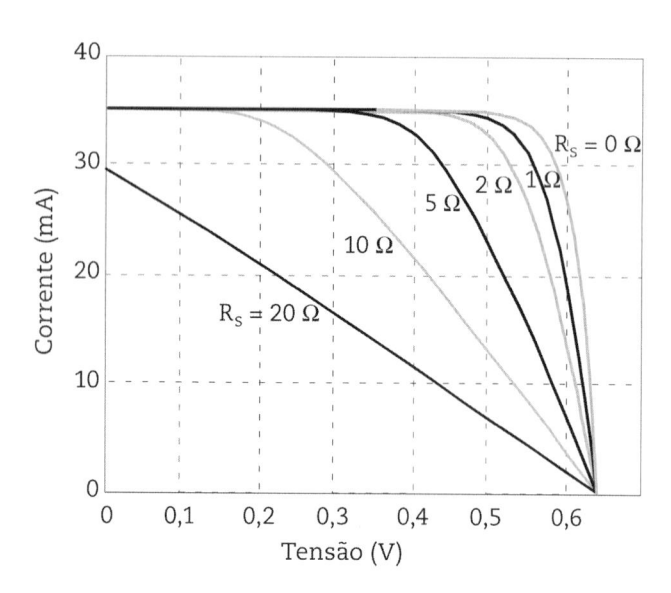

Fig. 1.17 Efeito da variação da resistência série sobre o comportamento de uma célula fotovoltaica
Fonte: Prieb (2002).

Externamente à célula, os fatores que mais contribuem para a alteração dos parâmetros elétricos são basicamente a radiação no plano incidente e a temperatura da célula. A Fig. 1.18 mostra o comportamento gráfico de V_{OC} e I_{SC} perante vários níveis de intensidade de radiação solar.

Uma vez que o fluxo de corrente gerada a partir do processo de conversão fotovoltaica depende da quantidade de fótons capazes de contribuir para o efeito fotovoltaico, é fácil perceber que a corrente de curto-circuito da célula varia linearmente com o aumento da intensidade de radiação no plano do gerador. A tensão de circuito aberto também é sensível a essa variação, mas não de maneira similar, pois satura a partir de certo nível. Desse modo, é possível determinar o comportamento da curva $I - V$ quando considerados vários níveis de radiação solar.

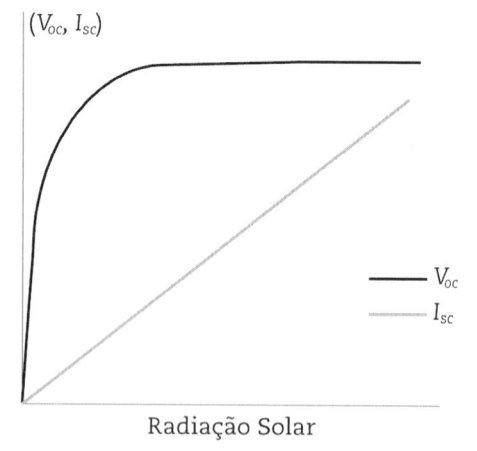

Fig. 1.18 Variação de V_{OC} e I_{SC} com a radiação solar

As Figs. 1.19 e 1.20 ilustram as curvas de corrente *versus* tensão $(I - V)$ e potência *versus* tensão $(P - V)$, respectivamente, para um dado módulo operando a uma temperatura fixa de 25°C e vários níveis de radiação solar. O conceito de Sol Pleno (*SP*) adotado nas figuras corresponde à razão da irradiância incidente no plano do gerador (em W/m²) pela irradiância de referência nas STC (1.000 W/m²). Assim, quando se refere um $SP = 0,25$, significa dizer que a irradiância solar incidente é igual a 250 W/m².

Nos módulos fotovoltaicos, a corrente de curto-circuito geralmente cresce em proporção direta da radiação solar, ao passo que a tensão de circuito aberto cresce logaritmicamente. Assim, se a incidência de radiação solar for considerada como tendo uma distribuição espectral fixa, a corrente de curto-circuito poderá ser usada como uma maneira de medir a radiação solar incidente no plano da célula, módulo ou gerador fotovoltaicos.

A temperatura da célula também afeta os parâmetros elétricos da célula de maneira diferente. Em relação à corrente de curto-circuito, há um acréscimo desse valor de 0,05% - 0,07%/°C para o silício monocristalino e de 0,02%/°C para o amorfo, para níveis de temperatura acima do definido pelas STC (Luque; Hegedus, 2003). Porém, esse aumento é irrisório e não sensibiliza a potência gerada, no sentido de elevá-la, uma vez que a taxa de variação da tensão de circuito aberto com a temperatura é mais relevante.

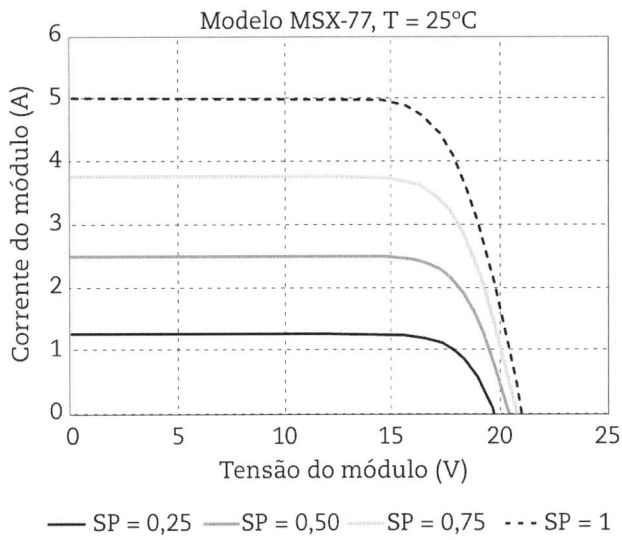

Fig. 1.19 Curvas $I - V$ para vários níveis de irradiância

As Figs. 1.21 e 1.22 mostram, respectivamente, o efeito da variação da temperatura da célula nas curvas $I - V$ e $P - V$. O aumento da temperatura leva à diminuição da tensão de circuito aberto e a um pequeno aumento da corrente de curto-circuito; logo, percebe-se uma redução, no ponto de máxima potência, de 77 Wp em uma operação de um dado módulo fotovoltaico a 25°C, para 60 Wp em uma operação a 75°C.

Ao se observar as Figs. 1.21 e 1.22, nota-se também que a temperatura afeta principalmente a tensão de saída. Um aumento de temperatura provoca uma diminuição da tensão de circuito aberto e uma nítida perda de potência. A taxa de variação da tensão de circuito aberto com a temperatura, para células de silício, assume valores típicos em torno de −2,3 mV/°C, frequentemente utilizados para um cálculo aproximado.

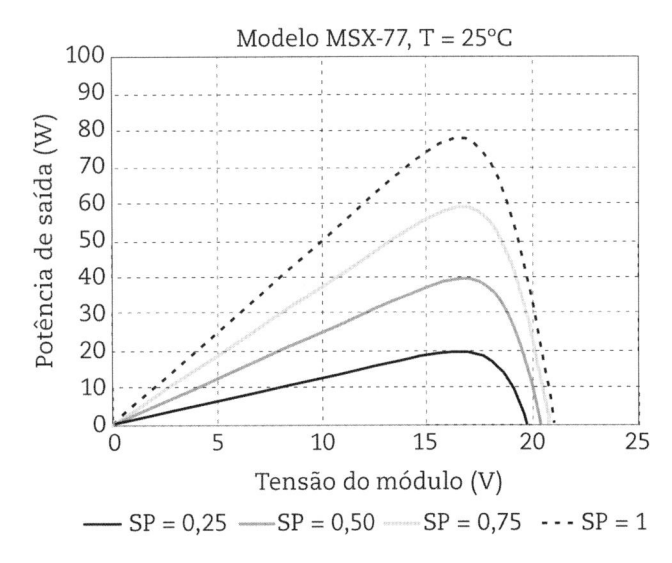

Fig. 1.20 Curvas $P - V$ para vários níveis de irradiância

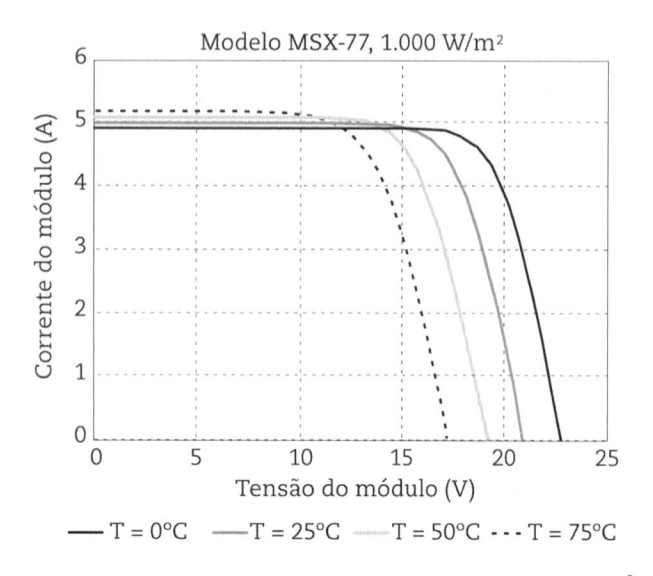

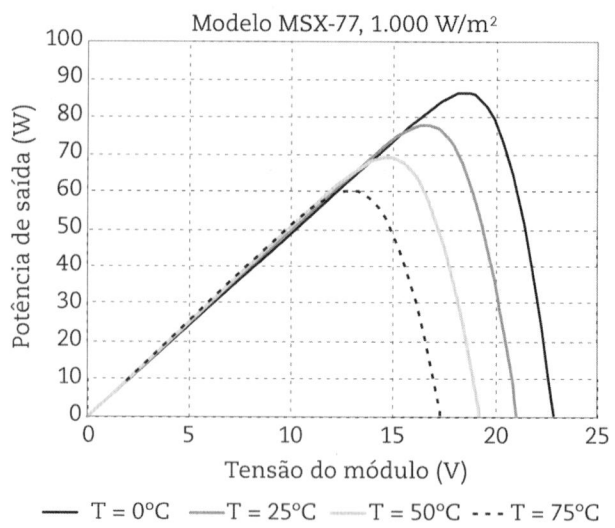

Fig. 1.21 Curvas $I - V$ para o módulo MSX-77, a 1.000 W/m² e vários níveis de temperatura da junção p-n

Fig. 1.22 Curvas $P - V$ para o módulo MSX-77, a 1.000 W/m² e vários níveis de temperatura da junção p-n

1.4.5 Eficiência de conversão (η)

Como qualquer outra fonte de energia elétrica, as células fotovoltaicas não têm a capacidade de transformar toda a energia incidente em eletricidade, por causa das limitações da tecnologia e das perdas inerentes ao processo. Portanto, faz-se necessário destacar as figuras de mérito que caracterizam o balanço de energia inerente à conversão fotovoltaica.

A eficiência de conversão de energia é o parâmetro mais importante das células fotovoltaicas e é definida como a razão entre a máxima potência elétrica gerada pelo dispositivo e a potência nele incidente. Esse último parâmetro depende exclusivamente do espectro da luz incidente no plano da célula. Algebricamente, a eficiência pode ser vista como:

$$\eta = \frac{P_{\text{Gerada}}}{P_{\text{Incidente}}} = \frac{FF \times V_{OC} \times I_{SC}}{P_{\text{incidente}}} \qquad (1.12)$$

A Fig. 1.23 mostra os valores de eficiência de conversão para diferentes tecnologias de fabricação de células fotovoltaicas ao longo de 35 anos. Os valores de eficiência mostrados são referentes a ensaios experimentais realizados em laboratório. Nessa figura também são indicados os locais em que houve as medições.

1.5 GERADOR FOTOVOLTAICO

Define-se como gerador fotovoltaico qualquer dispositivo capaz de converter energia solar em eletricidade por meio do efeito fotovoltaico, sendo a célula fotovoltaica o dispositivo que constitui a unidade básica. Porém, a célula atinge valores de tensão da ordem de 0,5 V a 1,5 V, segundo as várias tecnologias existentes, que são incompatíveis com equipamentos elétricos de condicionamento de potência e armazenamento de energia. Assim, é necessária

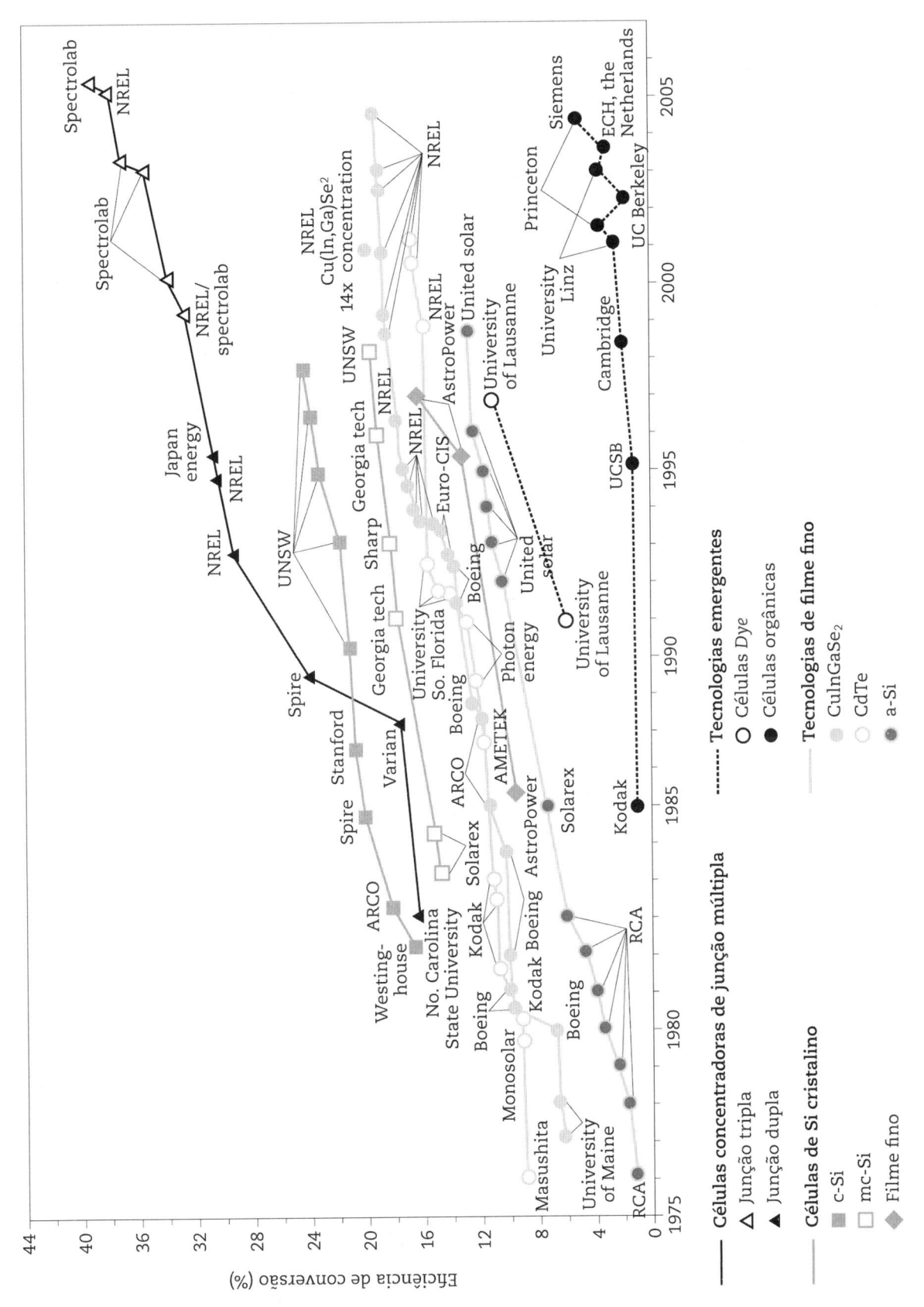

Fig. 1.23 Evolução na eficiência de células fotovoltaicas
Fonte: Shaheen, Ginley e Jabbour (2005).

a adoção de alternativas para tornar esse dispositivo aplicável para a geração de energia em quantidades consideráveis para o uso contínuo.

Dessa forma, é necessária a associação de várias células em série e/ou paralelo, tal como ilustra a Fig. 1.24, para se obterem tensões e correntes utilizáveis na prática. Além do mais, essa associação deve estar protegida para que possa ser exposta às intempéries, uma vez que as células fotovoltaicas são objetos frágeis e sensíveis à corrosão, o que faz com que sejam protegidas dos rigores climáticos (umidade, variações de temperatura etc.). Os agrupamentos de células, comumente chamados de módulos, podem ser fabricados em diversas potências, capazes de gerar corrente em baixa tensão quando expostos à luz. Esses módulos constituem a unidade básica de geradores fotovoltaicos de maior potência, à medida que a energia requerida aumenta.

No caso da tecnologia de filmes finos, não há conexão entre células, uma vez que o gerador fotovoltaico é construído de maneira uniforme, em um único substrato. Desse modo, os geradores fabricados com essa tecnologia não possuem subdivisões, e sua potência nominal depende da área total utilizada para a conversão fotovoltaica. A Fig. 1.25 mostra um gerador fotovoltaico de filme fino, que também funciona como elemento de cobertura para sombreamento.

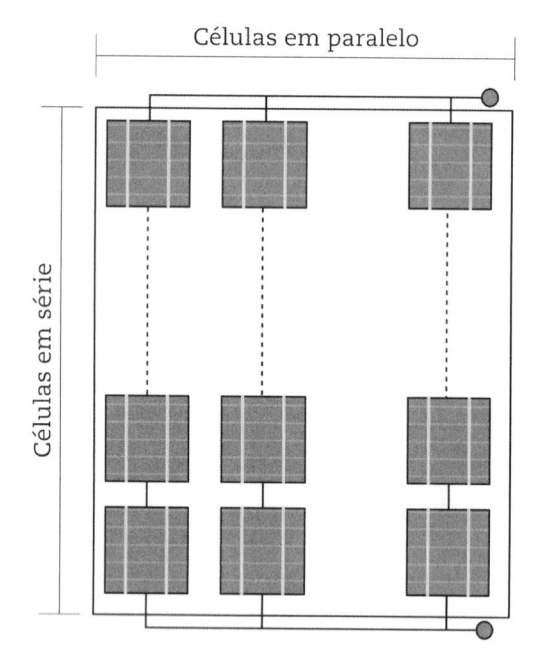

Fig. 1.24 Conexão de células em série e paralelo

Fig. 1.25 Gerador fotovoltaico de filme fino
Fonte: Arquivo LABSOLAR/UFSC.

1.5.1 Configuração de geradores fotovoltaicos

Durante a fabricação dos módulos, as células passam por um processo de encapsulamento, em que são adicionados materiais que envolvem os dispositivos interconectados, com o objetivo de protegê-los das ações maléficas do tempo, da radiação, de choques mecânicos e, ainda, garantir a máxima eficiência na absorção da radiação luminosa. A Fig. 1.26 ilustra os principais tipos de módulos existentes no mercado e algumas de suas aplicações. A Fig. 1.27 mostra as três tecnologias mais utilizadas de módulos fotovoltaicos na classificação de alta potência indicada na Fig. 1.26.

0-2 Wp Micropotência 0-500 cm²	2-10 Wp Baixa potência 500 cm² - 0,2 m²	20-50 Wp Média potência 0,2 m² - 0,5 m²	50-300 Wp Alta potência > 0,5 m²
Célula solar tipo "interior" de 1,5 V a 6 V Módulo pequeno de silício amorfo de 4 V a 12 V	Módulo de silício amorfo, CIS ou silício policristalino em 6 V ou 12 V	Módulo de silício cristalino, mono ou poli (e às vezes CIS) 6 V ou 12 V	Módulo de silício cristalino, mono ou poli e amorfo em 12 V, 24 V, ...
Calculadoras, relógios, medidas médicas, telefones de urgência, alarmes etc.	Instrumentação, sinalização de estradas, estações meteorológicas, cercas eletrificadas, eletrificação rural, náutica etc.		Casas isoladas, eletrificação rural, conexão à rede elétrica, postos de telecomunicações e centrais solares

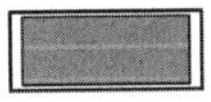

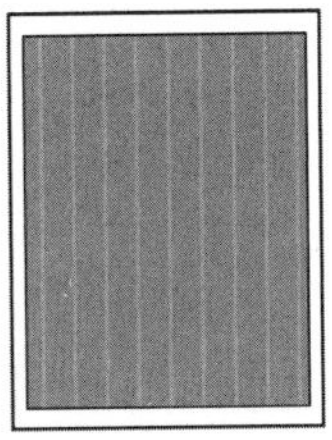

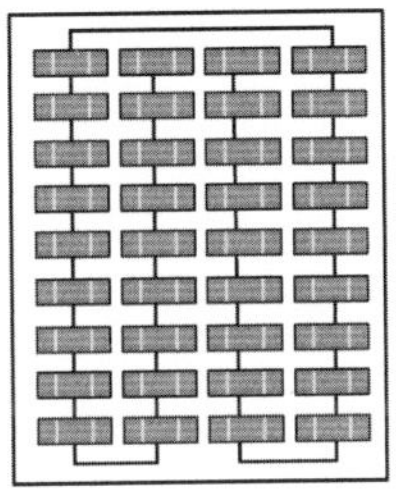

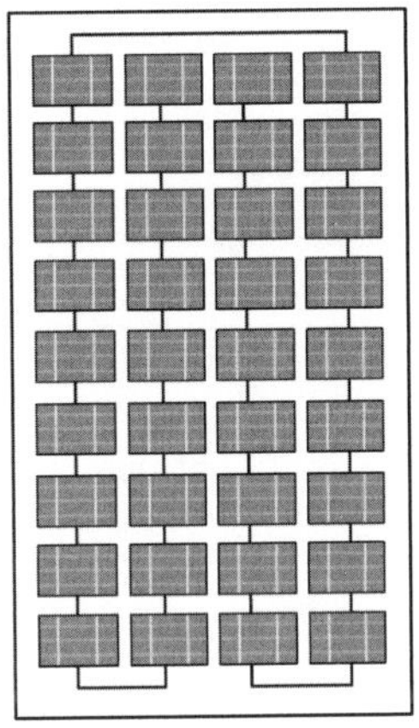

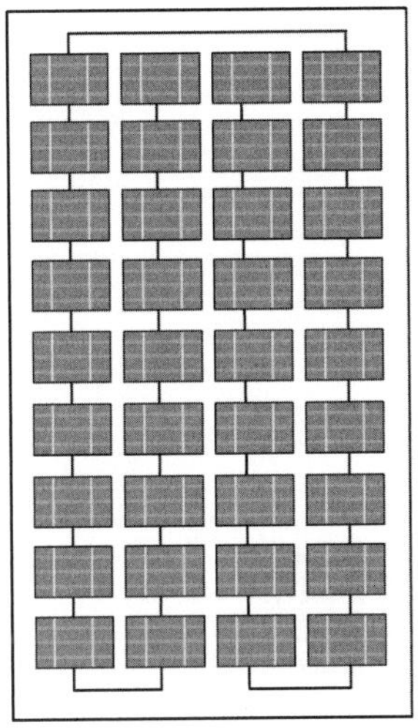

Fig. 1.26 Principais módulos fotovoltaicos

Considerando-se que uma célula de silício cristalino apresenta uma tensão de circuito aberto tipicamente em torno de 0,6 V e uma tensão de máxima potência de 0,47 V, e que um módulo fotovoltaico tem que carregar uma bateria de 12 V até uma tensão máxima em torno de 14 V, dos quais 2 V a 3 V se perdem nos cabos elétricos e também com o aumento da temperatura de operação da célula de silício, será necessário dispor de um módulo que forneça uma tensão de, pelo menos, 16 V-17 V no ponto de máxima potência. Obtendo-se o valor intermediário entre 16 V e 17 V, ou seja, 16,5 V, e dividindo-o por 0,47 V, o resultado é que serão necessárias aproximadamente 36 células, que é um número muito habitual de células em série nos módulos fotovoltaicos comerciais utilizados em sistemas isolados.

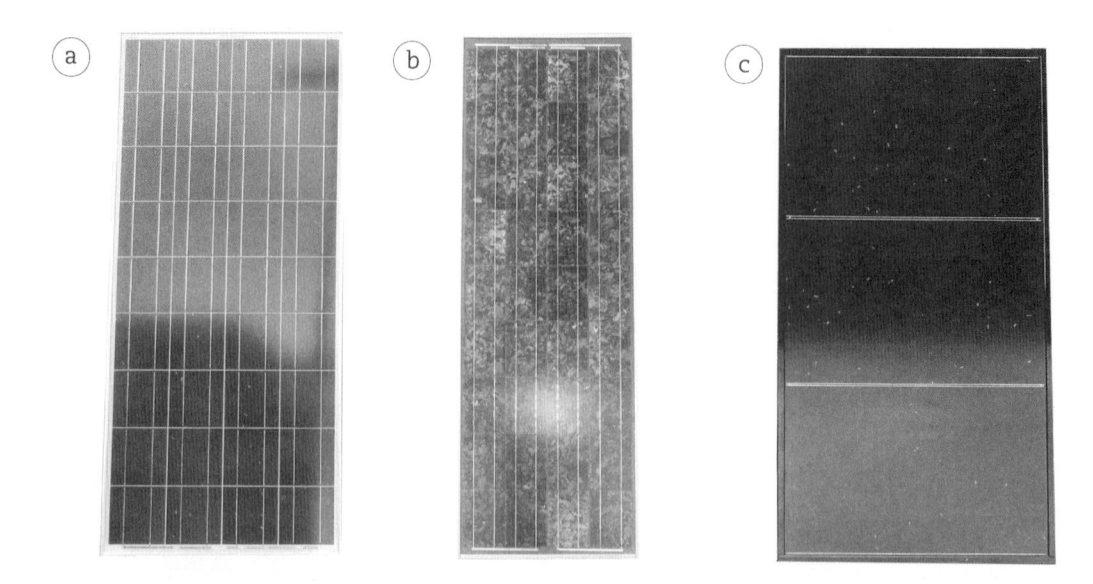

Fig. 1.27 Tecnologias de módulos de silício: (a) monocristalino; (b) policristalino; (c) amorfo

O número de 36 células em série torna possível colocá-las em quatro grupos de nove células. Na prática, os módulos atuais para 12 V têm de 32 a 44 células, dependendo do valor exato da tensão de cada célula e da temperatura ambiente onde o módulo será empregado.

Como a energia elétrica gerada depende da área disponível para a conversão fotovoltaica, ou seja, da área ocupada pelas células, conclui-se que, quanto maior o espaço ocupado por células na estrutura do módulo, maior a potência fornecida por este. Atualmente é possível encontrar no mercado módulos com 300 Wp de potência nominal.

Em termos de área total ocupada, os módulos de silício mono e multicristalino disponíveis no mercado possuem uma densidade de potência de aproximadamente 100 Wp/m^2, e suas características elétricas variam de acordo com a condição de operação. Existem situações em que esses módulos não estão expostos ao sol de modo uniforme, já que podem existir sombras, e, num caso mais extremo, o acúmulo de sujeira pode estar encobrindo completamente uma célula. Nessas condições, como as células estão conectadas todas em série, a corrente total dependerá da célula mais debilitada (menor corrente), ou seja, se esta estiver completamente coberta, a corrente do conjunto tende a zero.

Além da perda de energia associada, outros problemas ainda piores podem acontecer em função da não uniformidade da incidência de luz nos módulos fotovoltaicos. Nestes, uma célula completamente sombreada ou com algum defeito de fábrica torna-se uma carga para as demais células da associação em série, recebendo como tensão inversa a soma das tensões das outras células. A Fig. 1.28 mostra o comportamento de um módulo quando uma de suas células está danificada. Esse fato produz seu aquecimento, o que justifica o nome "pontos quentes" para descrever tais fenômenos.

De acordo com o exposto no parágrafo anterior, são necessárias medidas de proteção, uma vez que a ocorrência frequente desses fenômenos pode simplesmente queimar a célula, tal como mostrado na Fig. 1.29, interrompendo a passagem da corrente.

Para evitar que a célula – e, consequentemente, o módulo – se danifique, instala-se um diodo de passagem (*bypass*), como ilustrado na Fig. 1.30. Esse diodo serve como um caminho alternativo para a corrente e limita a dissipação de energia na célula defeituosa. Em geral, o uso do diodo de passagem é feito em grupamentos de células, o que reduz o custo em comparação à conexão de um diodo em cada célula. É interessante observar que a configuração da Fig. 1.30a oferece, em relação à configuração da Fig. 1.30b, a vantagem de não produzir curtos-circuitos se houver confusão de polaridade. No caso de módulos fotovoltaicos com 72 células em série, sem proteção, a tensão inversa que chega a alcançar uma célula obstruída pode superar

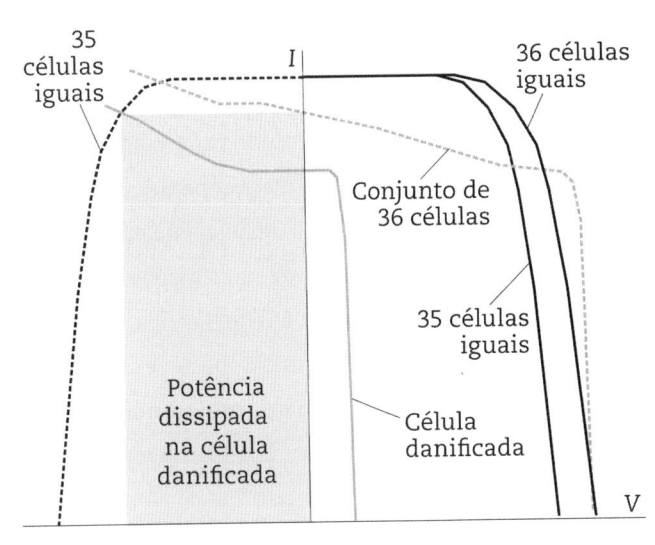

Fig. 1.28 Funcionamento de um módulo com uma célula danificada

Fig. 1.29 Módulos com células queimadas

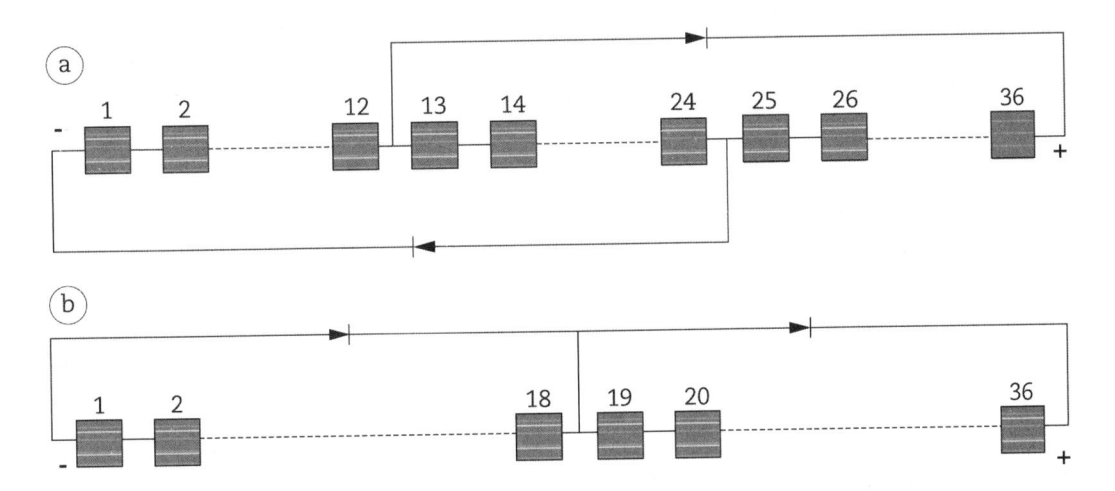

Fig. 1.30 Formas de conexão de diodos de passagem: (a) entre 12 células em série; (b) entre 18 células em série

1 Dispositivos de Conversão Fotovoltaica

muito a sua tensão de ruptura (10 V a 25 V). Isso pode acontecer se, por exemplo, em um sistema com uma estratégia de regulação *shunt* (derivação), o gerador for curto-circuitado no caso de a bateria estar cheia.

Esses diodos são colocados geralmente na caixa de conexões do módulo fotovoltaico (Fig. 1.31). Para conectar os dois diodos, é necessário que o módulo tenha contatos elétricos acessíveis desde a sua extremidade para um ponto intermediário.

Cada vez mais dispõe-se de módulos fotovoltaicos de maior potência, em particular para conexões à rede elétrica, porém existe um limite demarcado pelo peso e pela manipulação. Por essa razão, para se conseguir geradores de maior potência, unem-se vários módulos fotovoltaicos, preferencialmente de mesma potência, que se conectam entre si antes de serem interligados ao resto do sistema.

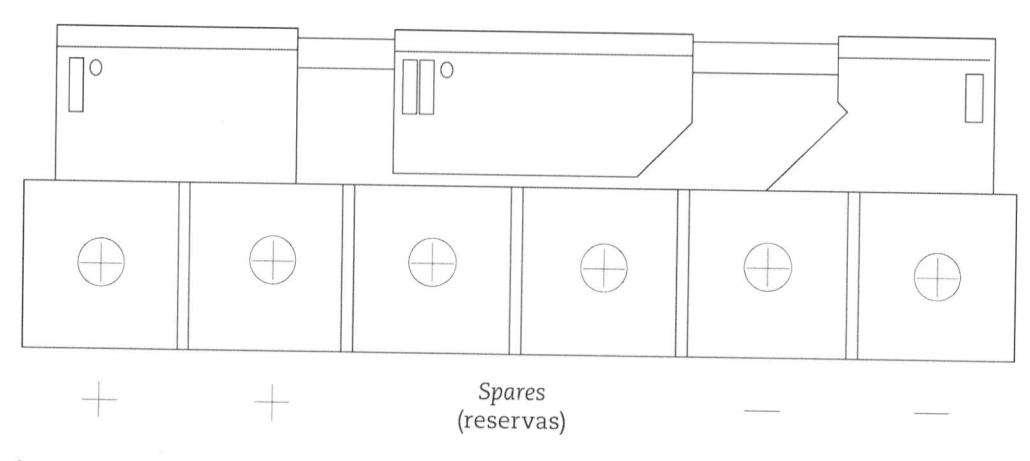

Fig. 1.31 Montagem dos diodos de passagem (*bypass*) na caixa de conexões

Assim, os geradores fotovoltaicos são constituídos pela associação de um determinado número de módulos fotovoltaicos, objetivando alcançar a tensão de operação do sistema. Dependendo da aplicação, podem-se efetuar as associações do tipo série, paralelo ou série/paralelo. A Fig. 1.32 ilustra o que acontece com a característica $I - V$ de acordo com o tipo de associação. A escolha da configuração mais adequada para o gerador depende exclusivamente da tensão de operação dos equipamentos de condicionamento de potência e/ou de acumulação do sistema.

Uma vez alcançada a tensão desejada, a partir da conexão série, pode-se aumentar a capacidade de corrente do gerador fotovoltaico agrupando várias fileiras de módulos em paralelo. Nesse tipo de conexão, deve-se proteger cada fileira contra correntes reversas que ocorrem por variações na tensão de saída de cada subgrupo. Desse modo, utilizam-se fusíveis de corrente adequada na saída de cada ramo série do gerador para fazer essa proteção, tal como ilustra a Fig. 1.33. Em sistemas de pequeno porte, era comum utilizar diodos de bloqueio, no entanto diodos não garantem a proteção.

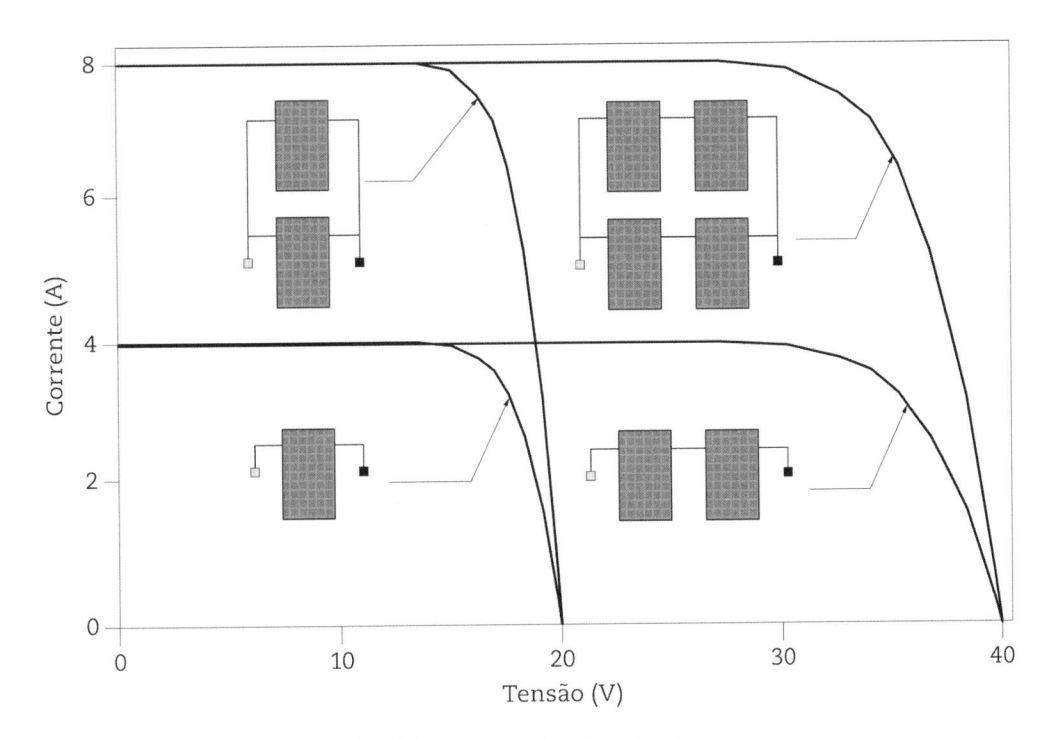

Fig. 1.32 Exemplos de associações de módulos e curvas $I - V$ resultantes

Os fusíveis podem ser colocados na mesma caixa de conexões que reúnem os cabos procedentes de cada ramo, despachando a potência total por meio de um cabo mais grosso que a conduz ao dispositivo de condicionamento de potência. A Fig. 1.34 mostra um exemplo de uma caixa de conexões com os fusíveis.

Outro aspecto importante para a operação eficiente do gerador fotovoltaico diz respeito à sua orientação e inclinação. Como, por razões de custo-benefício, evita-se o uso de seguidores solares em sistemas de menor porte, deve-se orientar devidamente o gerador para que haja

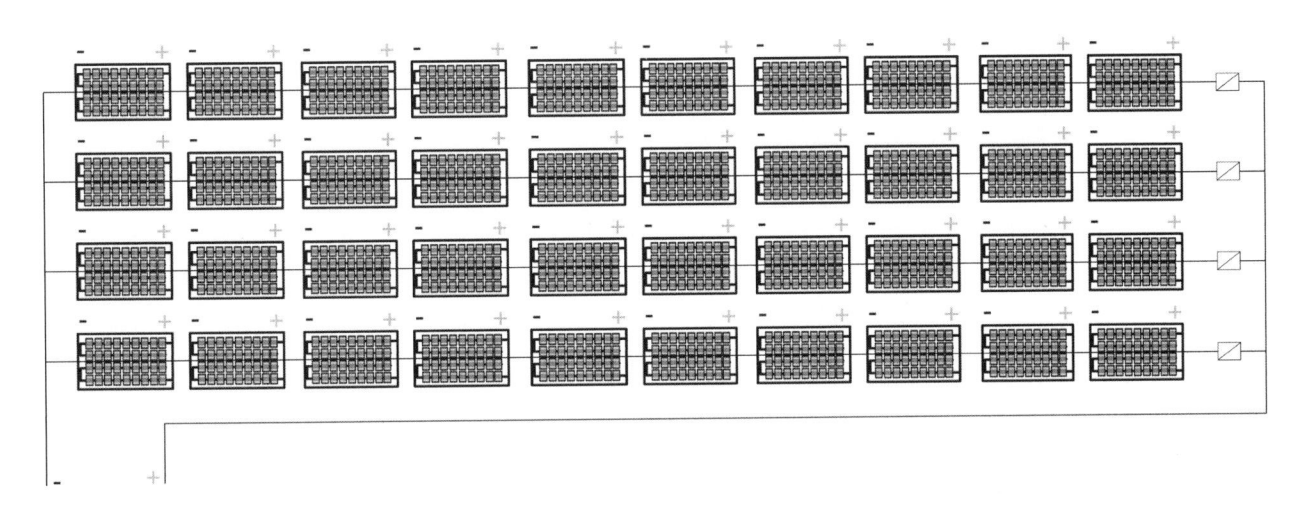

Fig. 1.33 Gerador fotovoltaico montado com fusíveis em cada ramo

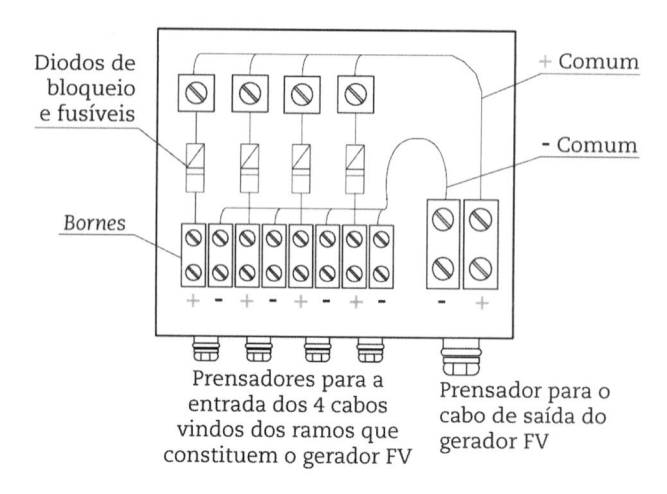

Fig. 1.34 Caixa de conexões para os ramos em paralelo

a máxima captação da radiação solar média ao longo do ano. Isso é feito orientando os geradores para o norte geográfico, se a instalação estiver no hemisfério Sul, e para o sul geográfico, se a instalação estiver no hemisfério Norte.

A inclinação do gerador deve ser igual à latitude do local, adotando-se o mínimo de 10° para localidades com latitude próxima de zero (−10° a 10°). Apesar da redução pouco significativa da captação da radiação solar incidente, este último procedimento é indicado para evitar o acúmulo de sujeira na superfície dos módulos fotovoltaicos, quando instalados em posição muito próxima à horizontal, o que reduz o rendimento da conversão. Inclinações iguais ou maiores que 10° favorecem a limpeza dos módulos fotovoltaicos pela própria ação da água das chuvas. Maiores detalhes sobre a orientação do gerador fotovoltaico são dados mais adiante.

1.6 Sistema fotovoltaico conectado à rede (SFCR)

As primeiras aplicações terrestres da tecnologia fotovoltaica ocorreram principalmente com sistemas isolados, capazes de abastecer cargas distantes da rede convencional de distribuição de eletricidade. A partir do final da década de 1990, porém, a conexão de sistemas fotovoltaicos à rede passa a ocupar lugar cada vez mais expressivo entre as aplicações da tecnologia fotovoltaica. A Fig. 1.35 apresenta a potência acumulada em instalações fotovoltaicas para sistemas não conectados e sistemas conectados à rede. Com todo esse desenvolvimento, constata-se que os sistemas fotovoltaicos conectados à rede já atingiram, no ano de 2006, aproximadamente 90% da potência total instalada (IEA, 2010).

Essa rápida transformação da realidade vivida pela indústria fotovoltaica mundial aconteceu, inicialmente, com o programa japonês de incentivos aos pequenos geradores fotovoltaicos conectados à rede, o "PV Roofs" e, posteriormente, com os semelhantes programas alemão e americano. Depois, outros países também passaram a investir nessa aplicação da energia solar, como Espanha, Holanda, Suíça e Austrália, entre outros. Com isso, em aproximadamente três anos, a conexão de sistemas residenciais à rede transformou-se no maior mercado da indústria fotovoltaica, representando cerca de 30% de toda a potência instalada no planeta já em 1999. Isso significa que, dos 200 MWp instalados no ano de 1999, 60 MWp foram para pequenos sistemas fotovoltaicos conectados à rede.

Atualmente um número considerável de países realiza experiências-piloto com essa aplicação da tecnologia solar fotovoltaica, mostrando que, em todos os países onde se implementou algum tipo de mecanismo de incentivo à disseminação desses sistemas, houve uma difusão real da geração distribuída com sistemas fotovoltaicos.

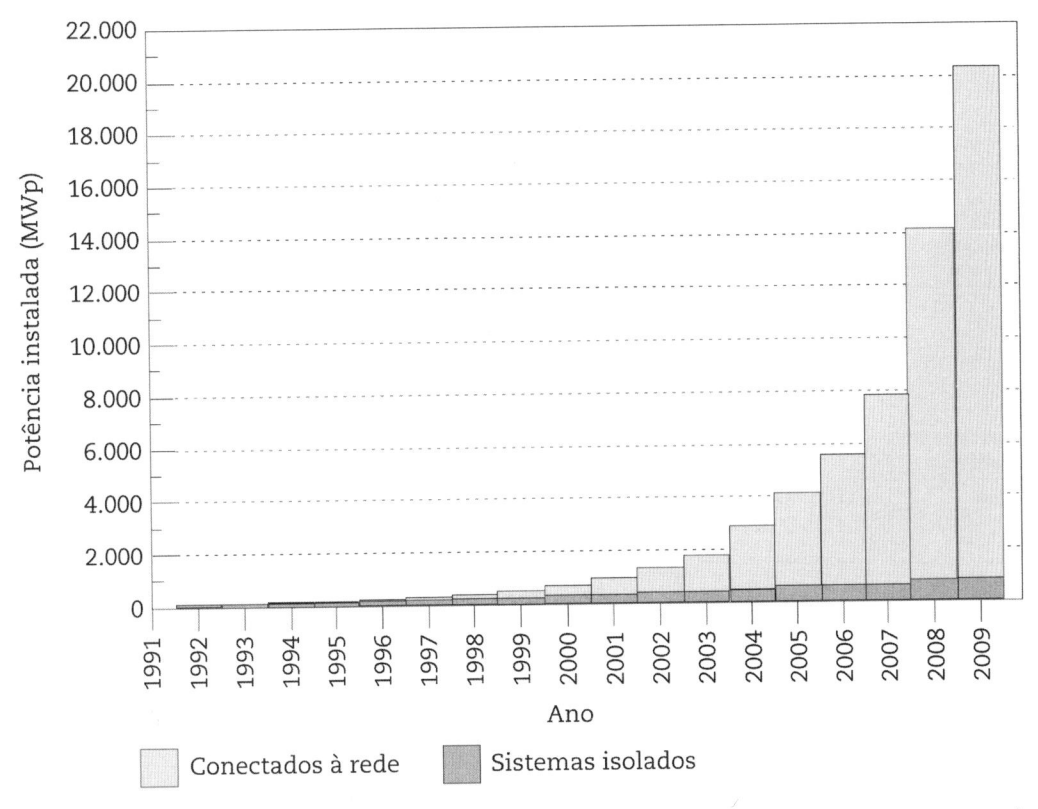

Fig. 1.35 Potência acumulada em instalações fotovoltaicas – sistemas não conectados e sistemas conectados à rede

1.6.1 Perfil de operação de um SFCR

Sabe-se que a energia gerada por um SFCR possui um perfil muito particular, em virtude de depender de uma fonte primária de energia que, até certo ponto, pode ser considerada previsível, porém não controlada. Assim sendo, dependendo do recurso solar e da capacidade de geração disponíveis no local, essa energia pode tanto ser entregue à rede de distribuição de eletricidade como utilizada em qualquer um dos equipamentos elétricos instalados na edificação, ou ambos. A Fig. 1.36 apresenta um esboço de um SFCR instalado em uma residência. Dessa forma, além de consumidoras, essas edificações passam também a ser produtoras de energia. A produção elétrica dessas edificações poderá ser entregue à rede ou consumida, dependendo da forma como é feita a instalação e/ou do tipo de contrato firmado com a empresa distribuidora de eletricidade.

O fato de um SFCR ser conectado diretamente à rede elétrica dispensa a necessidade do uso de armazenadores de energia. Os sistemas fotovoltaicos que possuem armazenadores de energia, dependendo do dimensionamento realizado, podem desperdiçar capacidade de geração nos momentos em que os acumuladores estiverem completamente cheios e não houver carga, porque o controlador de carga desconecta os geradores nesses momentos. Isso não ocorre nos sistemas conectados à rede, pois esta pode ser encarada como um acumulador infinito de energia. Como decorrência, além de economizar na compra dos

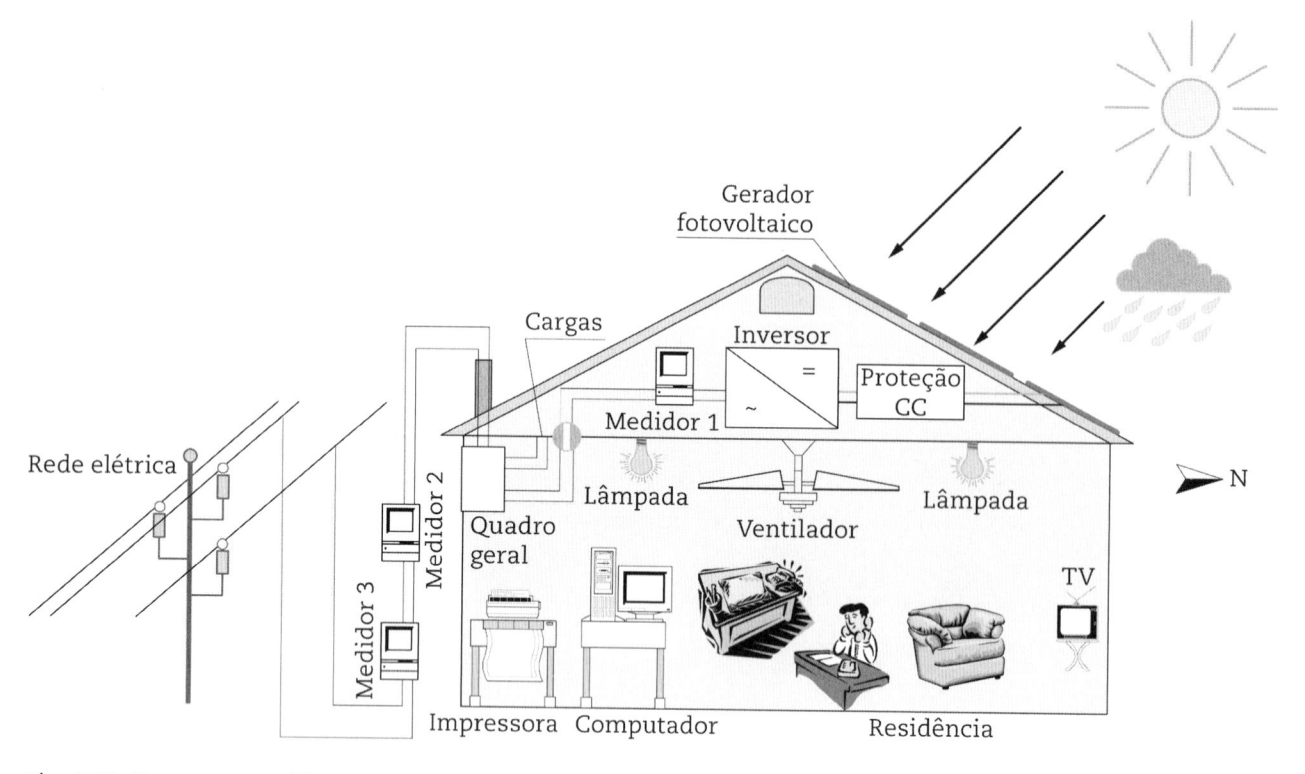

Fig. 1.36 Diagrama esquemático apresentando uma instalação fotovoltaica conectada à rede, instalada em uma residência

acumuladores, o desempenho dos sistemas conectados à rede aumenta, diminuindo assim o custo da energia fotogerada, que é inteiramente aproveitada de alguma forma.

Os fluxos de energia na edificação são medidos por contadores de kWh, necessários para contabilizar a energia comprada da rede, a vertida à rede e a gerada pelo SFCR. O faturamento da energia gerada por um SFCR depende da livre negociação entre o proprietário e a empresa concessionária ou da regulamentação específica adotada.

Para a aplicação que nos interessa – sistemas fotovoltaicos conectados à rede –, pode-se considerar que a tensão de operação dos módulos fotovoltaicos, em um dia de céu claro e próximo ao meio-dia, seja da ordem de 17 V. Ou seja, 10 módulos de $1\,m^2$, 100 Wp cada um, associados em série, constituem um gerador fotovoltaico de 1 kWp, $10\,m^2$, que teria uma tensão de operação de aproximadamente 170 V, tal como mostra a Fig. 1.37, e corrente em torno de 6,6 A.

Como já assinalado, normalmente o gerador fotovoltaico é construído associando primeiro módulos em série, até conseguir a tensão desejada, e depois associando em paralelo várias associações em série, até obter o nível de corrente pretendido. O comportamento elétrico do gerador fotovoltaico é correspondente ao de um gerador de corrente contínua, e suas características instantâneas de corrente e tensão variam com a intensidade da luz solar, a temperatura ambiente e a carga a ele associada.

Em geral, o tamanho do gerador fotovoltaico é caracterizado por sua potência nominal, expressa em kWp, correspondente à soma das potências individuais dos módulos que o constituem. No entanto, a potência entregue por esses geradores varia conforme as condições externas a que são submetidos, a intensidade da luz incidente e a temperatura ambiente. A Fig. 1.37 mostra como pode variar a tensão e o nível de irradiância incidente no plano do gerador ao longo do dia, enquanto a Fig. 1.38 mostra a potência entregue por dois geradores fotovoltaicos, Grupo N1 - 978 Wp e Grupo N3 - 1802 kWp, além da temperatura média dos módulos que constituem os geradores. Ressalta-se que ambos os parâmetros, P_{FV} e Tc, são influenciados tanto pela irradiância incidente no plano do gerador fotovoltaico quanto pela temperatura ambiente.

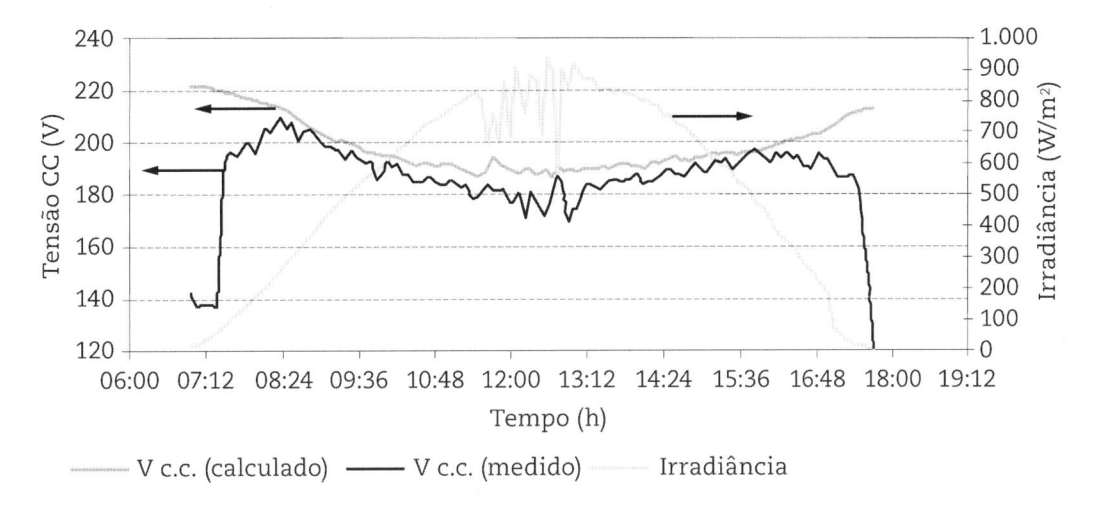

Fig. 1.37 Variação, ao longo do dia, da tensão c.c. de um gerador fotovoltaico com dez módulos em série, operando em um SFCR

Nota-se que o gerador fotovoltaico opera em inúmeras condições ao longo de um mesmo dia de operação. Por isso, faz-se necessário estipular uma condição padrão de medida para que esses equipamentos sejam especificados pelo fabricante. Dessa forma, todos os módulos fotovoltaicos – e, portanto, todos os geradores fotovoltaicos – terão sua potência determinada nas condições padrão de medida (irradiância de 1.000 W/m^2; temperatura de célula de 25°C; conteúdo espectral AM = 1,5). Logo, um gerador fotovoltaico deverá entregar a potência nominal apresentada pelo fabricante, sempre que estiver exposto às condições padrão de medida.

1.7 Exemplos ilustrativos

Para demonstrar a utilidade e a aplicabilidade do conteúdo deste capítulo, analisam-se nesta seção algumas situações práticas na forma de exemplos.

1.7.1 Exemplo ilustrativo 1

Imagine que você esteja em campo e se depara com um módulo fotovoltaico de 72 células em série, cujos dados de placa se apagaram com o tempo, e você necessita ter uma ideia das ca-

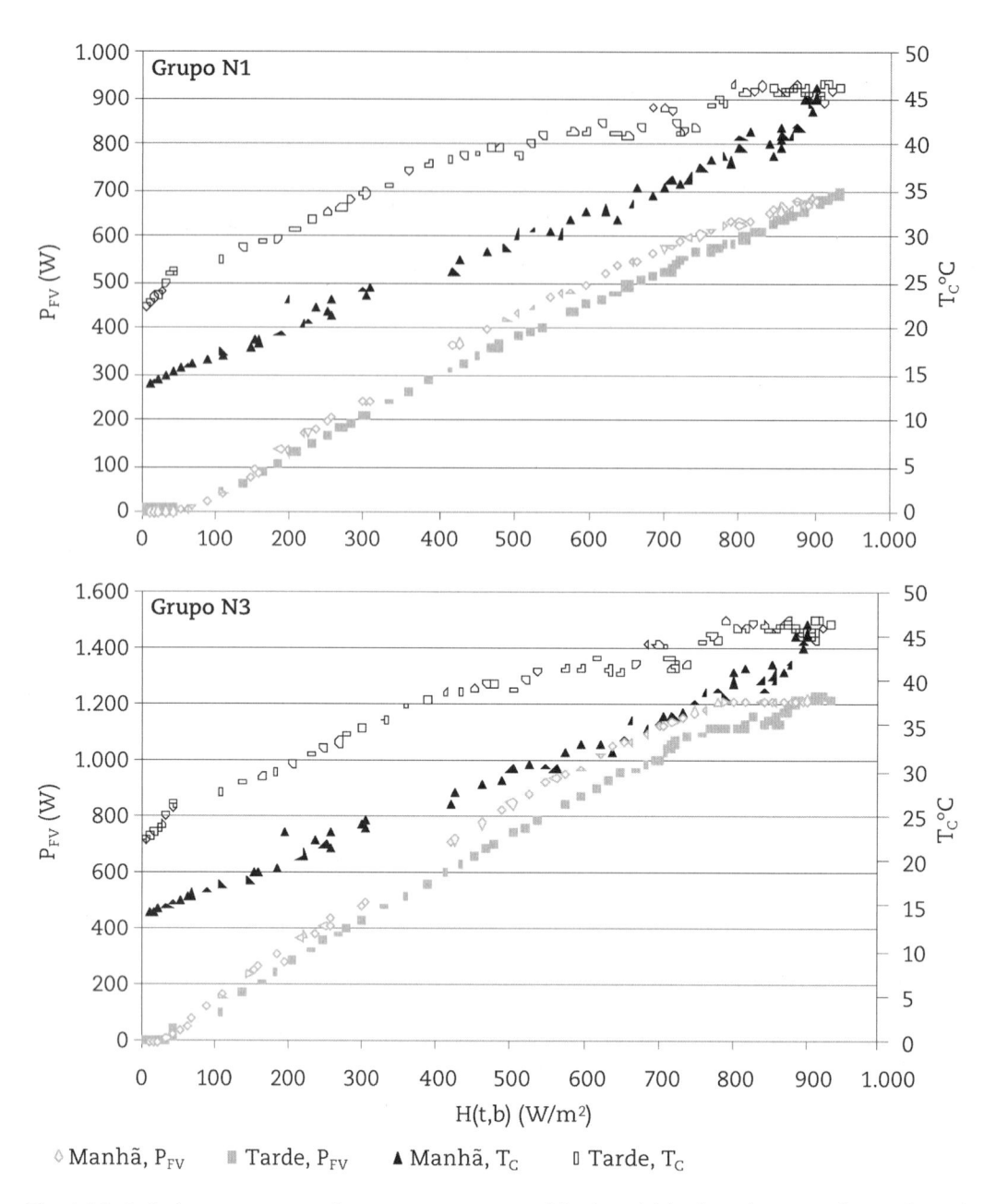

Fig. 1.38 Potência c.c. entregue ao inversor e temperatura média dos módulos fotovoltaicos em função da irradiância incidente no plano do gerador

racterísticas do módulo para fazer um diagnóstico. Como você poderia proceder para estimar as características elétricas de máxima potência desse módulo, se a única informação de que se dispunha, além do número de células e do tipo de tecnologia (silício policristalino), era que o módulo era constituído de células aproximadamente quadradas de lado igual a 12,5 cm?

Para responder a essa pergunta, apresenta-se um procedimento prático, constituído das seguintes etapas:

- Com base nas dimensões das células que constituem o módulo fotovoltaico em questão, e desprezando-se o erro associado ao fato de que elas não são perfeitamente quadradas, calcula-se a área de cada célula, que, no caso em questão, é de aproximadamente 156 cm² (12,5 cm × 12,5 cm).

- Como já mencionado, as células fotovoltaicas de silício, mono e multicristalino, são capazes de produzir, na máxima potência, uma corrente da ordem de 32 mA/cm², numa tensão entre 0,46 V e 0,48 V. Com base nessas informações e na área da célula obtida na etapa anterior, calculam-se os parâmetros elétricos I_{mp} e V_{mp}, tal como segue:

$$I_{mp} = 32 \frac{mA}{cm^2} \times 156 \text{ cm}^2 \cong 5{,}0 \text{ A}$$

$$V_{mp} = 72 \times [0{,}46 \quad 0{,}48] \text{ V} \cong [16{,}6 \quad 17{,}3] \text{ V}$$

$$P_{mp} = V_{mp} \times I_{mp} = [16{,}6 \quad 17{,}3] \text{ V} \times 5{,}0 \text{ A} = [83 \quad 86{,}5] \text{ W}$$

1.7.2 Exemplo ilustrativo 2

Uma célula fotovoltaica tem uma corrente de saturação $I_0 = 2 \times 10^{-12}$ A, a corrente de curto-circuito $I_{sc} = 36$ mA, e uma área de 1 cm². Encontre a máxima potência de saída, o fator de forma e a eficiência de conversão da célula. Que valor de resistência na saída da célula é necessário para dar a máxima potência?

Assumindo-se que a célula é ideal e considerando-se que o valor de I_{sc} dado corresponda às STC:

- Da Eq. 1.4, calcula-se o valor de V_{oc}, com $m = 1$ e $T_c = 300$ K:

$$V_{oc} = \frac{mkT_c}{e} \ln\left(1 + \frac{I_L}{I_0}\right)$$

Como $I_L \gg I_0 \Rightarrow V_{oc} = V_t \ln\left(\frac{I_L}{I_0}\right)$;

$$V_{oc} = 26 \text{ mV} \times \ln\left(\frac{36 \text{ mA}}{2 \times 10^{-9} \text{ mA}}\right) \cong 614 \text{ mV} = 0{,}614 \text{ V}$$

- Calculando-se I para alguns valores de V inferiores a V_{oc}, por meio da Eq. 1.3, e depois a potência, pelo produto $I \times V$, obtêm-se os valores apresentados na Tab. 1.1:

$$I = I_L - I_0 \left[\exp\left(\frac{eV}{mkT_c}\right) - 1\right] = I_L - I_0 \left[\exp\left(\frac{V}{V_t}\right) - 1\right]$$

$$I = 36 \text{ mA} - 2 \times 10^{-9} \text{ mA} \times \left[\exp\left(\frac{V \text{ mV}}{26 \text{ mV}}\right) - 1\right]$$

Com os resultados da Tab. 1.1 é possível identificar que o valor da potência máxima ou de pico encontra-se próximo a 15,14 mW quando $V_{mp} = 0{,}53$ V e $I_{mp} = 28{,}57$ mA.

- De posse da potência máxima, calcula-se o fator de forma pela Eq. 1.11:

$$FF = \frac{I_{mp} \times V_{mp}}{I_{sc} \times V_{oc}} = \frac{P_{mp}}{I_{sc} \times V_{oc}} = \frac{18{,}11 \text{ mW}}{36 \text{ mA} \times 0{,}614 \text{ V}} = 0{,}819$$

Tab. 1.1 Valores de potência calculados

	MÁXIMA POTÊNCIA						
V (V)	0,48	0,49	0,5	0,51	0,52	0,53	0,54
I (mA)	35,39	35,29	35,15	34,94	34,63	34,17	33,51
P (mW)	16,99	17,29	17,58	17,82	18,01	**18,11**	18,09
V (V)	0,55	0,56	0,57	0,58	0,59	0,6	0,61
I (mA)	32,52	31,08	28,96	25,85	21,27	14,55	4,68
P (mW)	17,89	17,41	16,51	14,99	12,55	8,73	2,85

- Nas STC, onde aproximadamente 100 mW/cm² de irradiância incidem sobre a célula, calcula-se a eficiência por meio da Eq. 1.12:

$$\eta = \frac{P_{Gerada}}{P_{Incidente}} = \frac{FF \times V_{oc} \times I_{sc}}{P_{Incidente}} = \frac{0{,}819 \times 0{,}614\,\text{V} \times 36\,\text{mA}}{100\,\frac{\text{mW}}{\text{cm}^2} \times 1\,\text{cm}^2} \cong 0{,}151 \Rightarrow 15{,}1\,\%$$

- Para calcular a resistência de saída para dar a máxima potência, basta dividir o valor da tensão pelo da corrente, ambos na máxima potência:

$$R = \frac{V_{mp}}{I_{mp}} = \frac{530\,\text{mV}}{34{,}17\,\text{mA}} \cong 15{,}5\,\Omega$$

1.7.3 Exemplo ilustrativo 3

Dispõe-se de 40 módulos fotovoltaicos de 80 Wp, cujos dados de placa são apresentados na Tab. 1.2. Forneça a configuração de um gerador fotovoltaico utilizando os 40 módulos fotovoltaicos disponíveis, sabendo que a tensão nominal de entrada do sistema é estabelecida em 340 V e a corrente máxima de entrada permitida é de 10 A. Esboce também um diagrama esquemático da ligação elétrica entre módulos fotovoltaicos, de forma a melhor instalá-los em uma aba de telhado de área de 6,5 m × 4,5 m e já adequadamente orientada para o aproveitamento do recurso solar.

Tab. 1.2 Dados de placa do módulo fotovoltaico

Módulo de 80 Wp	
Parâmetros elétricos (nas STC)	
Potência elétrica máxima (P_{mp})	80 Wp
Corrente de máxima potência (I_{mp})	4,73 A
Tensão de máxima potência (V_{mp})	16,9 V
Corrente de curto-circuito (I_{sc})	4,97 V
Tensão de circuito aberto (V_{oc})	21,5 V
Dimensões	
Largura	0,6 m
Comprimento	1,0 m

- Visto que a tensão do módulo fotovoltaico no ponto de máxima potência, nas condições padrão, é de 16,9 V, e requer-se uma tensão de entrada de 340 V; logo o número de módulos em série é dado por:

$$Ns = \frac{340\,\text{V}}{V_{mp}} = \frac{340\,\text{V}}{16{,}9\,\text{V}} \cong 20\,\text{módulos}$$

- Tem-se, portanto, uma fileira de 20 módulos fotovoltaicos de 80 Wp e tensão nominal de 338 V; logo, é possível combinar em paralelo duas fileiras, com uma corrente de curto-circuito de 2 × I_{sc}, dentro do valor limite permissível de entrada do sistema (10 A).

A área disponível para a instalação no telhado é de 29,25 m²; logo, divide-se em grupo de dez módulos ao longo da largura do telhado, que é de 6,5 m, ficando, portanto, quatro módulos ao longo do comprimento do telhado, que é de 4,5 m. Dessa forma, a área total ocupada pelo gerador é de 24 m² (6 m × 4 m), e este fica perfeitamente distribuído nela. Para finalizar, a Fig. 1.39 mostra o esquema de ligação elétrica adotado e a disposição física dos módulos fotovoltaicos, de modo a se adequar à área disponível e a se ter um esquema de ligação o mais otimizado possível.

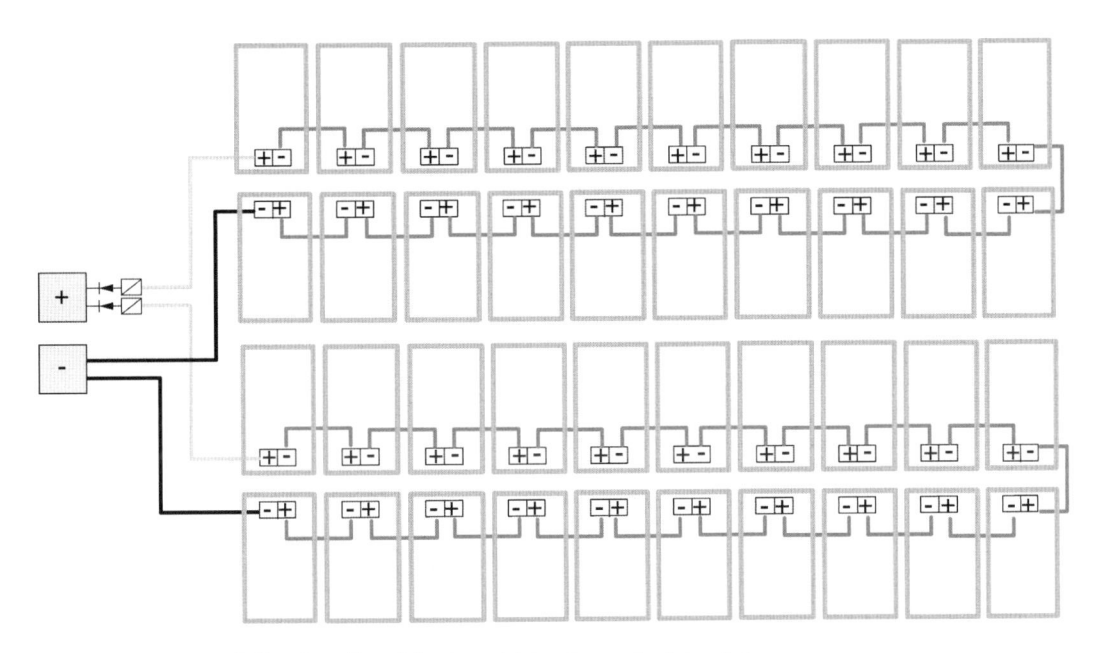

Fig. 1.39 Esquema de ligação e disposição dos módulos do gerador fotovoltaico

Geração Distribuída de Eletricidade e Figuras de Mérito para Avaliação do Desempenho de SFCRs

A geração distribuída é entendida pelos setores energéticos mundiais como produção energética próxima ao consumo. Embora seja um conceito que apenas recentemente ganhou a atenção de grupos de pesquisa, Estados e empresas concessionárias, trata-se de uma forma de geração energética que foi bastante comum e que chegou a ser a regra desde o início da industrialização até a primeira metade do século XX, período em que a energia motriz da indústria era praticamente toda gerada localmente.

A partir da década de 1940, no entanto, a geração energética em centrais de grande porte ficou mais barata, reduzindo o interesse pela geração distribuída e, como consequência, cessou o incentivo ao desenvolvimento tecnológico para esse tipo de geração. Com isso, os setores energéticos dos principais países do mundo passaram a ser caracterizados pela geração centralizada de energia.

Dessa forma, o problema do abastecimento de energia elétrica é solucionado quase que hegemonicamente pela construção de grandes usinas geradoras. Como, em geral, essas usinas estão distantes dos centros consumidores, faz-se necessário, de forma associada com tal solução, instalar extensas linhas de transmissão e complexos sistemas de distribuição para levar a energia aos consumidores finais.

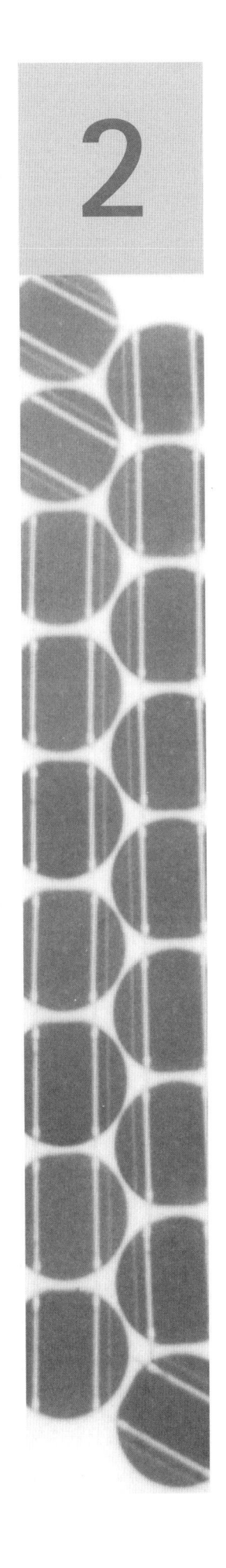

Essa solução resolveu o equacionamento entre oferta e demanda até o fim do século XX, quando diversos fatores pressionaram a busca por formas diferentes de aumentar a oferta de energia. Os principais fatores que criaram o contexto para a busca de outras formas de abastecimento energético foram: (i) problemas como as crises do petróleo, iniciadas na década de 1970; (ii) restrições ambientais associadas aos setores energéticos; (iii) escassez de potenciais para a instalação de grandes empreendimentos energéticos; (iv) extensos prazos para a construção dessas usinas; (v) os fortes impactos ambientais que grandes empreendimentos geralmente provocam e (vi) o grande endividamento que resulta da instalação de uma grande usina, o que a torna cada vez mais inviável, uma vez que é cada vez mais difícil conseguir grandes empréstimos para investir em obras gigantes, com dificuldades de cumprimentos de cronogramas e de obtenção de licenças ambientais. Dificuldades como essas introduziram fatores perturbadores que mudaram irreversivelmente o panorama energético mundial, pressionando grupos de pesquisa a buscarem alternativas energéticas capazes de contorná-los. Além dos fatores mencionados, as referidas pesquisas priorizam também parâmetros como a eficiência energética – e levar energia gerada de forma centralizada para todos os consumidores redunda em perdas não desprezíveis.

É dentro desse contexto que tecnologias de conversão energética de pequeno porte e com baixo impacto ambiental ganham atenção, fazendo ressurgir o interesse pela geração distribuída. É também nesse contexto que os setores energéticos brasileiros e mundiais passaram por profundas mudanças estruturais. Essas mudanças tiveram início a partir dos anos 1970, momento em que se passou a questionar o que antes era amplamente aceito: o monopólio na prestação dos serviços públicos, entre eles, o de geração e distribuição de energia elétrica. Nessa época, passou a ser introduzida a ideia da promoção da eficiência e da diminuição de custos a partir da competição entre empresas de capital privado.

Com o desenvolvimento dessa discussão, nos anos 1990 a Inglaterra iniciou a reestruturação de seu setor elétrico ao retirar o monopólio estatal do serviço de atendimento energético e atribuir a responsabilidade dos novos investimentos à iniciativa privada, sob regulação do Estado. Nos anos que se seguiram, outros países, inclusive o Brasil, passaram a reestruturar seus setores de serviços energéticos em uma linha de ação semelhante à adotada pela Inglaterra. Os pressupostos básicos motivadores da reestruturação dos setores energéticos mundiais relacionavam-se à maximização da eficiência econômica e à precificação microeconômica dos serviços energéticos, sempre fiscalizadas por agências reguladoras (um dos papéis do Estado no ambiente reestruturado).

Com os setores elétricos reestruturados, livres do monopólio estatal, e com a separação das atividades de geração, transmissão e distribuição, tornou-se possível o acesso de investidores privados ao negócio elétrico e, assim, uma consideração mais clara do que hoje se entende por geração distribuída de energia, ou simplesmente geração distribuída. Nesse contexto, se, por um lado, a reestruturação viabiliza o investimento privado no negócio energético, por outro, cria-se um mecanismo capaz de usar as leis de mercado para a expansão da matriz energética brasileira.

Outro aspecto que também influenciou o retorno à geração distribuída foi o avanço recente da ciência, que permitiu o desenvolvimento e o amadurecimento de novas tecnologias de conversão energética passíveis de uso em pequena escala, capazes de utilizar os mais diversos recursos energéticos e com impactos ambientais cada vez menores. Dessa forma, a geração energética no local do consumo aproxima-se cada vez mais de uma ferramenta de planejamento da expansão das matrizes energéticas mundiais.

Assim, se a reestruturação do setor energético brasileiro construiu um contexto favorável à ideia da geração distribuída de energia, o avanço recente da ciência (em particular com o surgimento de novas tecnologias de conversão energética) e o constante aumento da demanda energética deram força ao seu desenvolvimento. Finalmente, cabe ressaltar que esse retorno à geração distribuída não substitui a geração centralizada; é complementar a ela.

2.1 O conceito de geração distribuída

O pressuposto básico que oferece sustentação inicial ao termo geração distribuída é a ideia de contraposição à geração centralizada de energia, que é o formato adotado por praticamente todo o mundo para seus setores energéticos. Nele, a oferta de energia é formada por grandes unidades de geração, distantes dos grandes centros consumidores. Toda essa energia é então levada aos consumidores através de extensas linhas de transmissão e complexa rede de distribuição.

Talvez por tratar-se de uma forma de geração pouco usada nos últimos anos, ainda não haja uma definição precisa e única do que caracteriza a geração distribuída. Assim, atualmente é possível encontrar definições que variam segundo fatores como: forma de conexão à rede, capacidade instalada, localização, tecnologias e recursos primários utilizados. A seguir, são reunidas algumas das definições de geração distribuída adotadas por instituições envolvidas no setor energético.

2.2 Definições de geração distribuída

No Brasil, a geração distribuída consolida um passo importante em seu desenvolvimento quando é mencionada, na Lei n° 10.848/04, como uma das possíveis fontes de geração de energia. O detalhamento apresentado no Decreto n° 5.163, de 30 de julho de 2004, fornece características que ajudarão as empresas distribuidoras, que até então se opunham a essa forma de geração, a enxergar na geração distribuída uma forma de mitigar riscos de planejamento. No artigo 14 do Decreto n° 5.163/04 explicita-se como geração distribuída a produção de energia elétrica proveniente de empreendimentos de permissionários, agentes concessionários ou autorizados, conectados diretamente no sistema elétrico de distribuição do comprador. A exceção se faz às hidrelétricas com capacidade instalada superior a 30 MW e às termelétricas, inclusive de cogeração, com eficiência energética inferior a 75%. Apenas as termelétricas movidas com biomassa ou resíduos de processos não são limitadas por esse percentual. Essa restrição colocada às termelétricas foi revisada pela Resolução Normativa n° 228, de 25 de julho de 2006, uma vez que as termelétricas atuais com geração pura de eletricidade (sem cogeração) não atingem eficiência energética superior a 75%. Portanto, essa resolução normativa pretende estabelecer requisitos mais bem elaborados e mais coerentes ao atendimento a critérios de racionalidade energética, para então certificar essas termelétricas como Geradoras Distribuídas.

Para o International Council on Large Electric Systems (CIGRÉ), a geração distribuída possui potências menores que 50 MW e é usualmente conectada à rede de distribuição. É uma forma de geração planejada e despachada de modo descentralizado, sem haver um órgão que comande suas ações. Segundo o Institute of Electrical and Electronics Engineers (IEEE), a geração distribuída é definida como uma forma de geração de energia que ocorre a partir de unidades de geração de pequeno porte conectadas ao sistema de distribuição e próximas ao consumo. Por sua vez, o Instituto Nacional de Eficiência Energética (INEE) entende que, quando a geração é realizada próxima ao consumidor, é considerada geração distribuída, independentemente de sua potência, tecnologia ou recurso energético utilizado.

Com base nas formulações aqui apresentadas, percebe-se que, ainda que não exista uma definição global, precisa e unívoca de geração distribuída, as definições existentes não são tão díspares e, em breve, deverão convergir para uma definição única ou, ao menos, específica para cada tecnologia ou local onde será utilizada.

2.3 O atual mercado para os geradores distribuídos

A legislação brasileira permite que a geração distribuída participe de leilões de energia nova e leilões de ajustes, regulados e promovidos pela Câmara de Comercialização de Energia Elétrica (CCEE), com autorização da Agência Nacional de Energia Elétrica (Aneel). Além disso, é permitido o comércio da energia de forma direta entre o gerador distribuído e consumidores livres ou comercializadores. O Decreto nº 5.163/04 estabelece que a venda da energia do gerador distribuído pode ser feita diretamente ao agente distribuidor ao qual está conectado. No entanto, uma restrição é colocada no Artigo nº 15, onde se destaca que o distribuidor poderá contratar energia elétrica proveniente de empreendimentos de geração distribuída, num montante de até 10% de sua carga, desde que a aquisição seja precedida de chamada pública promovida diretamente pelo agente distribuidor. Esse percentual não considera o montante de energia elétrica oriundo de empreendimentos próprios de geração distribuída.

2.4 Localização e uso da geração distribuída

Ao se considerar a geração distribuída como unidade de geração conectada à rede elétrica de distribuição, sua localização ocorre, consequentemente, próximo à carga, podendo ser usada para suprir o autoconsumo industrial, comercial e residencial, com ou sem produção de excedentes exportáveis à rede. Em geral, a geração distribuída é considerada uma oportunidade para investidores interessados na venda da energia produzida. Nesse caso, o critério para determinar a localização do empreendimento será o que maximize o investimento – menor custo do terreno, aluguel de telhados, área útil disponível, contratos específicos com determinada concessionária etc. No entanto, a geração distribuída também pode colaborar na solução de necessidades locais do sistema de distribuição, sendo pensada como ferramenta de planejamento. Nesse sentido, podemos citar o atendimento da expansão da demanda em uma determinada região da rede local, o abastecimento da demanda no horário de ponta ou a garantia do atendimento de cargas prioritárias. Em tais exemplos, a escolha do local de instalação da geração distribuída pode ser considerada uma ferramenta de planejamento, uma vez que possibilita adiar investimentos no aumento da capacidade de transporte de uma determinada linha, ao mesmo tempo que pode garantir o abastecimento da demanda de ponta e de cargas prioritárias.

2.5 Recursos naturais e tecnologias usadas na geração distribuída

Já vimos que a geração distribuída caracteriza-se como a produção energética próxima ao consumo, fato que, em geral, leva a geração distribuída a ser concebida a partir de unidades de pequeno porte. Além do pequeno porte, esses geradores costumam ser instalados nos centros urbanos ou proximidades, o que demanda atenção especial a quesitos de segurança e impactos ambientais. Finalmente, a geração distribuída pressupõe o uso de muitos pequenos sistemas espalhados pelas cidades e cercanias e conectados na rede de distribuição, o que implica especial atenção a aspectos relacionados à qualidade da energia e ao conhecimento do perfil de operação desses sistemas, uma vez que o uso extensivo da geração distribuída nesses termos torna complexa a tarefa de fiscalizar a qualidade e a quantidade de energia entregue por esses sistemas.

Com base no exposto e nos recentes avanços da ciência, é possível constatar que são diversas as opções tecnológicas de geração distribuída, entre elas as tecnologias convencionais (motores a combustão interna e pequenas centrais hidrelétricas) e as tecnologias em desenvolvimento (sistemas fotovoltaicos, aerogeradores, microturbinas a gás e células a combustível).

A identificação desse leque de opções tecnológicas implica a possibilidade de diversificar os recursos primários presentes na matriz, o que, para além do valor da diversificação de recursos energéticos em si, permite considerar o uso de fontes energéticas renováveis complementares ou aliviar a dependência de recursos energéticos não renováveis com o uso de recursos energéticos renováveis. O primeiro caso refere-se à exploração da eventual complementaridade entre o recurso energético solar e eólico, ou eólico e hídrico, ou solar e hídrico, e o segundo caso, ao uso de recursos primários renováveis – como a biomassa, rejeitos sólidos, água, vento e sol – com os não renováveis – gás natural, diesel, gasolina –, que permite utilizar um quando houver falta ou alta de preços de outro.

2.6 Potência instalada em sistemas de geração distribuída

Em princípio, a geração distribuída não possui limites à capacidade instalada. Na legislação brasileira não há menção a valores máximos específicos para a geração distribuída de energia.

No entanto, a correta instalação de um gerador distribuído deve limitar-se à capacidade de transporte energético do sistema onde é conectado.

Existem algumas propostas de classificação da geração distribuída segundo a sua capacidade instalada. No contexto internacional, sugerem-se as seguintes categorias:

- Microgeração distribuída: geração com potência de 1 W a 5 kW;
- Pequena geração distribuída: geração com potência de 5 kW a 5 MW;
- Média geração distribuída: geração com potência de 5 MW a 50 MW;
- Grande geração distribuída: geração com potência de 50 MW a 300 MW.

No contexto brasileiro, há uma proposta de adaptação da classificação internacional apresentada, numa tentativa de compatibilização às características do setor elétrico brasileiro. Assim, a sugestão adaptada para o Brasil fica conforme exposto a seguir:

- Microgeração distribuída: geração com potência de até 10 kW;
- Pequena geração distribuída: geração com potência de 10 kW a 500 kW;
- Média geração distribuída: geração com potência de 500 kW a 5 MW;
- Grande geração distribuída: geração com potência de 5 MW a 100 MW.

Embora se perceba que a geração distribuída vem sendo estudada e tanto sua futura contribuição quanto sua completa caracterização venham sendo detalhadas a cada dia, é possível usar como referência algumas das normativas e sugestões de procedimento já estabelecidos nos setores energéticos em geral e no setor elétrico em particular. Assim, no Módulo 3 do documento *Procedimentos de Distribuição*, o PRODIST (Aneel, 2011), apresentam-se as faixas de potência de centrais geradoras indicadas para cada nível de tensão das linhas de distribuição, visando à conexão do gerador à rede e o estabelecimento das proteções mínimas necessárias, como mostrado na Tab. 2.1.

Tab. 2.1 Faixas de potência indicadas para os níveis de tensão da rede de distribuição

Nível de tensão de conexão	Potência instalada
Baixa tensão (monofásico)	< 10 kW
Baixa tensão (trifásico)	10 a 75 kW
Baixa tensão (trifásico) / Média tensão	76 a 500 kW
Média tensão / Alta tensão	501 kW a 30 MW
Alta tensão	> 30 MW

Fonte: Aneel (2011).

O PRODIST indica que o setor elétrico brasileiro, atendendo às suas características, inicia o trabalho de estabelecimento de critérios para a instalação de um sistema de geração distribuída ao Sistema Interligado Nacional (SIN). Dessa forma, esse documento apresenta um conceito de geração distribuída, resume e define para o setor elétrico os aspectos discutidos anteriormente, complementando o conceito apresentado pela legislação brasileira.

Assim, segundo o PRODIST, a geração distribuída é caracterizada pelo uso de centrais geradoras de energia elétrica de qualquer potência, cujas instalações são conectadas diretamente ao sistema de distribuição ou através de instalações de consumidores, podendo operar em paralelo ou de forma isolada à rede elétrica, e despachadas ou não pelo Operador Nacional do Sistema Elétrico (ONS). Um detalhe trazido pelo PRODIST, ainda não discutido até o momento, refere-se à consideração de que o abastecimento de cargas isoladas também pode ser considerado uma geração distribuída, uma vez que é um abastecimento local de demanda, ou a produção energética próxima ao consumo. No entanto, vale lembrar que redes para o abastecimento de cargas isoladas possuem características distintas do SIN, e isso deve ser levado em conta no momento de projetar e instalar um sistema de geração distribuída.

2.7 Vantagens e barreiras à geração distribuída

A forma tradicional de planejamento do setor elétrico, a partir de grandes empreendimentos de geração, resolveu e resolve os problemas de abastecimento elétrico no país. No entanto, como o tempo entre o início da construção de uma grande usina e a sua entrada em operação não é desprezível, é necessário realizar previsões acuradas, tanto do ponto de vista técnico como financeiro, do momento certo de entrada em operação da nova usina. Além da dificuldade de prever a demanda futura, problemas adicionais surgem quando ocorrem os frequentes atrasos na construção das usinas, fato que dificulta o cumprimento das previsões. Aliada a esses empreendimentos, é necessária a construção de linhas de transmissão que levem a energia gerada até os centros de consumo. Adicionalmente, a instalação de grandes plantas geradoras está sempre associada a altos impactos ambientais, além de demandar grandes esforços na reunião do montante financeiro necessário ao empreendimento, o qual, sendo de longo prazo, torna-se mais arriscado, aumentando seu custo de capital. Finalmente a instalação de grandes usinas de geração elétrica está associada à grande disponibilidade do recurso (grandes quedas-d'água, por exemplo), algo cada vez mais raro e caro de ser encontrado.

Dentro desse contexto, surge a geração distribuída, uma nova concepção de produção energética que possui características particulares que lhe permitem contribuir para a resolução de várias das dificuldades aqui mencionadas, desde que entendida como uma forma de geração energética complementar à geração centralizada.

Considerar a geração distribuída no planejamento da expansão do setor energético possibilita aumentar progressivamente a oferta, postergando ou aliviando a necessidade de instalação de grandes usinas e permitindo que a oferta acompanhe de perto o aumento da demanda. Para além do aumento da oferta em si, a geração distribuída, ao menos em princípio, poderá colaborar na viabilização de grandes empreendimentos energéticos, uma vez que estes necessitam de muitos anos para entrar em operação e, durante esse período, aumentos de demanda poderão ser supridos pela geração distribuída de pequeno porte e de rápida instalação. Os pequenos sistemas, além da rápida instalação, em geral implicam menores impactos ambientais, facilitando a obtenção das licenças ambientais de instalação e operação. É possível, ainda, usar geração distribuída em linhas sobrecarregadas e com dificuldades de abastecimento de demandas adicionais. Nesses casos, a geração local permitirá postergar investimentos no aumento da capacidade desses locais. A geração local, além de resolver os problemas citados, minimiza perdas técnicas (efeito Joule) ao evitar o transporte de energia por extensas linhas de transmissão e distribuição.

Por ser uma opção de geração que contempla o uso de diferentes tecnologias, a geração distribuída permite e induz a diversificação da matriz energética, o que diminui a dependência do setor em relação a apenas uma tecnologia ou recurso energético, agregando robustez à matriz energética nacional. Outro aspecto interessante é que a geração distribuída permite a escolha das tecnologias mais adequadas ao abastecimento de cargas específicas ou regionais. Ou seja, além de maior robustez e menores perdas, é possível considerar o uso de tecnologias adequadas a demandas ou regiões específicas, facilitando, por exemplo, o uso de recursos energéticos locais ou o aproveitamento de características como a complementaridade de recursos naturais primários.

Ao se utilizar tecnologias limpas e renováveis, garante-se o aumento da oferta de energia com menor agressão ao meio ambiente, sem aumentar a dependência por recursos energéticos não renováveis, minimizando a interferência de políticas internacionais – tais como os choques de petróleo realizados pela Organização dos Países Exportadores de Petróleo (Opep) ou os problemas enfrentados com a Bolívia em relação ao preço e às garantias de acesso ao gás natural – ou colaborando na proteção da economia do país em relação a variações nos custos dos combustíveis fósseis.

Do ponto de vista ambiental, a geração distribuída com tecnologias limpas e renováveis permite a expansão da matriz energética brasileira de forma sustentável e com baixo impacto ao meio ambiente. Trata-se de algo um tanto simples de conseguir com recursos energéticos locais, tais como sol, vento e biomassa, e difícil de conseguir com grandes empreendimentos energéticos.

Entre as maiores dificuldades encontradas para a inserção da geração distribuída no Brasil estão os preços, ainda elevados, de instalação das novas tecnologias recentemente desenvolvidas. Há, ainda, a necessidade de detalhar regras de uso e de segurança, ou seja, de elaborar uma regulamentação específica. Por fim, há o desconhecimento e a inexperiência dos planejadores, investidores e das concessionárias de energia no lidar com esta recém-incorporada forma de produção energética.

Duas críticas feitas à geração fotovoltaica são a aleatoriedade da geração e a baixa eficiência de conversão energética, o que dificulta a previsão de despacho, no primeiro caso, e leva ao uso de grandes áreas, no segundo.

Como resposta à primeira crítica apontada, basta que a geração distribuída com sistemas fotovoltaicos (geração distribuída-fotovoltaica) tenha despacho priorizado. Assim, sempre que houver sol, haverá geração solar e água deixará de ser vertida nas hidrelétricas, ou combustível deixará de ser queimado nas usinas térmicas, para citar dois exemplos. Dessa forma, ainda que sem previsão da potência entregue em determinado momento, a geração solar colabora na economia de recursos energéticos primários.

Em relação à segunda crítica, faz-se necessário apresentar alguns dados concretos para a discussão, com uma comparação entre o uso de sistemas fotovoltaicos e a opção hídrica, uma escolha já consolidada e, em geral, entendida como uma boa opção de geração elétrica. A usina de Itaipu, uma hidrelétrica considerada eficiente, tem uma área alagada de aproximadamente $1{,}46 \times 10^9$ m^2 para 14 GW instalados, os quais, em 2009, geraram aproximadamente 91,6 TWh, um dos recordes históricos dessa usina. A partir de um cálculo aproximado, podemos assumir que na área do reservatório de Itaipu incidem $2{,}4 \times 10^3$ TWh (admitindo uma incidência média diária anual de 4,5 kWh/m^2 no plano horizontal – valor subestimado, uma vez que a radiação no plano de inclinação do gerador fotovoltaico será superior ao valor apresentado). Fazendo uma consulta superficial, pode-se observar que em cada m^2 é possível instalar um gerador de aproximadamente 130 W. No entanto, assumiremos uma potência instalada de 100 W/m^2, em função de sombras e da necessidade de espaço entre um módulo e outro. A eficiência de conversão dos módulos fotovoltaicos atuais encontra-se entre 14% e 16%. Como o sistema possui outros equipamentos e é necessário estabelecer uma margem de segurança, subestimaremos a eficiência de conversão dos sistemas fotovoltaicos para 10%. Assim, a partir de um cálculo aproximado, é possível estimar que na área ocupada pelo reservatório de Itaipu seria possível instalar um sistema fotovoltaico com cerca de 146 GW de potência instalada, que seriam capazes de gerar aproximadamente 240 TWh por ano. Assim, como se pode depreender, no que se refere à área ocupada e à energia anual gerada, a tecnologia fotovoltaica, com contas subestimadas, apresenta melhor desempenho que uma hidrelétrica considerada eficiente. Se a comparação for realizada com uma hidrelétrica ineficiente como Balbina, as vantagens conseguidas serão ainda maiores.

Ainda que corretos, esses cálculos não incluem variáveis importantes na escolha por uma tecnologia de geração elétrica. Assim, é necessário incluir os custos da energia gerada, ainda inferiores no caso do aproveitamento hídrico. Também é importante considerar que o reservatório de Itaipu inundou áreas produtivas, uma região com forte potencial turístico, sem contar as possíveis emissões de metano decorrentes da decomposição da vegetação coberta pelas águas. No caso da opção pela geração distribuída-fotovoltaica, é possível instalar a mesma potência, ocupar a mesma área, mas sem inviabilizá-la, uma vez que ocupa telhados de edificações urbanas, o que evita perdas no transporte da energia, alagamentos de áreas úteis e, durante a geração elétrica, qualquer tipo de impacto ambiental. Trata-se de mais uma indicação de que aumentar a oferta de energia a partir da geração distribuída poderá ser uma opção de menor impacto ambiental e social.

2.8 A geração distribuída de eletricidade com sistemas fotovoltaicos

Já foi mencionado que nos últimos anos vem sendo desenvolvida uma série de tecnologias de geração elétrica de pequeno porte e passíveis de uso próximo ao consumo. São tecnologias interessantes, portanto, para uso na geração distribuída. Dessa forma, a ciência vem encontrando formas de viabilizar o aproveitamento energético do vento, da biomassa, do hidrogênio, do gás natural e da radiação solar, alguns exemplos que podem ser citados. A seguir, este texto detalhará os aspectos relevantes relacionados à geração distribuída com sistemas fotovoltaicos.

Atualmente os sistemas fotovoltaicos já estão sendo experimentados como geradores distribuídos, tanto no abastecimento de cargas isoladas como conectados à rede convencional de distribuição elétrica, o que tem proporcionado desenvolvimentos importantes à tecnologia, como a diminuição de seus custos e o aumento da eficiência de conversão. A partir da década de 1980, os SFCRs instalados dentro dos grandes centros urbanos, considerados como geradores distribuídos, incentivaram significativamente a indústria fotovoltaica mundial, garantindo crescimentos desse mercado de mais de 30% ao ano. No entanto, mesmo com esse efetivo crescimento, a contribuição dessa tecnologia nas matrizes energéticas mundiais ainda não é significativa, mesmo nos países que mais investiram nessa tecnologia, o que fornece indícios de que esse forte crescimento permanecerá ainda por algum tempo.

Esse foco na geração distribuída-fotovoltaica urbana é a experimentação de uma opção de abastecimento dos centros urbanos, regiões com problemas ambientais, áreas livres valorizadas e raras de encontrar e cujos consumidores possuem alta demanda energética e renda e não podem correr riscos por estarem próximos de unidades de geração elétrica. São características que dificultam a opção por outras tecnologias de geração distribuída. Como se verá a seguir, a atenção a essas considerações torna os sistemas fotovoltaicos uma boa opção para a geração distribuída nos centros urbanos.

Durante sua operação, os sistemas fotovoltaicos não emitem qualquer tipo de agente contaminante, seja sólido, líquido ou gasoso. Também não emite som ou gera calor. Trata-se de características importantes quando se considera a geração elétrica dentro do ambiente urbano. O uso do gerador fotovoltaico em uma determinada área não impede que essa mesma área tenha outra finalidade, uma vez que os sistemas fotovoltaicos podem ser instalados em telhados de residências, coberturas de postos de gasolina, bancos ou fachadas de prédios. Portanto, não haverá dificuldade com a legislação ambiental ou em encontrar áreas disponíveis no centro de cidades como São Paulo.

O crescimento da demanda ocorre em razão do aumento do número de unidades consumidoras ou do aumento do consumo em cada unidade consumidora. Pelo fato de os sistemas fotovoltaicos serem modulares, a geração distribuída-fotovoltaica permitirá acompanhar esse aumento de demanda (ou parte dele) se em cada nova unidade for instalado um novo sistema ou se houver aumento da capacidade do sistema já existente em resposta a um aumento no consumo. Esse é um exemplo de como a geração distribuída em geral, ou a geração distribuída-fotovoltaica em particular, é capaz de responder, ao menos parcialmente, ao problema da expansão da demanda; sem perdas na transmissão, sem a necessidade de planejamento de longo prazo para sua instalação e sem qualquer emissão de poluentes.

A geração distribuída-fotovoltaica parte do princípio de que cada unidade consumidora é uma unidade de produção elétrica em potencial, capaz de abastecer total ou parcialmente a sua própria demanda e, caso a geração seja superior à demanda, o excedente é injetado (vendido) na rede. Dessa forma, os sistemas fotovoltaicos contribuem com o setor elétrico injetando energia diretamente na rede de distribuição ou aliviando a demanda de uma determinada unidade de consumo.

Uma unidade consumidora é entendida aqui como qualquer edificação que possua demanda por eletricidade: residência, agência bancária, comércio, supermercado, shopping, prédios públicos, indústria, galpão etc. Em todos os casos, o critério mínimo para habilitar a unidade consumidora para receber um sistema fotovoltaico é possuir área exposta ao sol. Na próxima seção serão apresentados aspectos que devem ser observados com relação à área onde será instalado o sistema fotovoltaico.

A Fig. 2.1 apresenta dois esquemas simplificados. No caso (a), tem-se a forma como o setor elétrico foi planejado convencionalmente; no caso (b), a sugestão da inclusão da geração distribuída-fotovoltaica no setor elétrico.

A Fig. 2.1a apresenta um esquema simplificado da forma como foi planejada a produção, o transporte, a distribuição e o uso final da energia elétrica utilizada no país. Com a expansão da demanda nas cidades, faz-se necessário saber antecipar a demanda futura para planejar a construção e instalação de novas centrais geradoras (hidrelétricas, termelétricas, nucleares) e novas linhas de transmissão. A opção pela geração distribuída colabora nesse planejamento como uma forma alternativa de incrementar a oferta de eletricidade. Como salientado anteriormente, trata-se da instalação de geradores pequenos, próximos do consumo, sobre áreas já ocupadas e sem impacto ambiental expressivo. A Fig. 2.1b apresenta a geração distribuída-fotovoltaica como alternativa de expansão da oferta energética, destacando os custos ambientais evitados e a possibilidade de postergar investimentos na construção de hidrelétricas, linhas de transmissão e distribuição.

As Figs. 2.2 e 2.3 mostram exemplos de SFCRs instalados em dois tipos de construção: uma residência e um estacionamento, respectivamente. Nos dois exemplos, os sistemas fotovoltaicos ocupam áreas já usadas para outras finalidades.

A característica modular dos sistemas fotovoltaicos transforma essa tecnologia numa opção tecnicamente interessante para ser utilizada na geração distribuída, já que permite a instalação de sistemas de pequeno porte e a sua expansão posterior, conforme haja necessidade e disponibilidade de recursos financeiros.

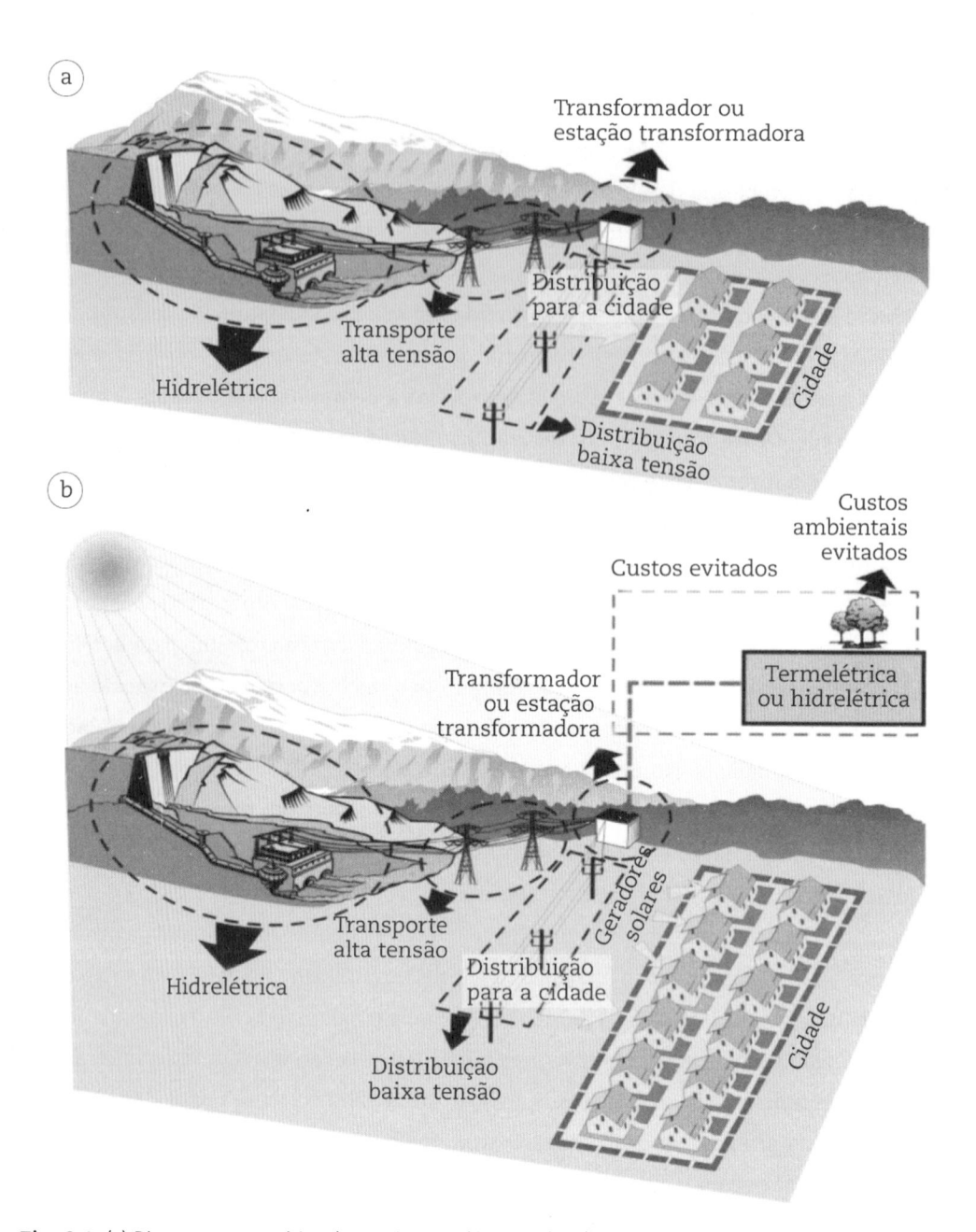

Fig. 2.1 (a) Diagrama esquemático de um sistema elétrico incluindo a geração, a transmissão e a distribuição de eletricidade; (b) diagrama esquemático de um sistema elétrico considerando a geração distribuída com sistemas fotovoltaicos

A geração fotovoltaica não carece de pessoal técnico especializado e não provoca emissão de poluentes de qualquer tipo, o que permite sua instalação em residências ou comércios por onde transitem pessoas sem oferecer riscos de intoxicação ou acidentes.

Os sistemas fotovoltaicos, comparados com outras tecnologias de geração, são de instalação relativamente rápida e simples, o que praticamente elimina os riscos de grandes atrasos nos cronogramas das obras de instalação. Permitem, portanto, o início da operação apenas alguns meses depois da compra do sistema, algo que poderá diminuir substancialmente

Fig. 2.2 Sistema de 5 kWp, integrado a uma edificação residencial (Soto del Real, Madri, Espanha)

Fig. 2.3 Sistema fotovoltaico integrado a um estacionamento (geração de eletricidade ao mesmo tempo que fornece sombra aos carros)

os custos do capital reunido para o empreendimento. Instalados próximo aos locais de maior consumo, ajudam a postergar os investimentos no aumento da capacidade das linhas de distribuição (o que, em si, já possui um valor econômico) e evitam perdas técnicas no transporte da eletricidade, representando, assim, um investimento eficaz do ponto de vista financeiro. Finalmente, a tecnologia fotovoltaica utiliza a radiação solar como insumo, um recurso renovável de energia, ajudando a manter o caráter renovável e sustentável da matriz energética brasileira. E não representa, portanto, a opção por uma tecnologia cujo combustível poderá se esgotar ou valorizar demasiadamente algum dia.

A partir do exposto, constata-se que a maior barreira encontrada para o uso da geração distribuída-fotovoltaica é o custo da energia gerada por esses sistemas, ainda alto quando comparado aos custos de geração de outras tecnologias. Há também a identificação de uma barreira técnica à entrada desses geradores distribuídos: o fato de a geração fotovoltaica ser intrinsecamente aleatória (dependente da intensidade e da frequência da radiação solar incidente no plano dos módulos fotovoltaicos) dificulta a previsão da geração, o que exigirá o desenvolvimento de complexos mecanismos de planejamento energético, incluindo ferramentas de previsão específicas. Um desenvolvimento semelhante ao realizado pelo Brasil no planejamento do perfil do seu potencial hídrico. É provável que essa mesma característica da geração fotovoltaica determine um limite à participação dessa tecnologia na matriz energética brasileira.

2.8.1 O gerador fotovoltaico como elemento de uma edificação

Os módulos fotovoltaicos deixaram de ser simples equipamentos de produção de eletricidade para, ao mesmo tempo, tornarem-se um elemento construtivo da edificação, capaz de substituir componentes tradicionais ou de oferecer usos adicionais, além da produção de eletricidade. Eles podem ser incorporados às edificações de formas diversas; podem ser instalados sobre telhados e coberturas ou em fachadas verticais. É possível também utilizá-los como elemento sombreador de janelas, de corredores, de estacionamento de carros (Fig. 2.3), de áreas comuns etc. É possível, portanto, conceber diversas formas de integração arquitetônica dos módulos fotovoltaicos. A Fig. 2.4 apresenta algumas dessas possibilidades.

A incorporação dessa alternativa já na concepção do projeto arquitetônico permitirá que esses sistemas sejam incorporados à paisagem urbana de forma harmônica. Além do aspecto puramente estético, a integração de um sistema fotovoltaico a uma edificação deve levar em conta, por exemplo, que o peso adicional a ser suportado pela edificação será de aproximadamente 15 kg/m^2, em razão dos módulos fotovoltaicos, e de aproximadamente 10 kg/m^2, em razão da estrutura de fixação – dependendo, é claro, da concepção dada a essa estrutura e dos materiais utilizados. A sombra criada pelos módulos ou a possibilidade de uso de geradores semitransparentes são características que podem ser usadas no projeto arquitetônico.

As Figs. 2.5, 2.6 e 2.7 mostram exemplos de conexão de sistemas fotovoltaicos à rede e instalados em centros urbanos, uma experimentação concreta da geração distribuída--fotovoltaica.

A Fig. 2.5 apresenta a incorporação de 53 kWp como elemento construtivo na fachada vertical da Biblioteca de Mataró, Barcelona, Espanha. Na Fig. 2.6, pode-se ver um detalhe do interior da biblioteca; as células foram encapsuladas entre lâminas de vidro, mantendo

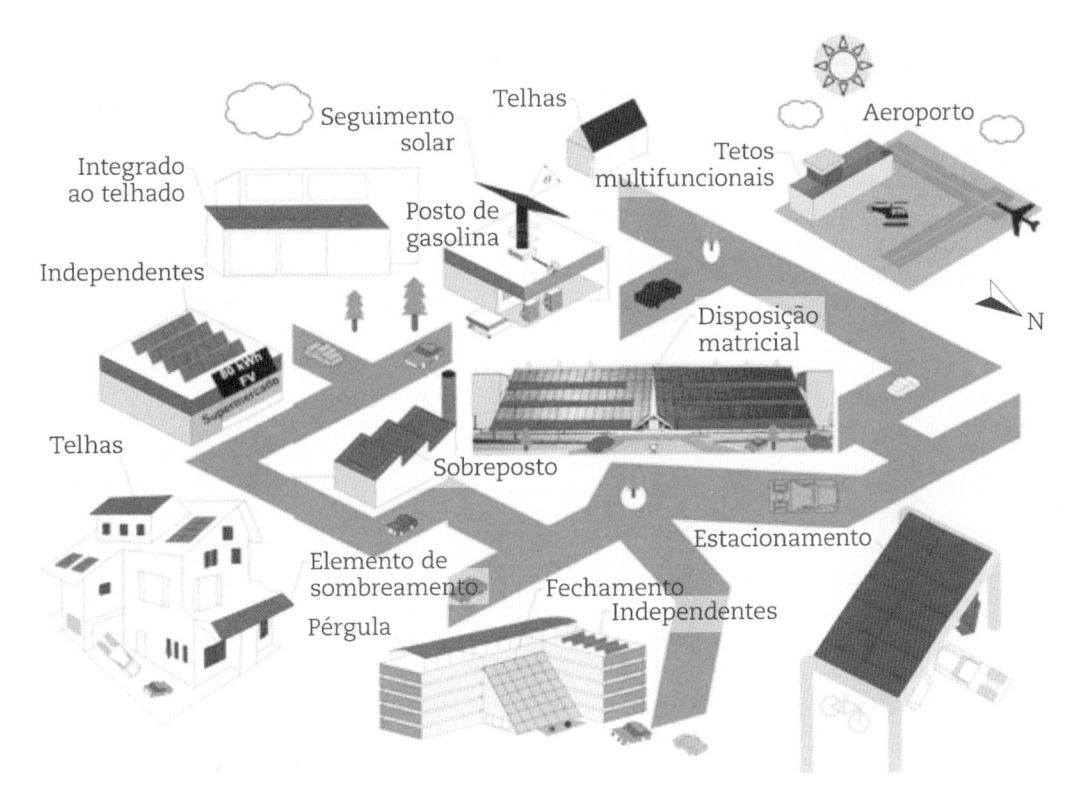

Fig. 2.4 Diferentes tipologias de integração arquitetônica de módulos fotovoltaicos

Fig. 2.5 Exemplo de utilização de módulos fotovoltaicos em fachadas verticais (Biblioteca de Mataró, Barcelona, Espanha)

maior separação entre elas para propiciar a entrada de iluminação natural. A Fig. 2.7 mostra dois tipos de instalação: uma é a fachada vertical de um dos prédios da Universidade de

Fig. 2.6 Detalhe interno da Biblioteca de Mataró: módulos com células mais espaçadas para permitir a entrada de iluminação natural

Fig. 2.7 Sistema fotovoltaico instalado na fachada vertical de um dos prédios da Universidade de Jaén, Espanha. Parte da cobertura do estacionamento dessa universidade também é constituída de módulos fotovoltaicos, conforme detalha a Fig. 2.3

Jaén, Espanha, totalmente preenchida com módulos fotovoltaicos de silício policristalino; a outra é mais um exemplo de uso múltiplo dos geradores fotovoltaicos: como elemento gerador de eletricidade e, ao mesmo tempo, de sombra para os carros no estacionamento.

Em uma instalação fotovoltaica é importante evitar ou garantir a mínima incidência de sombras no gerador. A orientação mais adequada desses módulos é determinada por dois parâmetros: a orientação horizontal dos módulos – se voltados ao norte, sul, leste ou oeste – e o seu ângulo de inclinação em relação à horizontal. No Brasil, assim como em todos os locais situados ao sul do Equador, para maximizar a energia coletada ao longo do ano, os geradores fotovoltaicos geralmente são orientados ao norte e com inclinação aproximadamente igual à latitude local.

Apesar de essa orientação ser uma boa indicação na tentativa de maximizar o recurso solar incidente no plano do gerador fotovoltaico, os resultados apresentados no Anexo demonstram que este depende também das especificidades de cada local e que uma grande variedade de orientações, ao redor da orientação teórica mencionada, é perfeitamente passível de ser utilizada sem incorrer em perdas significativas na quantidade do recurso solar incidente no plano do gerador fotovoltaico ou, em alguns casos, até mesmo melhorando a incidência do recurso solar.

Como é possível perceber pela observação das Figs. 2.4 a 2.7, nem sempre é possível instalar o módulo fotovoltaico segundo uma orientação que permita o aproveitamento máximo da radiação solar disponível. E, quanto maior o desvio do plano do gerador fotovoltaico instalado na edificação com relação à orientação que melhor aproveita o recurso solar, maior a redução da energia incidente. A Tab. 2.2 mostra, para a cidade de São Paulo, os fatores de correção que determinam a diminuição da radiação solar disponível para desvios de orientação do gerador em relação à melhor orientação (fator de correção igual a 1).

Como é possível observar, a inclinação ótima teórica está em torno dos 23° e orientado ao norte ($\gamma = 0$). As perdas em razão do desvio de orientação ao leste ou oeste, para a inclinação ótima, dentro da variação de ±25° em relação ao norte, são da ordem de 0,02% para cada grau desviado.

Nota-se que, quanto menor o ângulo de inclinação, menor o efeito de redução ocasionado pelo desvio para leste ou oeste. Assim, por exemplo, a irradiação que recebe uma superfície inclinada de 23° com relação à horizontal e desviada de 25° com respeito ao norte terá uma redução de aproximadamente 0,5% em relação à que receberia se estivesse orientada

TAB. 2.2 Fatores de correção segundo uma inclinação (β) e orientação (γ) do gerador fotovoltaico[*] (disponibilidade anual máxima = 1.506 kWh/m^2)

γ \ β	13°	23°	33°	43°	53°	63°	73°	83°	90°
0°	0,997	1,000	0,983	0,946	0,890	0,818	0,732	0,635	0,560
±25°	0,994	0,995	0,976	0,938	0,882	0,810	0.727	0,600	0,567
±50°	0,979	0,970	0,944	0,900	0,844	0,775	0,697	0,615	0,556

[*] β e γ correspondem à inclinação do gerador fotovoltaico com relação à horizontal e à orientação do gerador com relação ao norte, respectivamente.

completamente ao norte, e de aproximadamente 3% se esse desvio fosse de 50° para leste ou oeste. Nesse mesmo exemplo, se o desvio para leste ou oeste fosse referente à inclinação de 13°, os valores obtidos seriam de 0,3% (para 25° de desvio com respeito ao norte) e 2% (para 50° de desvio com respeito ao norte). No limite, para geradores instalados na horizontal ($\beta = 0$), não haveria perdas por desvios de orientação para leste ou oeste.

Como já comentado, é importante observar que, para maximizar a energia coletada ao longo do ano, além de voltados ao norte, os geradores fotovoltaicos devem ter a inclinação em relação à horizontal próxima da latitude do local da instalação. No entanto, por razões

Disponibilidade anual ótima: 1.506 kWh/m²

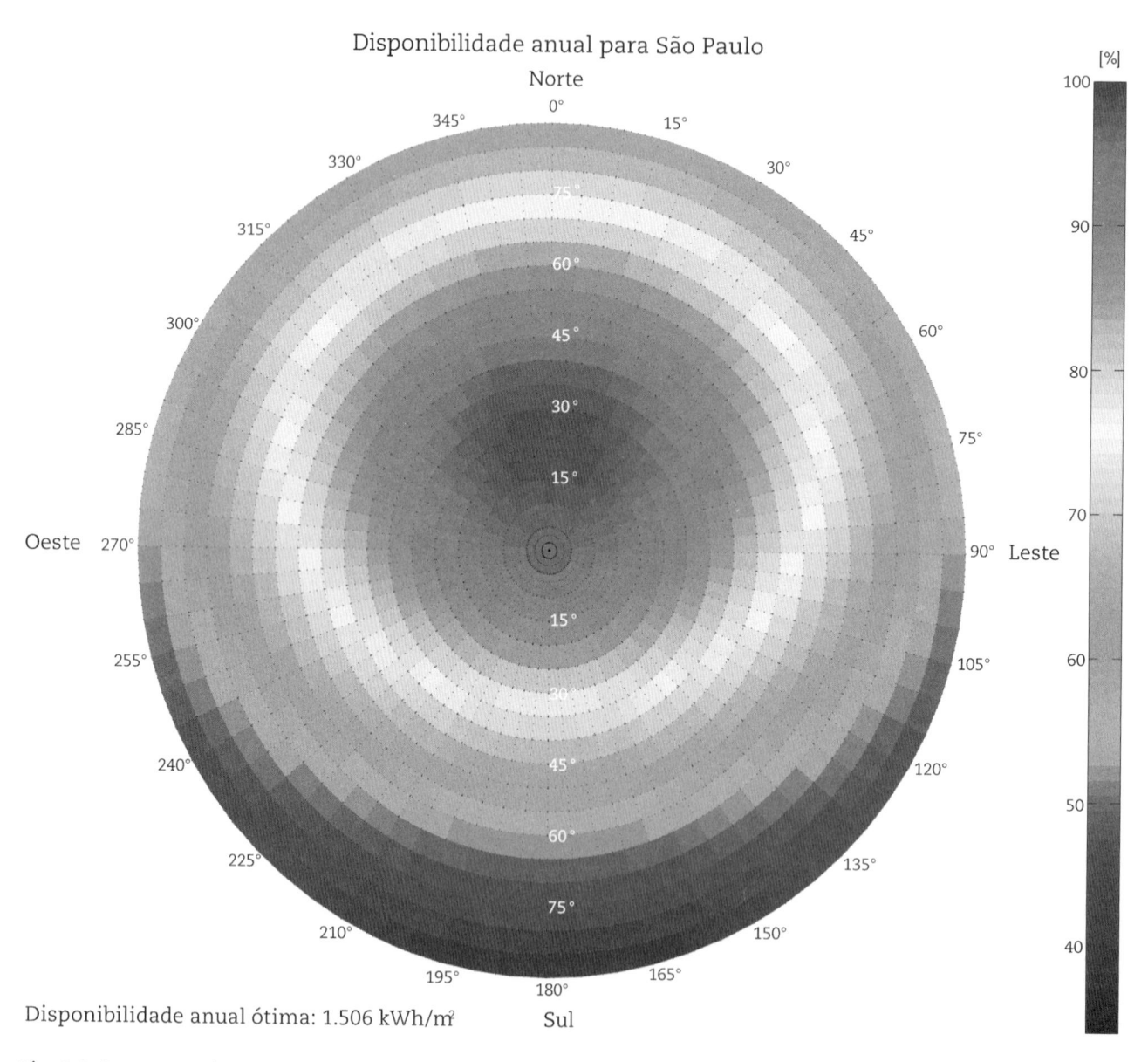

Fig. 2.8 Porcentagem de captação sobre o máximo possível em função da situação do gerador fotovoltaico integrado em alguma parte da edificação (inclinação e orientação azimutais). Versão colorida – ver Anexo, p. 195

estéticas e construtivas, ou para maximizar a produção elétrica em determinada época do ano, podem-se adotar outras inclinações. Nesse caso, deve-se saber que poderá haver redução no recurso solar incidente e, consequentemente, no total de energia produzida pelo sistema.

A Fig. 2.8 apresenta um diagrama, também para a cidade de São Paulo, no qual se pode obter a fração da energia solar média anual em relação à máxima que se pode obter, em função da orientação, azimute e inclinação. No Anexo são apresentados diagramas similares para algumas capitais do Brasil e de países sul-americanos.

2.9 Figuras de mérito para avaliação do desempenho de SFCRs

Nas três seções subsequentes, abordam-se, de maneira sucinta, algumas figuras de mérito difundidas para descrever o desempenho de sistemas fotovoltaicos, destacando-se suas vantagens e desvantagens com o intuito de que tais figuras possam servir como ferramentas práticas e de grande utilidade na análise de engenharia de SFCRs. Essas figuras de mérito permitem analisar o funcionamento de um SFCR com base em seus balanços energéticos.

2.9.1 Fator de capacidade

Para o estudo do desempenho de usinas hidrelétricas e termelétricas, é comum adotar-se o conceito de fator de capacidade (*FC*), que relaciona a energia gerada em um determinado intervalo de tempo ($t_2 - t_1$) com a energia que poderia ser gerada na potência nominal de saída das máquinas, tal como indica a Eq. 2.1.

$$FC = \frac{\int_{t_1}^{t_2} P_{\text{Saída}} \times dt}{P_G^0 \times (t_2 - t_1)} \qquad (2.1)$$

onde $P_{\text{Saída}}$ é a potência instantânea gerada e P_G^0 é a soma das potências nominais das máquinas que constituem o sistema.

Esse conceito tem sido usado também em sistemas que utilizam como fonte primária de energia as energias solar e eólica (Zilles; Oliveira, 1999; Macedo, 2002). No caso específico da energia solar fotovoltaica, essa adaptação se dá tornando a potência nominal do gerador usado nas grandes usinas hidrelétricas (ou termelétricas) igual à potência nominal do gerador fotovoltaico ($P_G^0 = P_{FV}^0$). Porém, segundo alguns autores, esse parâmetro não representa efetivamente a qualidade da energia entregue por esses sistemas, uma vez que essas fontes não podem ser consideradas uma fonte de energia firme convencional. Por essa razão, alguns autores preferem adotar o conceito de energia específica (*EE*) para estudar a qualidade dos sistemas que utilizam fontes intermitentes de energia.

Nota-se, da Eq. 2.1, que o conceito de *FC* pode ser aplicado para qualquer intervalo de tempo, permitindo uma análise sazonal da operação do sistema.

2.9.2 Energia específica

Existem várias formas de se definir energia específica (*EE*), dependendo do contexto da análise que se pretende fazer. Portanto, esse parâmetro pode ser dado em várias unidades. Por exemplo, a *EE* pode ser utilizada para calcular o tempo de retorno da energia gasta para a produção dos módulos fotovoltaicos, também conhecido como *energy payback time* (*EPBT*). Ou seja, a energia específica necessária para a produção de módulos fotovoltaicos é expressa em kWhe/kWp, onde kWhe representa o kilowatt-hora elétrico. Segundo Knapp e Jester (2000), essa escolha de unidade é conveniente e intuitiva, pois representa algo físico: o número de horas de sol pleno (*HSP*) necessárias para recuperar a energia gasta na sua produção (*EPBT*). Trata-se do número de horas de sol em média diária a uma intensidade de 1.000 W/m². Esse parâmetro é equivalente à energia total diária incidente sobre a superfície do gerador em kWh/m². Para converter esse valor em anos, basta dividi-lo pela radiação média, usualmente expressa em kWh/m²/ano, e corrigir para qualquer mudança de desempenho com relação ao valor nominal, seja devido às perdas do sistema ou à temperatura de operação dos módulos.

Para tornar possível uma simples e correta compreensão e comparação entre SFCRs de diferentes tamanhos, a *EE* é dada em kWh/kWp (Haeberlin; Beutler, 1997). No caso dos SFCRs, esse parâmetro pode relacionar a energia gerada em determinado intervalo de tempo tanto com a potência quanto com a área do arranjo fotovoltaico. Sistemas com a mesma potência nominal apresentam diferentes valores de energia específica. Trata-se de um bom procedimento, que permite determinar a qualidade dos diferentes sistemas com equipamentos de diferentes fabricantes, da mesma forma que o *FC*, porém de pontos de vista diferenciados.

Nota-se que a *EE* difere do *FC* pelo fator tempo existente no denominador da Eq. 2.1. Isso significa dizer que se trata de figuras de mérito que dizem basicamente a mesma coisa, porém com formas diferentes de visualização do desempenho de SFCRs.

Em resumo, a *EE* tem por objetivo permitir a comparação da produção de energia de SFCR de tamanhos e localizações diferentes. No que se refere à aplicação solar fotovoltaica, é comum o uso do termo *final yield* (Y_F) ou produtividade do sistema, para expressar a *EE* em kWh/kWp. O entendimento desse conceito é muito importante para a definição da próxima figura de mérito abordada aqui.

2.9.3 Rendimento global do sistema (*performance ratio* - PR)

Para entendermos esse conceito, é necessário entender primeiro o conceito de produtividade do sistema (Y_F). Denomina-se de produtividade do sistema em um determinado intervalo de tempo ($t_2 - t_1$), Y_F, a relação entre o valor médio da energia entregue à carga e a potência nominal do gerador (Eq. 2.2).

$$Y_F = \frac{\int_{t_1}^{t_2} P_{\text{Saída}} \times dt}{P_{FV}^o} \qquad (2.2)$$

Nota-se que Y_F se expressa em kWh/kWp ou simplesmente em horas. Tal como enfatizado em Lorenzo (1994), em um sistema totalmente livre de perdas, cujo gerador operasse sempre com as células à temperatura de 25°C e no ponto de máxima potência, o valor de Y_F expresso em kWh/kWp coincidiria numericamente com o valor médio da energia solar incidente sobre o gerador fotovoltaico no intervalo de tempo $\Delta t = t_2 - t_1$, em kWh/m².

Um aspecto fundamental no entendimento da Eq. 2.2 está relacionado à vantagem da utilização da potência nominal do gerador fotovoltaico (P_{FV}^0) em vez de outro parâmetro, como, por exemplo, a potência nominal em c.a. (P_{Inv}^0), ou até mesmo outras condições de teste do gerador fotovoltaico que não sejam as condições padrão (ou STC). Essa vantagem consiste na comparação de desempenho entre sistemas com diferentes eficiências de conversão c.c./c.a. ou diferentes formas de montagem dos geradores fotovoltaicos, que acabam resultando em diferentes temperaturas de operação da célula.

Para esclarecer melhor esse aspecto, torna-se conveniente o uso de alguns exemplos práticos. Supondo-se que o desempenho do SFCR em termos de Y_F é avaliado com respeito à potência nominal em c.a., então, dois sistemas podem apresentar o mesmo Y_F, porém seus inversores podem apresentar diferenças significativas em termos de suas eficiências de conversão c.c./c.a.. Da mesma forma, se o desempenho for avaliado com relação a outra condição de operação, como PTC (*PVUSA Test Condition*: $H_{(t,\beta)} = 1.000\,\text{W/m}^2$, $T_a = 20°C$ e $V = 1\,\text{m/s}$), por exemplo, dois sistemas podem apresentar o mesmo Y_F e, contudo, ter diferenças significativas em termos das temperaturas de operação de seus geradores, em consequência do tipo de montagem realizada (montados ou integrados à edificação), o que fatalmente implicará perdas bem distintas, em razão do maior ou menor aquecimento da célula. As PTC diferem das STC no aspecto de que a temperatura e a velocidade de vento nelas adotadas resultarão em uma temperatura de célula de aproximadamente 50°C, em vez dos 25°C fornecidos pelas STC (Marion; Adelstens; Boyle, 2005).

Entendido o conceito de Y_F e a sua importância na análise de desempenho de SFCRs, define-se outro parâmetro bastante difundido nas aplicações com sistemas fotovoltaicos de uma maneira geral, conhecido como rendimento global do sistema (em inglês, *performance ratio - PR*). O PR considera todas as perdas envolvidas em um SFCR (no gerador, no sistema de condicionamento ou no resto do sistema) e é definido de acordo com a relação dada pela Eq. 2.3.

$$PR = \frac{Y_F}{\frac{\int_{t_1}^{t_2} H_{t,\beta} \times dt}{H_{ref}}} \qquad (2.3)$$

Observa-se que Y_F pode ser interpretado como o tempo de operação com a potência nominal do gerador fotovoltaico, de modo a produzir a mesma quantidade de energia média entregue à carga. De modo análogo, o denominador da Eq. 2.3, também conhecido como *reference yield* (Y_R), é interpretado como o número de horas na irradiância de 1.000 W/m².

2.10 Custo da energia produzida

Já existem nichos de mercado nos quais os sistemas fotovoltaicos encontram-se em situação de maior competitividade. Esses nichos, hoje em dia, restringem-se às diferentes situações da eletrificação rural de países em desenvolvimento, em que os altos custos de expansão das linhas de transmissão e distribuição ou as restrições ambientais encarecem e dificultam significativamente a eletricidade proveniente da rede elétrica. Nesses locais, as opções concorrentes aos sistemas fotovoltaicos, como a geração térmica a diesel, por exemplo, também enfrentam fatores limitadores que aumentam seus custos de geração, principalmente relacionados à dificuldade de acesso às localidades.

Em muitas situações da eletrificação rural nos países em desenvolvimento, não é correto comparar diretamente o custo da eletricidade produzida pelos sistemas fotovoltaicos com o custo de outras fontes. No caso dos sistemas rurais, isolados da rede, frequentemente a utilização da eletricidade solar fotovoltaica não substitui o uso de outras fontes de eletricidade. Portanto, a discussão da viabilidade da aplicação dos sistemas fotovoltaicos deve considerar os custos evitados na compra de velas e querosene para iluminação, pilhas, recarga de baterias etc.

No caso da conexão de sistemas fotovoltaicos à rede, a energia dos sistemas fotovoltaicos é disponibilizada no ponto de consumo ou, mais especificamente, na rede de distribuição. Portanto, os seus custos devem ser comparados aos custos da energia convencional da rede de distribuição, depois de incluídos o custo e as perdas relativas ao transporte.

A produção mundial de módulos e células fotovoltaicas vem apresentando taxas de crescimento superiores a 40% nos últimos dez anos. Destaca-se o incremento de 118% (Fig. 2.9), registrado em 2010 em comparação ao ano anterior. Esse crescimento tem proporcionado redução de custos de fabricação e, consequentemente, do preço do watt comercializado.

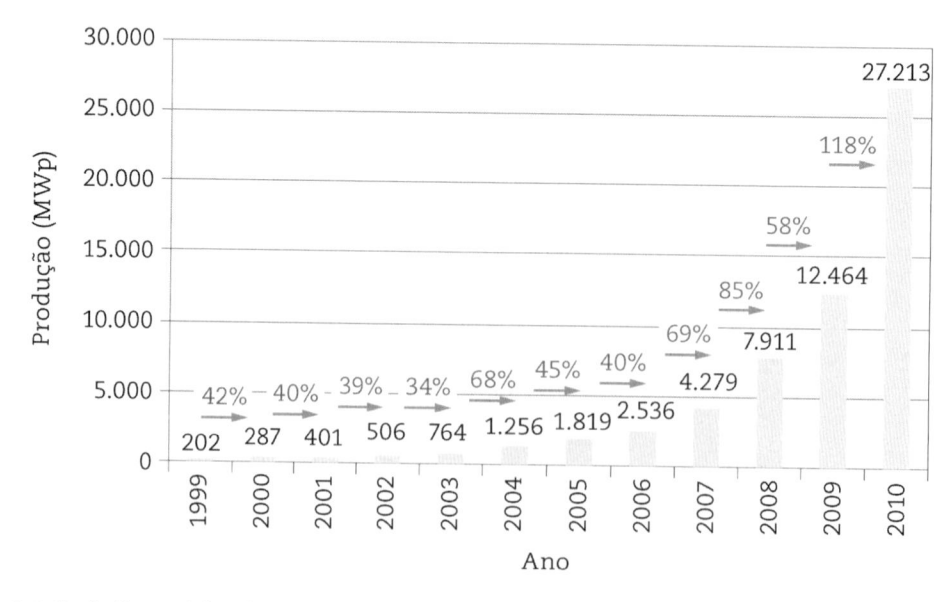

Fig. 2.9 Produção anual de células e módulos fotovoltaicos

Essa redução segue o previsto na curva de aprendizagem da tecnologia fotovoltaica, a partir da qual se pode observar que, sempre que a produção acumulada de módulos fotovoltaicos dobra, o custo de produção cai em cerca de 20% (Hering, 2011).

Os preços praticados no mercado *spot* para módulos de silício cristalino (Fig. 2.10) atestam a redução prevista na curva de aprendizado e mostram que a redução tem consistência e vem pavimentando o caminho para a paridade tarifária e a expansão da produção de eletricidade com SFCRs (Knoll, 2011).

Em decorrência da economia de escala e da redução do preço dos módulos fotovoltaicos, o preço *turn-key* (custo total de instalação de um sistema pronto para operar) de uma instalação fotovoltaica conectada à rede também vem apresentando redução significativa nos últimos anos (Fig. 2.11). Atualmente, na Alemanha, uma instalação fotovoltaica conectada à rede, dependendo da potência, custa entre 2.500 € a 3.200 €/kW instalado (Krause, 2011).

O cálculo do custo do MWh produzido por SFCRs não requer grandes sofisticações matemáticas. Pelo contrário, basta a utilização de uma ferramenta básica da microeconomia. Mas, apesar de sua fácil determinação, o valor atribuído ao custo do MWh fotovoltaico apresenta diferenças entre as diversas fontes disponíveis na literatura. É mais comum, portanto, verificar a divulgação do preço do watt do módulo e, em algumas situações, do preço *turn-key* da instalação.

O custo da eletricidade produzida (em R$/MWh), no caso dos sistemas fotovoltaicos, depende da amortização do capital investido inicialmente e da operação e manutenção do sistema. A amortização do investimento inicial depende muito da taxa de desconto considerada. Por sua vez, a operação e a manutenção do sistema interferem pouco no custo da energia, visto que não passam de aproximadamente 1% do investimento inicial por ano. Nesse caso, obviamente, não é necessário considerar custos de substituição de baterias,

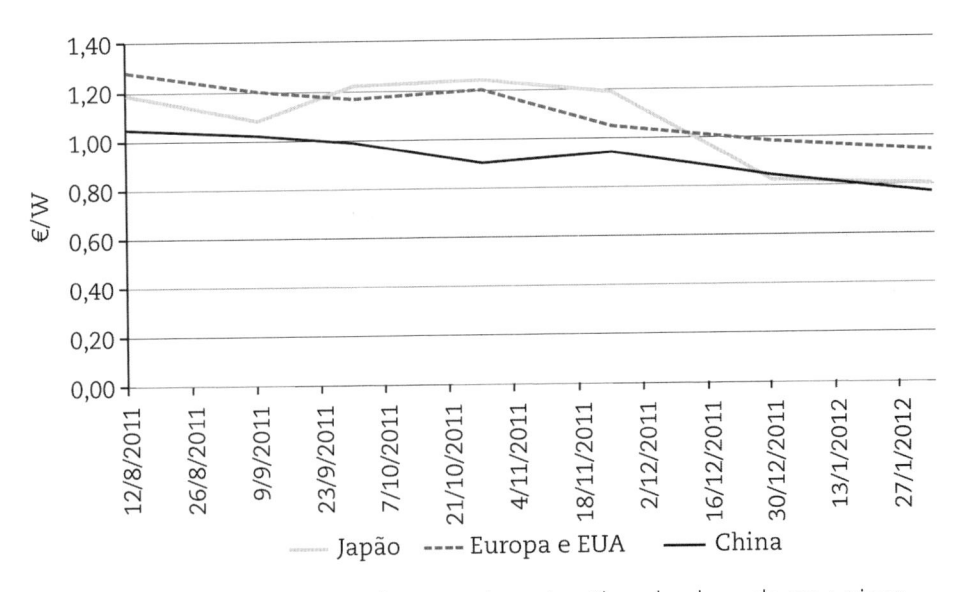

Fig. 2.10 Preços de módulos de silício cristalino, mercado *spot* na Alemanha, de acordo com a origem

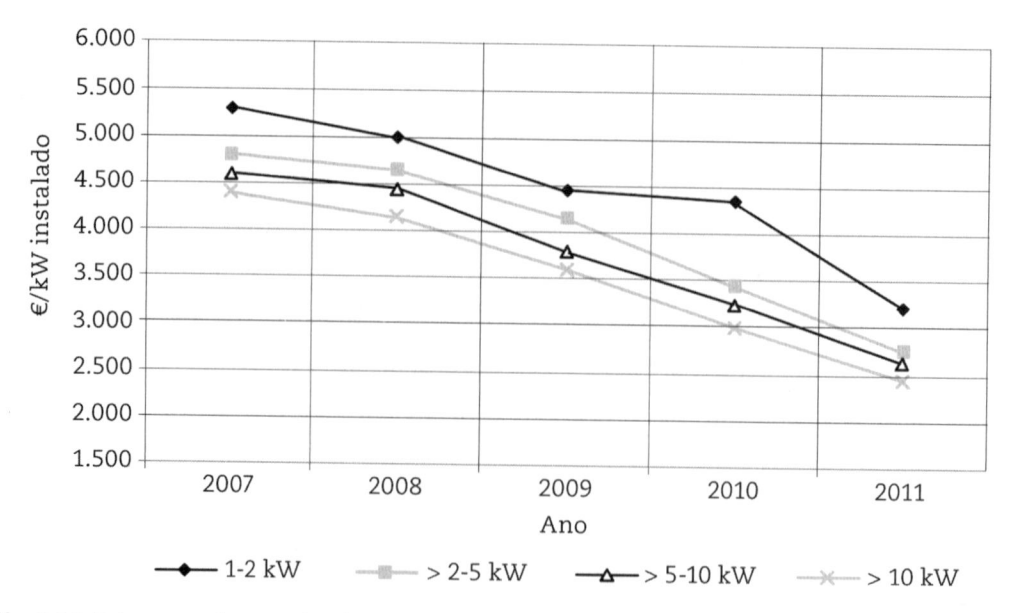

Fig. 2.11 Valores *turn-key* para instalação de sistemas fotovoltaicos na Alemanha, segundo sua potência

pois esses sistemas não as utilizam. Por meio da Eq. 2.4 é possível determinar o custo da eletricidade produzida por sistemas fotovoltaicos.

$$C = \left[\frac{r \times (1+r)^n}{(1+r)^n - 1} + OM \right] \times \frac{Inv}{8{,}76 \times FC} \qquad (2.4)$$

onde:

C – custo da energia produzida pelo sistema (em €/MWh);

r – taxa de desconto anual considerada para o investimento (em %; valor adimensional);

n – tempo de vida útil do investimento (em anos);

OM – representa os gastos com manutenção e operação (> 1% do investimento inicial; na expressão entra um valor adimensional: 1% = 0,01);

Inv – investimento inicial, *turn-key*, do sistema (em €/kWp);

FC – fator de capacidade esperado para o sistema (valor adimensional).

As Figs. 2.12 e 2.13, obtidas considerando 25 anos como horizonte de planejamento, apresentam o custo do MWh da geração fotovoltaica para fatores de capacidade entre 10% e 22%, para taxas anuais de desconto de 6% e 12%, respectivamente. Apresentam-se curvas para dois valores do investimento inicial (€/kW e *turn-key* da instalação); custo médio atual de 3.000 €/kW (6.900 R$/kW) e a perspectiva de redução para 2.000 €/kW (4.600 R$/kW) nos próximos cinco anos.

Tomando-se um valor médio de 15% para o fator de capacidade, facilmente alcançável em alguns centros urbanos do país, e o custo *turn-key* de uma instalação de 3.000 €/kW, temos, a partir das Figs. 2.10 e 2.11, valores atuais de 180 €/MWh e 315 €/MWh (414 R$/MWh e 725 R$/MWh), para taxas anuais de desconto de 6% e 12%, respectivamente. Entretanto, com a perspectiva de redução dos custos *turn-key* de 3.000 €/kW para 2.000 €/kW nos próximos cinco anos, teremos, para taxas anuais de desconto de 6% e 12%, custos da ordem de 120 €/MWh a 210 €/MWh (276 R$/MWh e 483 R$/MWh), respectivamente.

Como se pode constatar, o custo da energia produzida por sistemas fotovoltaicos está se aproximando da tarifa elétrica praticada por algumas distribuidoras de energia no país para os consumidores de baixa tensão. No caso da conexão de sistemas fotovoltaicos em telhados de consumidores residenciais, a energia pode ser disponibilizada no ponto de consumo ou, mais especificamente, na rede de distribuição. Portanto, faz sentido comparar o custo da geração fotovoltaica com a tarifa praticada pela distribuidora, incluindo os encargos.

No Brasil, o custo de geração de eletricidade a partir de um sistema fotovoltaico integrado a uma edificação de porte residencial, incluindo encargos, já está próximo da tarifa praticada pelas distribuidoras locais, que revendem energia produzida a partir de fontes convencionais. Se as tendências de queda no custo de equipamentos fotovoltaicos e de alta na tarifa se confirmarem, vislumbra-se, dentro de poucos anos, um momento em que haverá a equiparação entre o custo de geração por meio de sistemas fotovoltaicos e o valor da tarifa praticada pelas distribuidoras. Essa equiparação vem sendo chamada, na literatura, de paridade tarifária, e poderá ocorrer em menos de cinco anos para diversas localidades brasileiras.

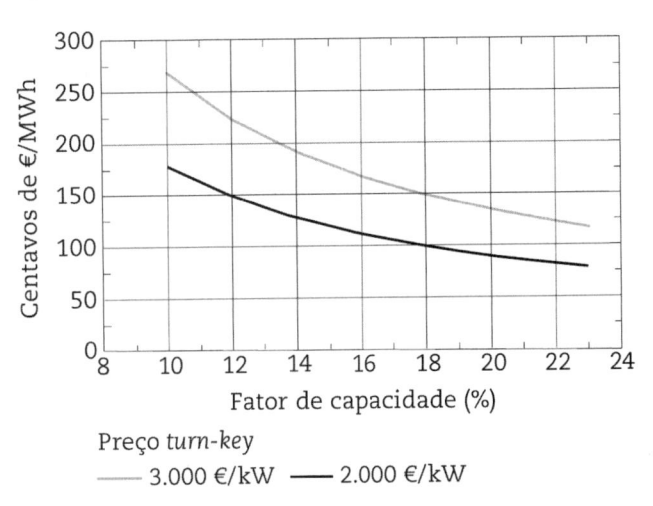

Fig. 2.12 Custo do MWh, em €, em função do fator de capacidade e do custo do kW *turn-key* para uma taxa de desconto de 6% (1 € = R$ 2,30, junho 2011)

O principal problema que se pode ter, no futuro próximo, e que tem de ser enfrentado a partir de agora, é o aprimoramento da legislação que regula a geração distribuída. Nesse sentido, destaca-se a iniciativa da Superintendência de Regulação da Distribuição da Agência Nacional de Energia Elétrica (SRD/Aneel), com a publicação, em setembro de 2010, da Nota Técnica n° 43/2010 SRD/Aneel. Esta teve como objetivo apresentar os principais instrumentos regulatórios utilizados no Brasil e em outros países para incentivar a geração distribuída de pequeno porte, a partir de fontes renováveis de energia, conectada à rede de distribuição, assim como buscar contribuições para questões que o regulador deve enfrentar para reduzir as barreiras existentes, contribuições estas que foram direcionadas para a participação dos interessados por meio de Consulta Pública.

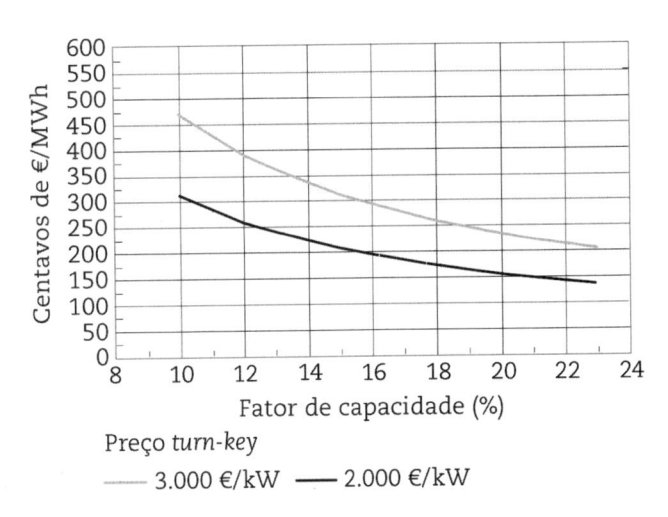

Fig. 2.13 Custo do MWh, em €, em função do fator de capacidade e do custo do kW *turn-key* para uma taxa de desconto de 12% (1 € = R$ 2,30, junho 2011)

Modelamento e Dimensionamento de SFCRs

3

Neste capítulo são abordados os modelos representativos de cada parte que compõe um SFCR, com o intuito de utilizá-los como ferramentas em simulações numéricas que permitam analisar a sensibilidade do fator de dimensionamento do inversor (*FDI*) às particularidades do local de instalação do SFCR, que são, basicamente, a radiação solar incidente no plano do gerador fotovoltaico e a temperatura ambiente. Com essa finalidade, são utilizadas algumas figuras de mérito para avaliar a operação desses sistemas, possibilitando a comparação entre sistemas com características diferentes.

Com o modelamento apresentado neste capítulo, é possível calcular a potência média de saída do SFCR por meio de simulações numéricas envolvendo valores de radiação solar e temperatura ambiente. Essas ferramentas permitem avaliar o efeito da relação *FDI* em termos energéticos, auxiliando na escolha da configuração de um SFCR.

3.1 Configuração básica de um SFCR

Na configuração básica de um SFCR, simplificadamente, consideram-se os conjuntos formados pelo gerador fotovoltaico, o inversor e a rede elétrica local. O primeiro gera a energia em c.c. que será condicionada na unidade de potência e transformada em c.a., para ser diretamente transferida à rede elétrica. Em cada etapa de processamento da eletricidade, há perdas relacionadas a diferentes causas, como, por exemplo, aumento da temperatura de operação do gerador fotovoltaico, perdas ôhmicas no cabeamento ou perdas referentes ao processo de seguimento do ponto de máxima potência (SPMP). Essas perdas, somadas às perdas de conversão do inversor, contabilizarão na eficiência de conversão em energia elétrica total do SFCR.

A Fig. 3.1 mostra um diagrama esquemático da configuração básica de um SFCR, bem como os parâmetros envolvidos no modelamento desse tipo de aplicação.

Nota-se que o dimensionamento desse tipo de aplicação requer um conhecimento detalhado das diversas partes do SFCR. A seguir, descrevem-se os modelos representativos de cada uma das partes do sistema, bem como os parâmetros envolvidos.

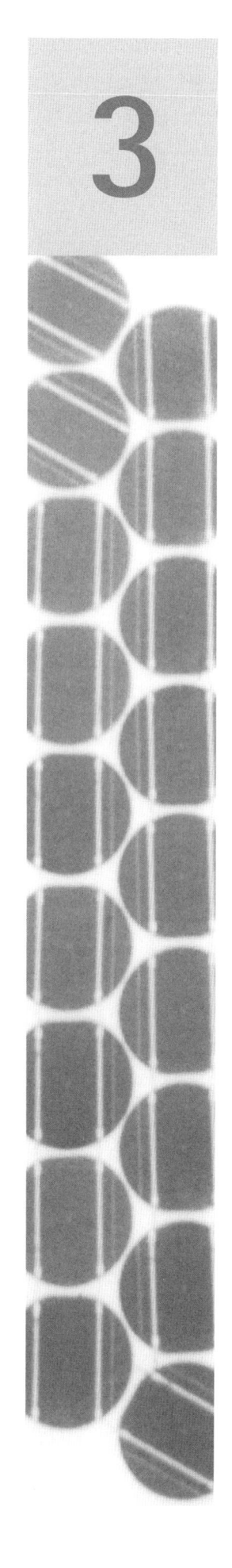

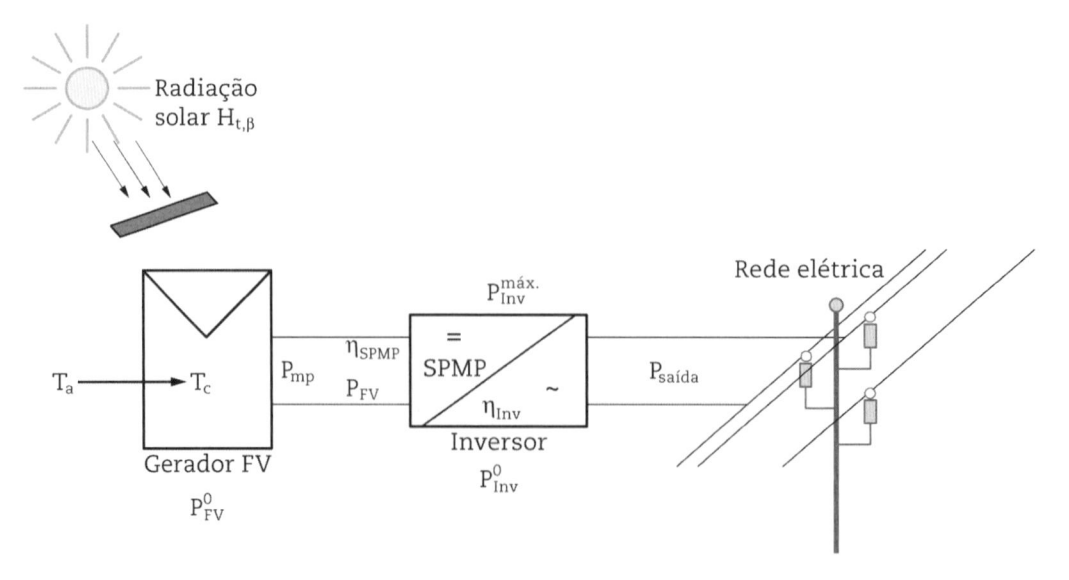

Fig. 3.1 Diagrama esquemático de um SFCR e parâmetros utilizados no dimensionamento

3.2 Gerador fotovoltaico

O dimensionamento de um SFCR envolve uma série de etapas, entre as quais destacam-se aquelas associadas ao processo de cálculo da energia elétrica produzida pelo gerador fotovoltaico. É conveniente determinar como será a saída de potência de cada um dos módulos fotovoltaicos e, a partir daí, entender como será o comportamento deles ao serem reunidos dentro de um gerador em operação.

O gerador fotovoltaico transforma a radiação solar em energia elétrica contínua, em um processo regulado por sua própria eficiência, sendo esta caracterizada pelo valor de potência do gerador nas denominadas condições padrão de medida (STC - *standard test conditions*), e por um conjunto de fenômenos de segunda ordem relacionados com as condições de operação: temperatura das células, espectro e ângulo de incidência da luz solar distintos das STC, massa de ar (AM) e sujeira dos módulos. A literatura oferece diversos modelos que explicam adequadamente alguns desses fenômenos.

Os modelos utilizados para descrever o comportamento dos módulos fotovoltaicos (e, consequentemente, dos geradores) sob as mais diversas condições geralmente se baseiam na relação entre corrente e tensão. Essa relação, por sua vez, pode ser trabalhada de diversas formas, que variam desde as mais simples, que utilizam aproximações para a determinação dos parâmetros característicos dos módulos fotovoltaicos (Lorenzo, 1994), até as mais sofisticadas, por meio de equações não lineares, que necessitam de métodos iterativos para a sua solução (Lasnier; Ang, 1990), ou por meio de modelos obtidos a partir da avaliação de sistemas fotovoltaicos, em que dados coletados continuamente possibilitam, por regressões simples, a obtenção de equações representativas do comportamento do módulo fotovoltaico (Whitaker et al., 1997). Contudo, não é foco desta seção o detalhamento de cada um desses modelos. O que se pretende aqui é descrever um modelo que permita estimar a potência de saída do gerador fotovoltaico, em condições reais de operação, com uma boa relação de compromisso entre simplicidade, praticidade e precisão.

3.2.1 Modelo polinomial de potência

Entre os fatores que alteram a potência produzida pelo módulo ou gerador fotovoltaico, a radiação solar incidente no seu plano e a temperatura de operação das células que o constituem são considerados os mais relevantes. Outros fatores adicionais estão associados às perdas na fiação e às diferenças entre as células individuais que constituem um módulo, ou os módulos individuais que constituem um gerador fotovoltaico. A característica corrente-tensão ($I - V$) descreve o comportamento elétrico nos terminais do módulo ou gerador fotovoltaico sob influência desses fatores.

Por outro lado, a potência c.c. de entrada de um inversor empregado em SFCR depende, além dos fatores mencionados no parágrafo anterior, do ponto da curva $I - V$ em que o gerador fotovoltaico está operando. Idealmente falando, o inversor deve sempre operar no ponto de máxima potência (PMP) do gerador fotovoltaico, o qual varia ao longo do dia, principalmente em função das condições ambientais (basicamente, radiação solar e temperatura ambiente). Dessa forma, os inversores usados em SFCRs são munidos, em sua estrutura de condicionamento de potência, de mecanismos para seguir o PMP, maximizando a transferência de potência. Portanto, o uso de um seguidor do ponto de máxima potência (SPMP) é um requisito básico dos inversores empregados em SFCRs.

Com base nessa realidade, os cálculos para obter a potência de saída do gerador fotovoltaico usualmente consideram a operação deste com SPMP. Para determinar o que efetivamente é convertido pelo inversor em c.a., dois parâmetros importantes são utilizados. O primeiro é conhecido como "coeficiente de temperatura" e é abordado com mais detalhes adiante. O segundo é a própria eficiência de seguimento do ponto de máxima potência do inversor (η_{SPMP}), para a qual, de acordo com dados experimentais (Abella; Chenlo, 2004; Haeberlin, 2004; Haeberlin et al., 2005; Hohm; Ropp, 2003), valores em torno de 98% são facilmente atingidos para potências c.c. superiores a 20% da potência nominal do inversor. Para valores de potência c.c. inferiores a 20% da potência nominal, a eficiência η_{SPMP} varia de 95% a 50%, dependendo do fabricante e da configuração em termos da tensão da operação.

Para obter resultados mais realísticos, é conveniente levar em conta a η_{SPMP}; contudo, este não é um parâmetro simples de ser modelado. Adotando-se, porém, valores médios, de acordo com a faixa de potência de operação em c.c., é possível obter uma estimativa desse tipo de perda. Esses valores são, por exemplo, 98% para potências superiores a 20% da potência nominal do inversor em c.c., e 80% a 90% para valores menores ou iguais a 20% da potência nominal do inversor em c.c..

No que diz respeito ao "coeficiente de temperatura", historicamente, o desempenho de células e módulos fotovoltaicos tem sido associado às condições de teste comumente chamadas de condições padrão (STC), ou seja, nível de irradiância de 1.000 W/m², distribuição espectral correspondente a AM = 1,5 e temperatura de célula de 25°C. A massa de ar, AM, é definida como o comprimento do caminho percorrido pela radiação solar desde sua incidência na atmosfera até atingir a superfície terrestre. O termo AM geralmente indica a massa de ar relativa, ou seja, normalizada em relação ao comprimento do caminho quando o Sol está no zênite.

Essas condições padrão podem, em certa medida, representar as condições de operação em um dia típico de céu claro, em horários próximos ao meio-dia. Entretanto, a temperatura considerada para operação da célula, 25°C, não representa satisfatoriamente a operação em campo, que frequentemente resulta em temperaturas próximas a 50°C. Infelizmente, a diferença entre as temperaturas obtidas em campo e a temperatura das condições padrão proporciona também uma diferença entre a potência entregue pelo módulo fotovoltaico e a potência nominal.

O termo "coeficiente de temperatura" vem sendo aplicado para descrever o comportamento dos parâmetros característicos do módulo fotovoltaico, incluindo tensão, corrente e potência. Os coeficientes de temperatura permitem analisar a taxa de variação desses parâmetros com relação à temperatura. A máxima potência, P_{mp}, é obtida do produto de dois fatores, I_{mp} e V_{mp}, e ambos variam com a temperatura, tal como indicam os resultados da Tab. 3.1.

TAB. 3.1 Coeficientes de temperatura para módulos comerciais medidos ao ar livre sem isolamento da superfície posterior

Módulo (tecnologia)	$\frac{dI_{SC}}{dT} \cdot \frac{1}{I_{SC}}$ (1/°C)	$\frac{dI_{mp}}{dT} \cdot \frac{1}{I_{mp}}$ (1/°C)	$\frac{dV_{OC}}{dT} \cdot \frac{1}{V_{OC}}$ (1/°C)	$\frac{dV_{mp}}{dT} \cdot \frac{1}{V_{mp}}$ (1/°C)
ASE 300, mc-Si	0,00091	0,00037	−0,0036	−0,0047
AP8225, Si-Film	0,00084	0,00026	−0,0046	−0,0057
M 55, c-S i	0,00032	−0,00031	−0,0041	−0,0053
SP75, c-Si	0,00022	−0,00057	−0,0039	−0,0049
MSX 64, mc-Si	0,00063	0,00013	−0,0042	−0,0052
SQ-90, c-Si	0,00016	−0,00052	−0,0038	−0,0048
MST 56, a-Si	0,00099	0,0023	−0,0041	−0,0039
UPM 880, a-Si	0,00082	0,0018	−0,0038	−0,0037
US 32, a-Si	0,00076	0,0010	−0,0043	−0,0040
SCI 50, CdTe	0,00019	−0,0012	−0,0037	−0,0044

Fonte: King, Kratochvil e Boyson (1997).

Os resultados da Tab. 3.1 indicam que, para uma mesma tecnologia, valores médios dos coeficientes de temperatura podem ser considerados típicos. Com isso, procedimentos que utilizam esses coeficientes típicos podem ser realizados sem comprometer os resultados.

Para calcular a taxa de variação da máxima potência do módulo ou gerador fotovoltaico com a temperatura, utiliza-se o chamado "coeficiente de temperatura do ponto de máxima potência" (γ_{mp}), dado pela Eq. 3.1.

$$\gamma_{mp} = \frac{dP_{mp}}{dT} \cdot \frac{1}{P_{mp}} = \left(\frac{dV_{mp}}{dT} \cdot \frac{1}{V_{mp}} + \frac{dI_{mp}}{dT} \cdot \frac{1}{I_{mp}} \right) \qquad (3.1)$$

A Tab. 3.2 mostra valores de γ_{mp} para alguns módulos comerciais, obtidos substituindo os coeficientes da Tab. 3.1 na Eq. 3.1. Observam-se valores de γ_{mp} compreendidos entre –0,5 e –0,6%/°C para módulos de silício cristalino e multicristalino.

TAB. 3.2 Parâmetros elétricos e coeficiente de temperatura de máxima potência (γ_{mp}) de alguns módulos da Tab 3.1

Módulo	I_{SC} (A)	I_{mp} (A)	V_{OC} (V)	V_{mp} (V)	γ_{mp} (1/°C)
ASE 300, mc-Si	6,20	5,60	60,00	50,50	–0,0043
AP8225, Si-Film	5,75	5,18	19,87	16,34	–0,0057
M 55, c-Si	3,45	3,15	21,70	17,40	–0,0056
SP75, c-Si	4,80	4,40	21,70	17,00	–0,0055
MSX 64, mc-Si	4,00	3,66	21,30	17,50	–0,0051
US 32, a-Si	2,55	2,05	21,3	15,6	–0,0030

A Eq. 3.1 permite calcular o coeficiente γ_{mp} de tal forma que os valores obtidos são bastante satisfatórios quando comparados a valores típicos obtidos experimentalmente (Martín, 1998; Radziemska; Klugmann, 2002), podendo ser considerados, ainda, aproximadamente constantes para a maioria das condições de operação dos módulos fotovoltaicos.

A partir do coeficiente que relaciona a variação da potência no ponto de máxima potência com a temperatura (γ_{mp}), pode-se calcular a máxima potência do módulo e, consequentemente, do gerador fotovoltaico, a partir da Eq. 3.2 (Martín, 1998; Gergaud; Multon; Ahmed, 2002).

$$P_{mp} = P_{FV}^0 \frac{H_{t,\beta}}{H_{ref}} \left[1 - \gamma_{mp} \left(T_C - T_{C,ref} \right) \right] \qquad (3.2)$$

onde P_{mp} é a máxima potência fornecida pelo gerador fotovoltaico em uma dada condição de operação; P_{FV}^0 é a potência nominal do gerador fotovoltaico; $H_{t,\beta}$ é a irradiância incidente no plano do gerador; T_C é a temperatura equivalente de operação das células; e o subíndice *ref* indica as condições de referência, que, nesse caso, são as condições padrão (1.000 W/m², 25°C e AM = 1,5).

O modelo permite determinar a máxima potência capaz de ser suprida por um gerador fotovoltaico sobre um dado conjunto de condições climáticas. É importante ressaltar que o valor obtido pela Eq. 3.2 corresponde ao valor teórico ideal e não leva em conta as perdas no processo de seguimento do ponto de máxima potência (SPMP), representado pelo parâmetro η_{SPMP}; ou seja, o valor mais realístico de potência c.c. entregue ao inversor é obtido pela Eq. 3.3.

$$P_{FV} = P_{FV}^0 \frac{H_{t,\beta}}{H_{ref}} \left[1 - \gamma_{mp}\left(T_C - T_{C,ref}\right)\right] \cdot \eta_{SPMP} \qquad (3.3)$$

A temperatura de célula pode ser obtida a partir da temperatura ambiente. A conversão é feita utilizando a Eq. 3.4, onde T_a é a temperatura ambiente medida (°C); $H_{t,\beta}$ é a irradiância no plano do gerador (W/m^2); e *TNOC* é a temperatura nominal de operação da célula (°C), normalmente fornecida pelos fabricantes de módulos fotovoltaicos.

$$T_C = T_a(°C) + H_{t,\beta}(W \cdot m^{-2}) \left(\frac{TNOC(°C) - 20(°C)}{800(W \cdot m^{-2})}\right) \cdot 0{,}9 \qquad (3.4)$$

De posse da temperatura de operação da célula, o modelo simplificado apresentado permite calcular a máxima potência suprida pelo gerador fotovoltaico, para uma dada irradiância e temperatura de célula, por meio da inserção de somente dois parâmetros constantes (P_{FV}^0, γ_{mp}).

3.3 Inversor c.c./c.a.

O inversor c.c./c.a. pode ser considerado o coração do SFCR. A seleção de um inversor de boa qualidade é fundamental para assegurar um bom desempenho em termos de produtividade e segurança de um SFCR. A pessoa responsável pelo dimensionamento do SFCR deve ser capaz de selecionar o inversor mais adequado ao respectivo gerador fotovoltaico, considerando características como níveis de tensão e corrente, eficiência de conversão, flexibilidade de instalação, durabilidade e segurança.

3.3.1 Características técnicas

Os inversores largamente utilizados em SFCRs são circuitos estáticos, ou seja, não possuem partes móveis, e têm por finalidade efetuar a conversão da potência c.c., fornecida pelo gerador fotovoltaico, em potência c.a., que será injetada diretamente na rede elétrica, sincronizando com a tensão e a frequência de operação no ponto de conexão do inversor com a rede elétrica. Além disso, esse dispositivo tem por função efetuar o seguimento do ponto de máxima potência do gerador fotovoltaico, fazendo com que sempre esteja disponível, na entrada do inversor, a máxima potência que o gerador pode suprir em determinado momento.

Entre as principais características técnicas do inversor, destacam-se aquelas referentes aos seus parâmetros elétricos, importantes durante o processo de dimensionamento e seleção do inversor. A Tab. 3.3 apresenta algumas dessas características para um inversor de um dado fabricante cuja potência nominal é igual a 1 kW.

Da Tab. 3.3 percebe-se que é essencial verificar se o gerador fotovoltaico fornece a tensão dentro da faixa de tolerância especificada pelo fabricante de cada inversor em particular. A

TAB. 3.3 Características de um inversor fornecidas pelo fabricante

INVERSOR 1.000 W	
Entrada c.c. (saída do gerador fotovoltaico)	
Faixa de tensão de entrada na máxima potência: V_{mp}	139 - 400 V
Tensão máxima de entrada sem carga: V_{oc}	400 V
Corrente máxima de entrada: $I_{máx}$	8,5 A
Potência elétrica máxima de entrada: $P_{c.c.\ máx} = P_{FVmáx}$	1.210 W
Saída c.a. (rede elétrica)	
Faixa de tensão de saída: $V_{c.a.}$	196 - 253 V
Potência elétrica nominal: $P_{c.a.\ nom} = P_{Inv}^{0}$	1.000 W
Potência elétrica máxima de saída: $P_{c.a.\ máx} = P_{Inv}^{máx}$	1.100 W
Distorção harmônica da corrente de saída (para um $THD_{Vrede} < 2\%$, $P_{c.a.} > 0,5 * P_{c.a.\ nom}$):$THD_I$	< 4%
Fator de potência ($P_{c.a.} > 0,5 * P_{c.a.\ nom}$): FP	> 0,95
Faixa de frequência da rede: $f_{c.a.}$	59,8 - 60,2 Hz
Eficiência	
Eficiência máxima de conversão c.c./c.a.: $\eta_{INVmáx}$	≥ 93%
Eficiência de conversão c.c./c.a. na $P_{c.a.\ nom} = P_{Inv}^{0}$: η_{Inv100}	≥ 91,3%
Dados gerais	
Peso	19 kg
Consumo de funcionamento diurno e noturno	< 4 W e < 0,1 W
Faixa de temperatura do ar ambiente permitida: T_a	−25 a 60°C
Sistema de refrigeração	Convecção natural

tensão de circuito aberto (V_{oc}) do gerador fotovoltaico não pode exceder a faixa de tensão de entrada, específica de cada inversor, nos momentos de ocorrência das temperaturas ambientes mais baixas. De maneira análoga, a tensão de máxima potência (V_{mp}) do gerador fotovoltaico não pode ficar abaixo da faixa de tensão de entrada específica do inversor nos momentos de ocorrência das temperaturas ambientes mais elevadas.

A Fig. 3.2 mostra, para o mesmo inversor da Tab. 3.3, a tensão mínima no ponto de máxima potência ($V_{mp\text{-}mín}$) em função da tensão da rede ($V_{c.a.}$) na qual o inversor está conectado. Para uma tensão da rede de 230 V, a tensão mínima do ponto de máxima potência do gerador fotovoltaico é de 139 V.

Em geral, esses equipamentos operam em uma larga faixa de tensão c.c. de entrada. A Fig. 3.3 mostra a curva de isopotência, onde a corrente de entrada do inversor é representada em função da tensão de entrada deste. Essa curva indica que o inversor pode tolerar correntes

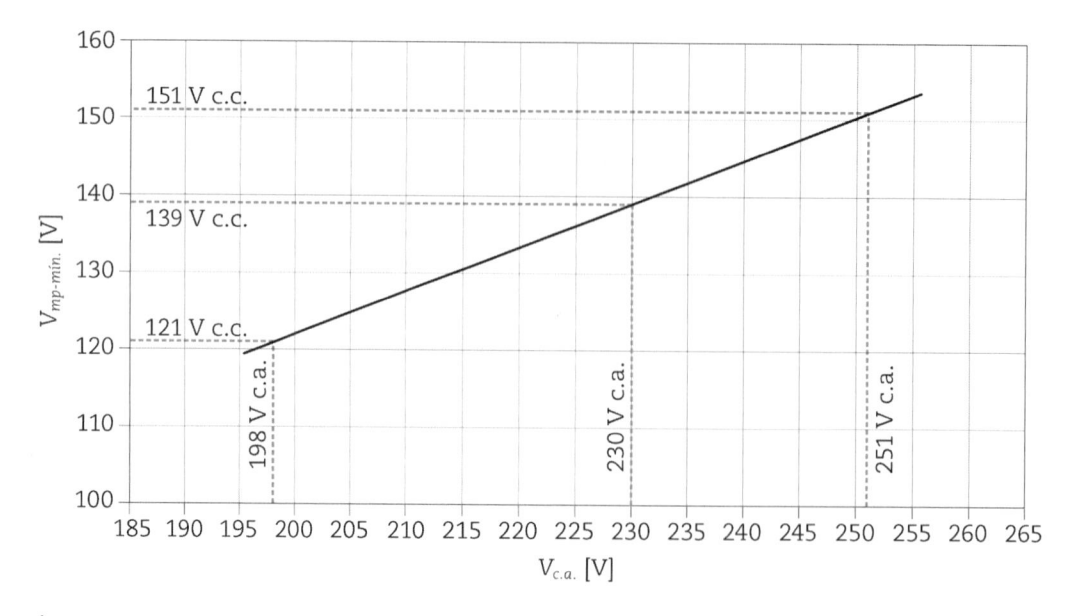

Fig. 3.2 Tensão mínima no ponto de máxima potência em função da tensão de conexão da rede

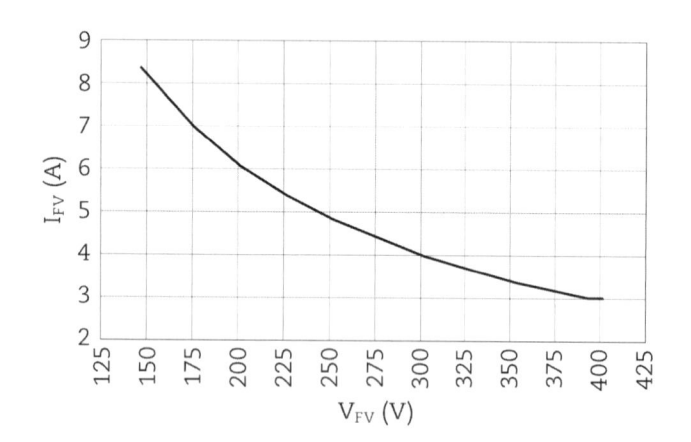

Fig. 3.3 Curva de isopotência para o inversor da Tab. 3.3

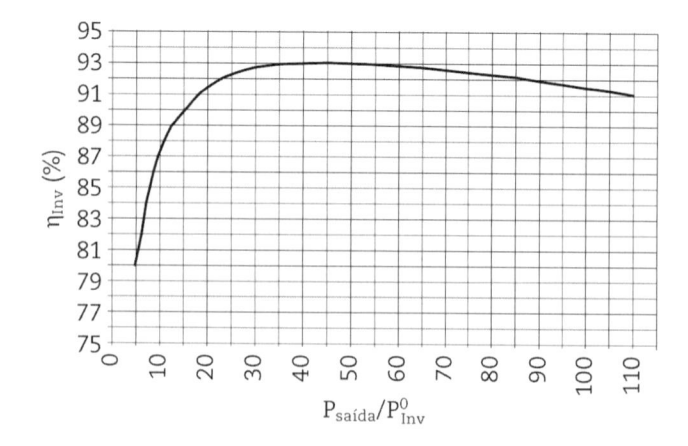

Fig. 3.4 Curva de eficiência para o inversor da Tab. 3.3

maiores que a corrente máxima de entrada apresentada na Tab. 3.3, desde que a tensão c.c. fique dentro da faixa especificada pelo fabricante, limitada pela curva de isopotência.

Outra curva, tão importante quanto a curva corrente-tensão de entrada, é a curva de eficiência de conversão c.c./c.a. do inversor. As informações contidas nesta última curva são fundamentais para a otimização do SFCR, pois permitem visualizar onde se encontra a faixa de operação do inversor, na qual ele trabalha com melhor desempenho. A Fig. 3.4 mostra essa característica para o inversor da Tab. 3.3.

Nota-se que a máxima eficiência se encontra quando a potência de saída está entre 40% e 50% da potência nominal do inversor e quando há uma queda significativa na eficiência para valores de potência normalizada ($P_{Saída}/P_{Inv}^0$) inferiores a 20%. A Fig. 3.5 apresenta as curvas de eficiência de quatro inversores comerciais, em que se notam comportamentos semelhantes aos mencionados anteriormente, bem como suas correspondentes potências limites.

Ressalta-se que as curvas de eficiência dos inversores apresentados anteriormente não consideram a utilização do transformador externo de isolamento

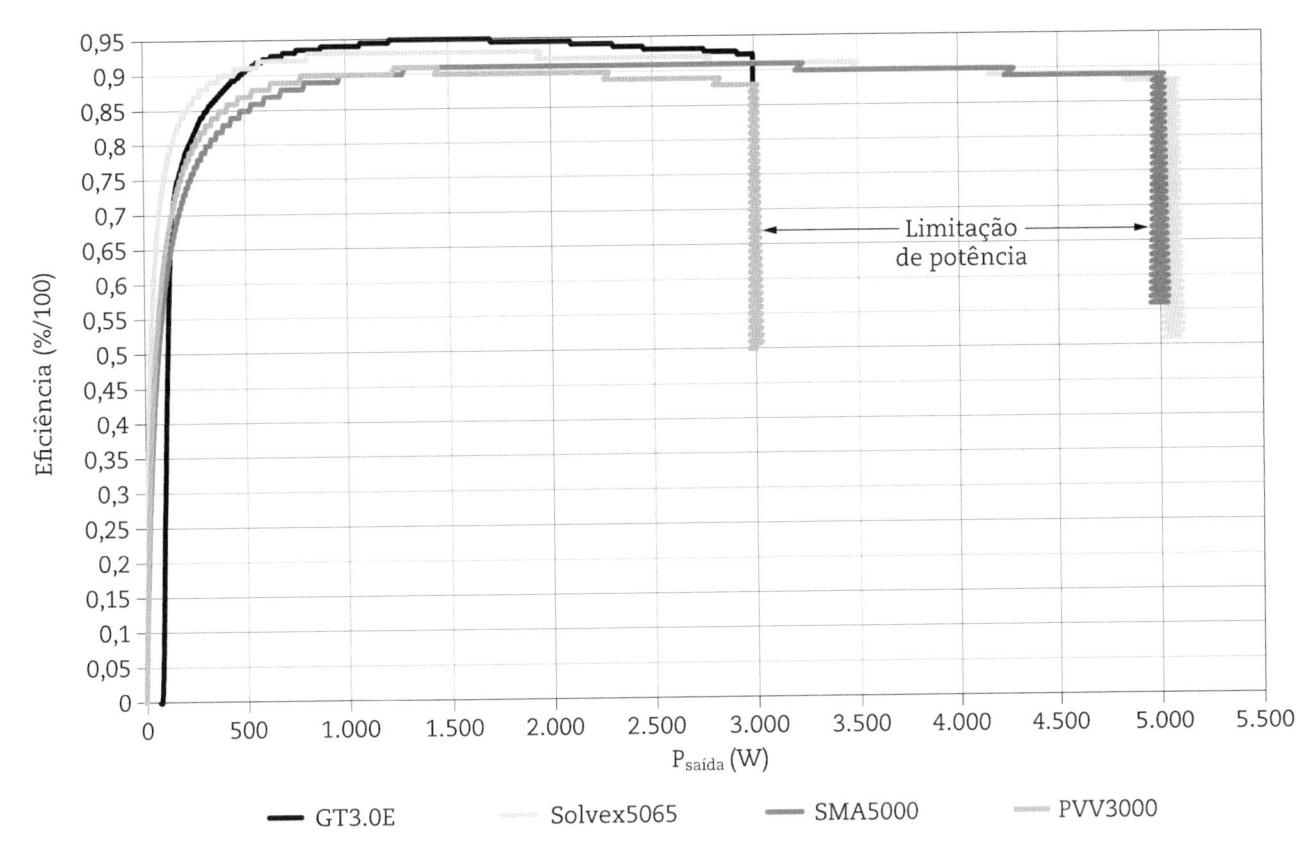

Fig. 3.5 Curvas de eficiência para alguns inversores comerciais usados em SFCRs

na saída. Contudo, alguns inversores adquiridos no mercado são fornecidos com e sem transformador externo de isolamento. A utilização desse transformador fatalmente alterará a curva de eficiência do inversor, uma vez que as perdas existentes no transformador devem ser incluídas no processo.

Outra variável que influencia na eficiência de conversão c.c./c.a. do inversor é a tensão de operação do gerador fotovoltaico, que, dependendo da faixa de operação no ponto de máxima potência, pode causar diferenças na eficiência média de conversão de até 2%. A Fig. 3.6 mostra claramente essa dependência, de acordo com a variação da tensão de operação.

Verifica-se que a eficiência de um inversor não é igual em toda a faixa de operação da tensão de entrada. O nível de tensão de entrada influencia o rendimento do inversor, pois é necessária uma adaptação de tensão entre a sua entrada e a sua saída. De acordo com o circuito utilizado (com transformador de baixa ou de alta frequência, conversor c.c./c.c. elevador), a eficiência do inversor diminui ou aumenta com a tensão de entrada. Em geral, para alcançar um alto rendimento, os inversores dotados de transformador devem trabalhar com uma baixa tensão de entrada. Já para os inversores sem transformador, geralmente, para obter um alto rendimento, operam com uma tensão próxima ou superior à tensão da rede elétrica.

(a) Inversor de potência nominal igual a 3.000 W

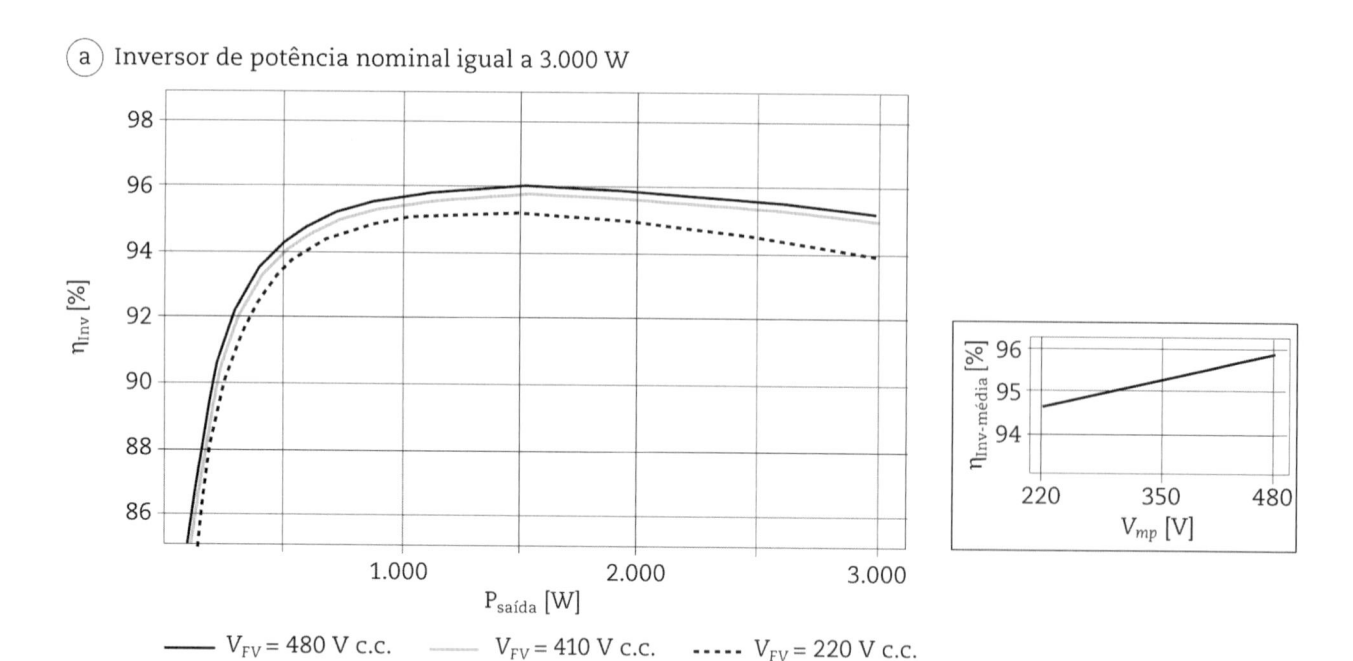

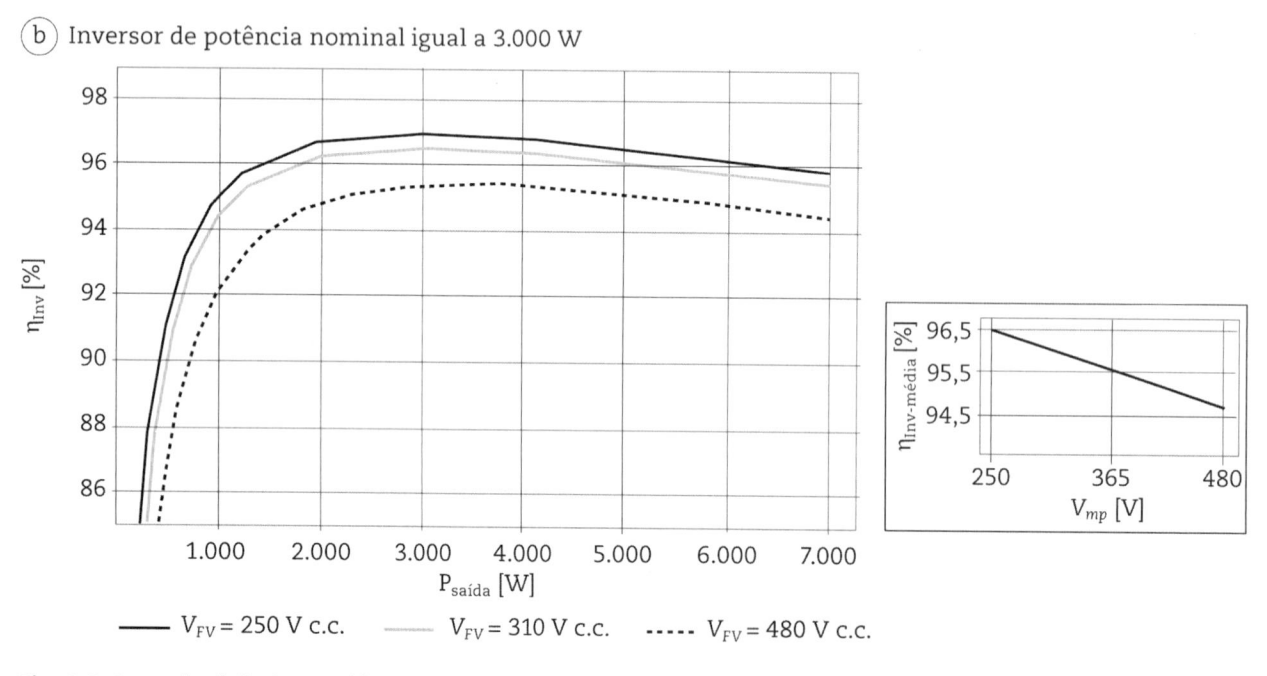

── V_{FV} = 480 V c.c.   ── V_{FV} = 410 V c.c.   ---- V_{FV} = 220 V c.c.

(b) Inversor de potência nominal igual a 3.000 W

── V_{FV} = 250 V c.c.   ── V_{FV} = 310 V c.c.   ---- V_{FV} = 480 V c.c.

Fig. 3.6 Curvas de eficiência para diferentes tensões de operação e variação da eficiência média de operação com a variação da tensão do ponto de máxima potência

Considerando o lado c.a., os inversores de SFCR devem possuir controles que efetuem a desconexão e o isolamento, ou seja, eles devem se desconectar da rede se os níveis de tensão e frequência não estiverem dentro de limites estabelecidos. Sistemas de controle e proteção, que desconectam o inversor quando a rede elétrica da concessionária falha, também devem ser agregados ao equipamento, evitando, assim, a operação ilhada. Desse modo, esse dispositivo é responsável por todo o sistema de chaveamento e controle que sincroniza a forma de onda gerada na sua saída com os parâmetros elétricos da rede.

3.3.2 Seguimento do ponto de máxima potência

Como já assinalado, dependendo do nível de radiação no plano gerador e da temperatura de operação da célula, o gerador fotovoltaico comporta-se, eletricamente, de acordo com uma curva $I - V$. Para cada situação (radiação incidente e temperatura) existe um ponto de operação em que há a máxima transferência de potência disponível pelo gerador fotovoltaico. Desse modo, é conveniente que o inversor seja equipado com um dispositivo capaz de deslocar o ponto de operação do gerador para o de máxima potência. Isso pode aumentar a eficiência global do sistema, uma vez que o inversor provavelmente terá disponível, na sua entrada, o maior valor de potência que pode ser suprida pelo gerador em determinada condição de operação (radiação incidente e temperatura).

O ponto-chave nos projetos de inversores usados para conexão à rede elétrica sempre foi, durante todo o seu processo de evolução até os dias de hoje, a eficiência de conversão c.c./c.a. (η_{Inv}). Entretanto, com a disseminação em grande escala dos SFCRs, a eficiência de seguimento de ponto de máxima potência (η_{SPMP}) tornou-se tão importante quanto a eficiência de conversão c.c./c.a., evitando perdas significativas. Esse parâmetro é geralmente utilizado para avaliar o funcionamento do inversor próximo ao PMP, e é definido pela razão entre a energia obtida pelo inversor de um dado gerador fotovoltaico e a energia que poderia ser obtida desse mesmo gerador se o inversor fosse munido de um sistema de SPMP ideal. Então, para um determinado intervalo de tempo, a η_{SPMP} pode ser escrita tal como mostra a Eq. 3.5:

$$\eta_{SPMP} = \frac{\int_{t1}^{t1} P_{FV} \, dt}{\int_{t1}^{t2} P_{mp} \, dt} \qquad (3.5)$$

onde P_{FV} é a potência c.c. de operação do inversor em uma dada condição e P_{mp} é a potência c.c. ideal na mesma condição, se o inversor estivesse realmente operando no PMP.

A dificuldade de avaliar esse parâmetro, que caracteriza o funcionamento do inversor próximo ao PMP, está associada tanto à sua dependência de fatores internos ao inversor, como, por exemplo, seu algoritmo de SPMP, quanto aos fatores externos, tais como o gerador fotovoltaico, a radiação solar e a temperatura. Em outras palavras, além das características do próprio inversor, a potência c.c. de entrada depende do ponto da curva corrente-tensão ($I - V$) no qual o gerador fotovoltaico está operando, que depende das características do gerador, que, por sua vez, dependem do módulo fotovoltaico usado para compô-lo, das perdas em c.c. e, principalmente, das condições ambientais a que está submetido (basicamente irradiância e temperatura ambiente).

Considerando como potência máxima ideal o valor calculado pela Eq. 3.2, é possível determinar os valores de η_{SPMP} para qualquer condição de operação. A Fig. 3.7a mostra valores de potência calculados (P_{mp}) e medidos (P_{FV}) ao longo de um dia para dois SFCRs em

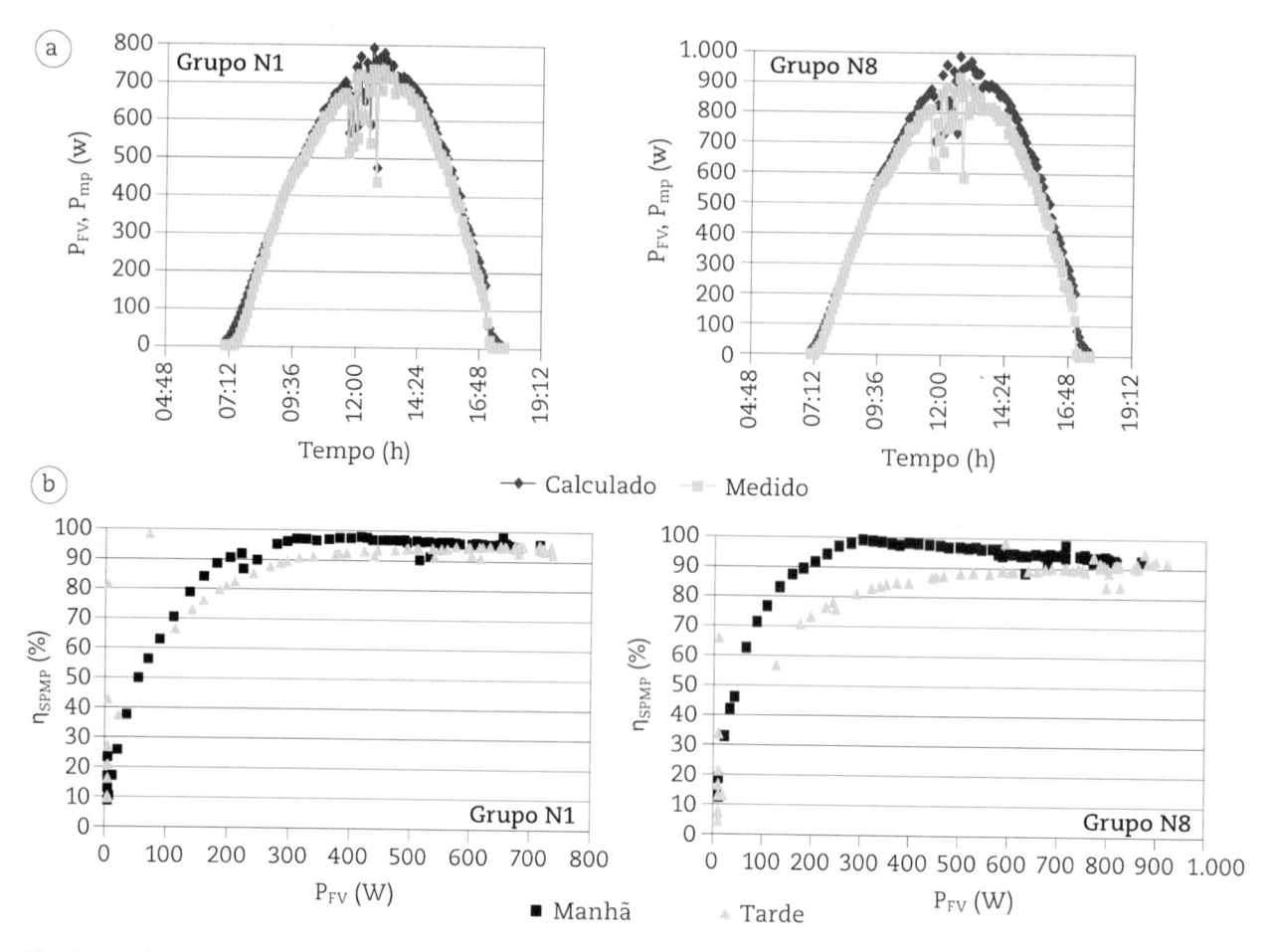

Fig. 3.7 Avaliação do desempenho do seguimento do ponto de máxima potência do inversor para dois SFCRs em operação: (a) variação da potência c.c. calculada (P_{mp}) e medida (P_{FV}) entregue ao inversor ao longo do dia; (b) a correspondente variação da eficiência de seguimento (η_{SPMP}) em função da potência c.c. (P_{FV}) extraída do gerador fotovoltaico

operação, e a Fig. 3.7b mostra a variação da η_{SPMP} com a potência c.c. entregue ao inversor ao longo do mesmo dia, para os mesmos sistemas.

A partir dos dados contidos na Fig. 3.7, constata-se que, nesse caso em particular, os inversores operam, em quase a sua totalidade do tempo, com η_{SPMP} na faixa de 70% a 98%. Percebe-se também que existem diferenças entre os valores de η_{SPMP} obtidos pela manhã e à tarde, e os valores maiores são geralmente atingidos no período da manhã.

O fato é que a potência c.c. na entrada do inversor depende de seu SPMP, que, por sua vez, depende da temperatura do inversor e da configuração do gerador fotovoltaico em termos de tensão e corrente de operação. Dessa forma, em parte, as diferenças nos valores obtidos para η_{SPMP} estão associadas às diferenças de temperatura do inversor entre a parte da manhã, quando o equipamento está mais frio, e a parte da tarde, quando está mais quente.

Ressalta-se ainda que o parâmetro η_{SPMP} depende também do perfil da irradiância ao longo do dia, pelo fato de o algoritmo de SPMP operar pior para baixos níveis de irradiância, que ocorrem durante o nascer e o pôr do sol, ou em dias nublados com grandes variações do nível da irradiância incidente no plano do gerador fotovoltaico. A Fig. 3.8 ilustra a eficiência total de um inversor em operação num SFCR, para duas situações com diferentes condições de operação (alto e baixo níveis de irradiância).

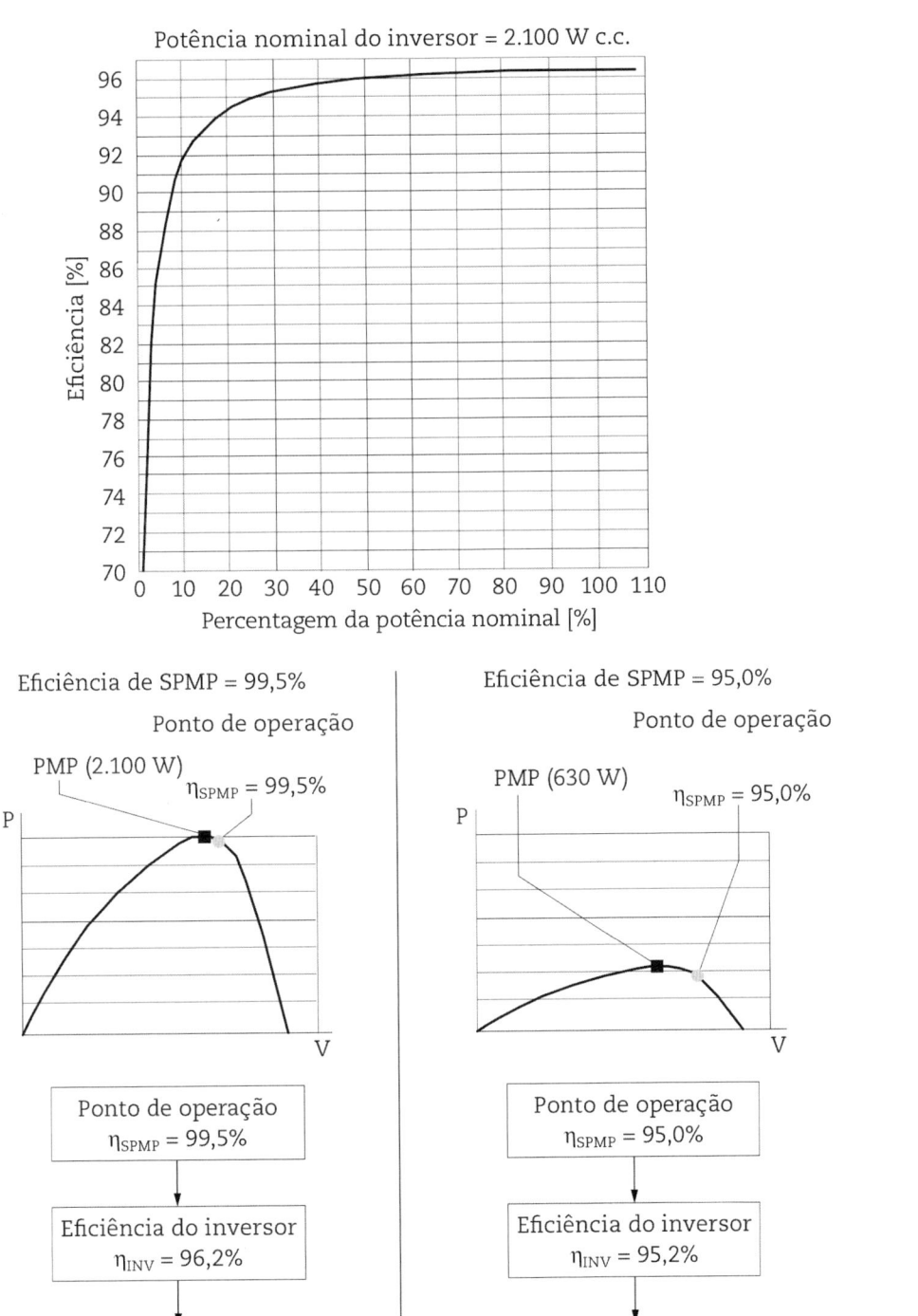

Fig. 3.8 Eficiência total de um inversor em operação num SFCR, em duas situações com diferentes pontos de operação

Observa-se que, para baixos valores de irradiância no plano do gerador fotovoltaico, a curva de potência tende a ficar mais espraiada, dificultando a identificação do PMP por parte do algoritmo de SPMP e, consequentemente, diminuindo a η_{SPMP} do inversor.

Como o ponto de máxima potência varia ao longo do dia, os inversores conectados diretamente ao gerador fotovoltaico geralmente possuem um algoritmo de SPMP para maximizar a energia transferida para o lado c.a.. No entanto, alguns desses algoritmos muitas vezes acabam deslocando o ponto de operação como um artifício para proteger a integridade física do inversor, quando este é submetido a sobrecarga ou temperatura excessivas.

Na maioria dos inversores, os parâmetros potência de entrada e temperatura são utilizados como indicativos de que o inversor poderá danificar-se se continuar operando na condição de sobrecarga. Logo, quando esses equipamentos são submetidos a sobredimensionamentos excessivos da potência do gerador fotovoltaico com relação à potência do inversor, aumenta significativamente a probabilidade de limitação da potência de saída. A Fig. 3.9 ilustra, para um inversor cujas potências nominal e máxima em c.c. são, respectivamente, 1.100 W e 1.200 W, o que acontece com o ponto de operação ao passar da condição de operação P_{mp1} para P_{mp2}.

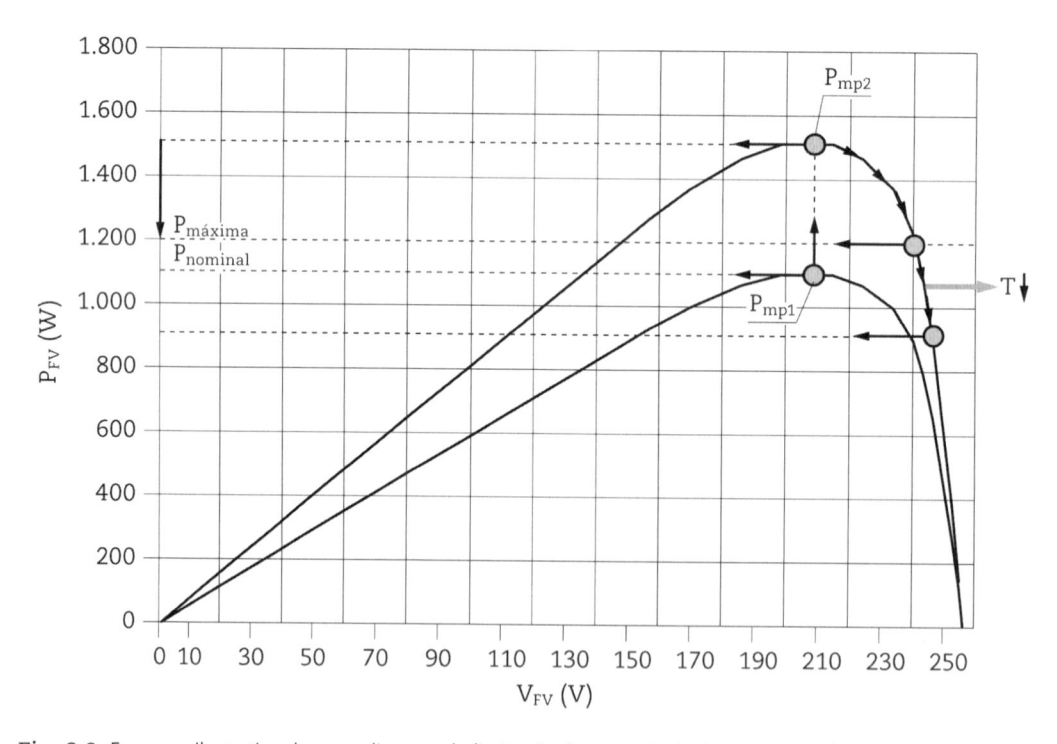

Fig. 3.9 Esquema ilustrativo do procedimento de limitação de potência do inversor quando a potência disponível do gerador fotovoltaico excede a entrada limite do inversor

No modo de limitação de potência, o inversor geralmente aumenta sua tensão em c.c. (V_{FV}), afastando-se do PMP para reduzir a potência entregue pelo gerador fotovoltaico (P_{FV}).

A Fig. 3.10 mostra, com base em dados experimentais, o que acontece com a η_{SPMP} e com a tensão de operação do inversor.

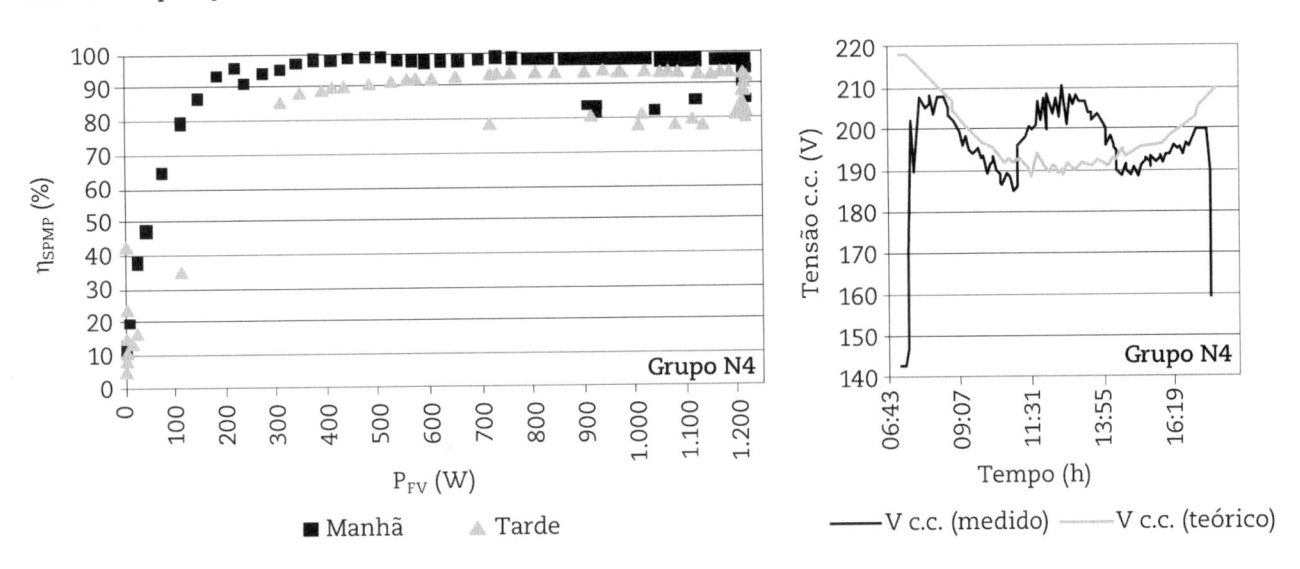

Fig. 3.10 Limitação de potência e eficiência de seguimento

Constata-se que a escolha de um bom inversor para uma determinada instalação não se traduz somente na qualidade de sua eficiência de conversão, mas também no bom desempenho de seu dispositivo de SPMP.

3.3.3 Eficiência de conversão

Para calcular a potência de saída dos inversores, podem-se utilizar modelos de eficiência de conversão do inversor, os quais dependem da potência de saída do conversor c.c./c.a.. Schmidt, Jantsch e Schmid (1992) constataram que a eficiência de conversão é uma função dependente do autoconsumo e do carregamento. Com base nos efeitos físicos envolvidos, representados pelos parâmetros k_0, k_1 e k_2, propôs-se a Eq. 3.6:

$$\eta_{Inv}(P_{Saída}) = \frac{P_{Saída}}{P_{Entrada}} = \frac{P_{Saída}}{P_{Saída} + P_{Perdas}} = \frac{p_{Saída}}{p_{Saída} + k_0 + k_1 p_{Saída} + k_2 p_{Saída}^2} \quad (3.6)$$

onde $p_{Saída} = P_{Saída}/P_{Inv}^0$ é a potência de saída normalizada com relação à potência nominal do inversor. Desse modo, a soma dos demais termos no denominador da Eq. 3.6 quantifica as perdas de conversão do inversor. O parâmetro k_0 representa o fator relacionado ao autoconsumo do dispositivo e não depende da potência de saída. Os parâmetros k_1 e k_2 referem-se às perdas por carregamento do inversor. O primeiro leva em conta aquelas que variam linearmente com a potência de saída, como as quedas de tensão em diodos e dispositivos de chaveamento, enquanto o segundo leva em conta aquelas que variam com o quadrado da potência de saída, principalmente as perdas ôhmicas.

As perdas independentes do carregamento do inversor, ou seja, independentes da potência de operação (perdas de autoconsumo), k_0, são atribuídas basicamente a perdas no transformador de saída, nos dispositivos de controle e regulação, nos medidores e indicadores, e também nos dispositivos de segurança que operam permanentemente. Vale ressaltar que essas perdas afetam a eficiência, especialmente quando o inversor trabalha em níveis baixos de seu fator de carga ($p_{Saída} \leq 0{,}5$), que são comuns na operação de SFCRs. Valores típicos de k_0 para os inversores atualmente utilizados estão em uma faixa de 1% a 4%, e um bom inversor se caracteriza por perdas de autoconsumo inferiores a 1% (Martín, 1998). Na prática, para se determinar os valores dos parâmetros característicos k_0, k_1 e k_2, utilizam-se as Eqs. 3.7, 3.8 e 3.9 (Martín, 1998).

$$k_0 = \frac{1}{9}\frac{1}{\eta_{Inv100}} - \frac{1}{4}\frac{1}{\eta_{Inv50}} + \frac{5}{36}\frac{1}{\eta_{Inv10}} \tag{3.7}$$

$$k_1 = -\frac{4}{3}\frac{1}{\eta_{Inv100}} + \frac{33}{12}\frac{1}{\eta_{Inv50}} - \frac{5}{12}\frac{1}{\eta_{Inv10}} - 1 \tag{3.8}$$

$$k_2 = \frac{20}{9}\frac{1}{\eta_{Inv100}} - \frac{5}{2}\frac{1}{\eta_{Inv50}} + \frac{5}{18}\frac{1}{\eta_{Inv10}} \tag{3.9}$$

onde η_{Inv10}, η_{Inv50} e η_{Inv100} são os valores de eficiência instantânea correspondentes à operação do inversor, respectivamente, a 10%, 50% e 100% da potência nominal, que podem ser obtidos da curva de eficiência do inversor. Esses ajustes podem, em alguns casos, conduzir a valores negativos para alguns dos parâmetros, o que contradiz o sentido físico descrito anteriormente. Essa característica é inerente ao método experimental, mas não tem efeito sobre as estimações energéticas. A Fig. 3.11 mostra dados calculados com o modelo descrito anteriormente e dados medidos para um inversor de 1 kW fabricado no ano de 2003, e observa-se a boa aproximação do modelo com o caso real.

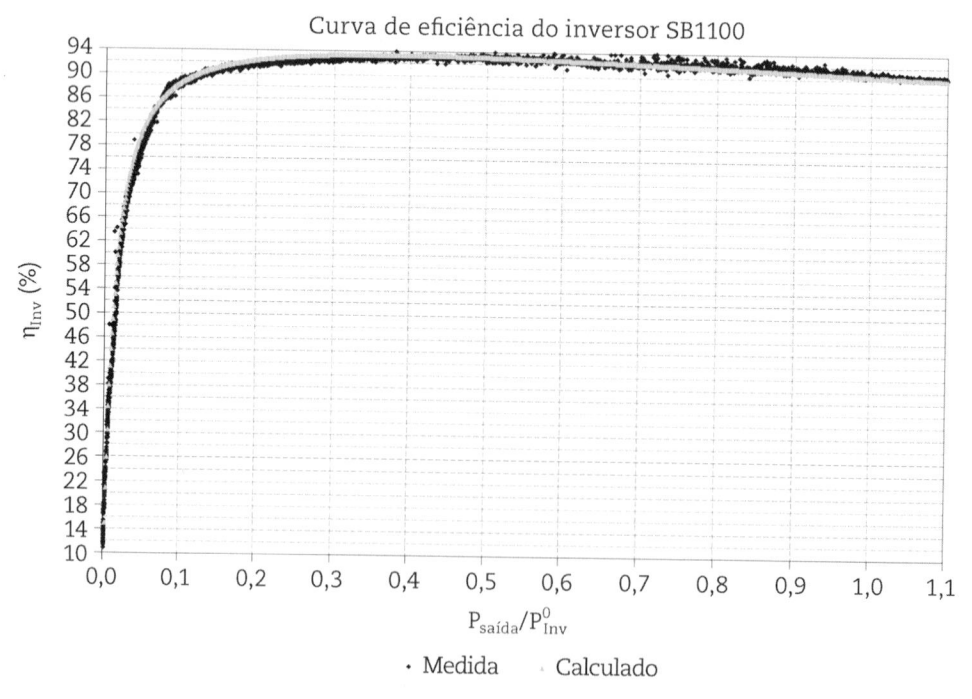

Fig. 3.11 Curvas de eficiência calculada e medida, para um inversor operando em paralelo com a rede elétrica

Convém reforçar que, além dos parâmetros característicos (k_0, k_1 e k_2), outros parâmetros influenciam na eficiência energética do inversor, entre os quais estão as características do gerador fotovoltaico utilizado, em termos de capacidade e níveis de tensão e corrente, e as condições de operação do inversor.

Como o valor da eficiência de conversão c.c./c.a. do inversor, η_{Inv}, depende das perdas nele envolvidas, para um melhor entendimento do modelo anterior, há a necessidade de equacionar essas perdas, representadas na Eq. 3.10.

$$P_{Perdas} = P_{FV} - P_{Saída} \qquad (3.10)$$

Ao se normalizar as perdas com relação à potência nominal do inversor (P_{Inv}^0), obtém-se:

$$p_{perdas} = p_{FV} - p_{Saída} = (k_0 + k_1 p_{Saída} + k_2 p_{Saída}^2) \qquad (3.11)$$

e, finalmente, ao se reorganizar algebricamente a Eq. 3.11 em função das potências de entrada e saída do inversor, obtém-se:

$$p_{FV} = \frac{p_{Saída}}{\eta_{Inv}} = p_{Saída} + \left(k_0 + k_1 p_{Saída} + k_2 p_{Saída}^2\right) \qquad (3.12)$$

A Eq. 3.12 é utilizada para calcular a potência de saída, de acordo com o método descrito a seguir.

3.4 Cálculo da potência de saída do SFCR

Considerando-se o gerador fotovoltaico e o inversor representados pelos modelos descritos anteriormente, calcula-se a potência de saída do gerador fotovoltaico (P_{FV}) a partir da radiação solar incidente no seu plano ($H_{t,\beta}$) e da temperatura ambiente (T_a), e, posteriormente, a potência de saída do inversor ($P_{Saída}$), por meio das Eqs. 3.13, 3.14 e 3.15.

$$P_{Saída} = P_{Inv}^{máx} \quad \cdots\cdots\cdots\cdots\cdots\cdots \quad \text{se } P_{Saída} \geq P_{Inv}^{máx} \qquad (3.13)$$

$$P_{Saída} = 0 \quad \cdots\cdots\cdots\cdots\cdots\cdots \quad \text{se } P_{FV} \leq k_0 P_{Inv}^0 \qquad (3.14)$$

$$P_{Saída} = p_{Saída} P_{Inv}^0 \quad \cdots\cdots\cdots\cdots\cdots\cdots \quad \text{se } k_0 P_{Inv}^0 < P_{Saída} < P_{Inv}^{máx} \qquad (3.15)$$

O parâmetro $P_{Saída}$ é obtido pela solução da Eq. 3.12, que, para uma melhor compreensão, é reescrita tal como mostra a Eq. 3.16:

$$k_0 - p_{FV} + (1 + k_1) p_{Saída} + k_2 p_{Saída}^2 = 0 \qquad (3.16)$$

onde p_{FV} e $p_{Saída}$ são os valores de saída de potência do gerador fotovoltaico e do inversor, respectivamente, normalizados com relação à potência nominal do inversor (P_{Inv}^0).

Nota-se que na metodologia utilizada supõe-se que o inversor limita a potência de saída em sua potência máxima c.a. fornecida pelo fabricante. Vale ressaltar que, em algumas situações, utiliza-se como potência limite a própria potência nominal do inversor. Essa consideração se faz necessária em situações nas quais não se dispõe de informações a respeito dos valores máximos permissíveis para o funcionamento do inversor estudado, sem prejudicar sua integridade física.

É importante mencionar que, além das perdas operacionais abordadas até aqui, outros tipos de perda podem ser incluídos no processo de cálculo, com o intuito de torná-lo o mais próximo possível do real. Perdas na fiação, pela dispersão entre os módulos e perdas em diodos podem ser incluídas por meio de valores típicos existentes na literatura. Por exemplo, de acordo com dados experimentais, estima-se que as perdas pela dispersão entre os módulos estejam em torno dos 3% (Decker et al., 1992), podendo chegar a 5,7% no caso de grandes centrais (Radziemska; Klugmann, 2002), enquanto que, para outras perdas, como as ocorridas em diodos, cabos, fusíveis, proteções e contadores, também tanto do lado c.c. quanto do lado c.a., valores típicos entre 2% e 3% podem ser considerados.

3.5 Cálculo da energia produzida

De posse da potência de saída entregue pelo SFCR, o cálculo da energia por ele produzida em um determinado intervalo de tempo ($\Delta t = t_2 - t_1$) pode ser feito por meio da Eq. 3.17:

$$E_P = \int_{t_1}^{t_2} P_{\text{Saída}} \times dt \qquad (3.17)$$

No caso particular em que $P_{\text{Saída}}$ é obtida a partir de médias horárias de irradiância e temperatura ambiente, a energia anual produzida pelo SFCR pode ser calculada pela Eq. 3.18:

$$E_P(Wh) = \sum_{i=1}^{8760} [P_{\text{Saída}}(W) \times 1h] \qquad (3.18)$$

3.6 Fator de dimensionamento do inversor

O fator de dimensionamento do inversor (*FDI*) representa a razão entre a potência nominal do inversor (P^0_{Inv}) e a potência nominal ou potência de pico do gerador fotovoltaico (P^0_{FV}) (Eq. 3.19). Um *FDI* de 0,7 indica que a capacidade do inversor é 70% da potência nominal ou de pico do gerador fotovoltaico.

$$FDI = \frac{P^0_{Inv}}{P^0_{FV}} \qquad (3.19)$$

Após conhecer esse conceito, divide-se a etapa de dimensionamento de inversores em: determinação da potência, correlacionando ao conceito de *FDI* apresentado; escolha da tensão de entrada correspondente aos limites estabelecidos pelos fabricantes de inversores; e determinação do número de fileiras de módulos que serão conectados em série e/ou em paralelo. Para auxiliar na escolha do *FDI*, geralmente se utiliza a curva de sensibilidade da produtividade (Y_F) do SFCR com o próprio *FDI*, tal como demonstra a seção seguinte.

3.6.1 Produtividade do SFCR em função do FDI

O princípio básico de análise consiste em: para cada par (gerador, inversor), a energia elétrica c.a. produzida por um SFCR é computada, permitindo identificar a configuração mais adequada (P^0_{FV}, P^0_{Inv}), do ponto de vista da produtividade do sistema. A Fig. 3.12 mostra alguns resultados obtidos em uma base anual para sete inversores diferentes, calculados a partir de dados climatológicos de duas capitais no Brasil.

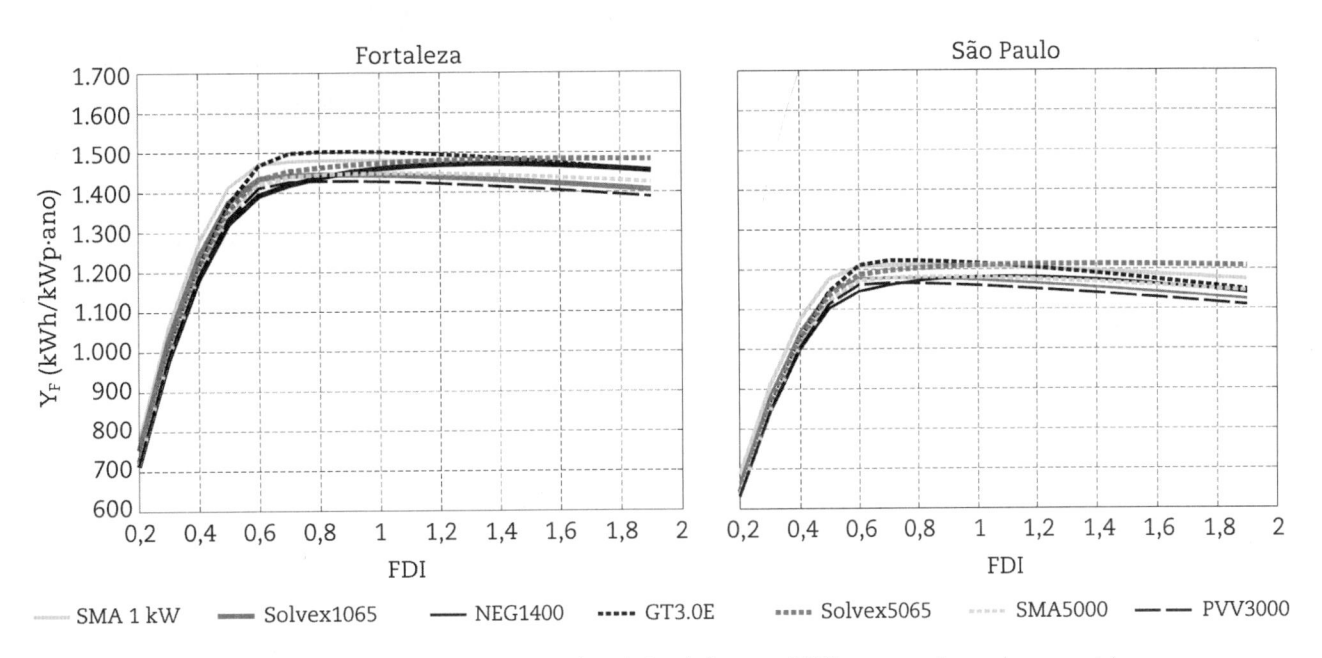

Fig. 3.12 Produtividade de SFRC (Y_F) em função do tamanho relativo do inversor (*FDI*), para sete inversores comerciais

Observa-se que a diferença, em termos de produtividade anual, para valores de *FDI* superiores a 0,55 e para um mesmo inversor é pequena, geralmente inferior a 50 kWh/kWp·ano. Observa-se uma diferença maior quando se compara, para um mesmo valor de *FDI*, os diferentes modelos de inversor, obtendo-se valores de até 100 kWh/kWp·ano, o que torna a escolha do equipamento (inversor), desse ponto de vista, mais interessante que a escolha da relação *FDI* propriamente dita. Porém, outras questões, que não podem ser visualizadas nesse tipo de análise, mostram que o sobredimensionamento do gerador fotovoltaico pode melhorar o funcionamento do sistema, mais particularmente do inversor, em dias nublados ou no nascer e pôr do sol, forçando o equipamento a entregar uma energia de melhor qualidade, o que não ocorre para baixos níveis de potência (ver Cap. 6).

Por outro lado, o sobredimensionamento excessivo fatalmente submeterá o inversor a níveis prolongados de temperatura mais elevada, que devem reduzir a vida útil do equipamento. É importante ressaltar que os valores mencionados no parágrafo anterior são verdadeiros para dados de irradiância na base horária. A utilização de bases com intervalos de tempo inferiores, como, por exemplo, um minuto, certamente dará resultados mais precisos com perdas de produtividade mais elevadas, principalmente para valores de *FDI*

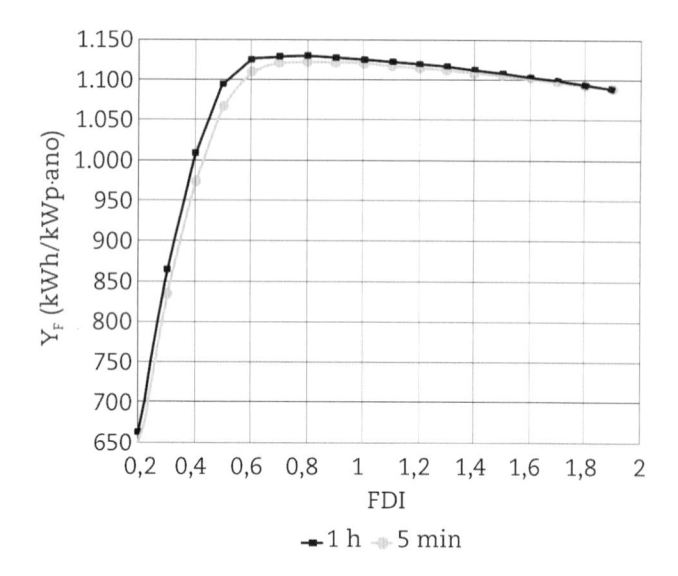

Fig. 3.13 Produtividade do sistema (Y_F). Nessas simulações, usam-se valores com resolução de cinco minutos em comparação com valores horários, a partir de dados medidos no IEE/USP

inferiores a 0,6. A Fig. 3.13 mostra isso, apresentando simulações com diferentes intervalos de integração.

É possível constatar que a produtividade é ligeiramente afetada mesmo quando se utilizam valores para a relação *FDI* maiores que a unidade, o que significa dizer que a potência de pico do gerador fotovoltaico não necessariamente deva ser maior que a potência máxima do inversor, para se ter um bom desempenho em termos de produtividade energética.

O casamento mais adequado entre as potências do gerador e do inversor depende, entre outros fatores, da curva de eficiência do inversor. Porém, constata-se que, em razão da boa qualidade dos inversores usados para a conexão à rede elétrica, a produtividade ótima pode ser atingida para uma faixa relativamente grande de valores de *FDI*. Contudo, nota-se que perdas de produtividade, para um mesmo inversor, só aumentam de maneira significativa para valores de *FDI* inferiores a 0,6, em que o processo de limitação de potência passa a ser mais significativo (Fig. 3.12).

No entanto, a utilização de um FDI inferior a 0,6 só se justifica se essa decisão agregar algum benefício significativo em termos operacionais ou econômicos, o que implica a análise de cada caso em particular, de acordo com o perfil e a disponibilidade do recurso solar de cada região.

3.7 Perdas envolvidas

As perdas percentuais de energia decorrentes do processo de limitação do inversor, também conhecidas como perdas c.c. no inversor, bem como as perdas totais, podem ser calculadas tal como indicado pelas Eqs. 3.20 e 3.21, respectivamente.

$$P_{\text{Perdas c.c.}} [\%] = 100 \cdot \frac{\int_{t1}^{t2} P_{\text{Perdas c.c.}} dt}{\int_{t1}^{t2} P_{mp} dt} \quad (3.20)$$

$$P_{\text{Perdas}} [\%] = 100 \cdot \frac{\int_{t1}^{t2} P_{\text{Perdas}} dt}{\int_{t1}^{t2} P_{Pmp} dt} \quad (3.21)$$

As Figs. 3.14 e 3.15 apresentam as variações percentuais das perdas como uma função do *FDI*. Elas fornecem as perdas por limitação e totais para quatro cidades diferentes (Fortaleza

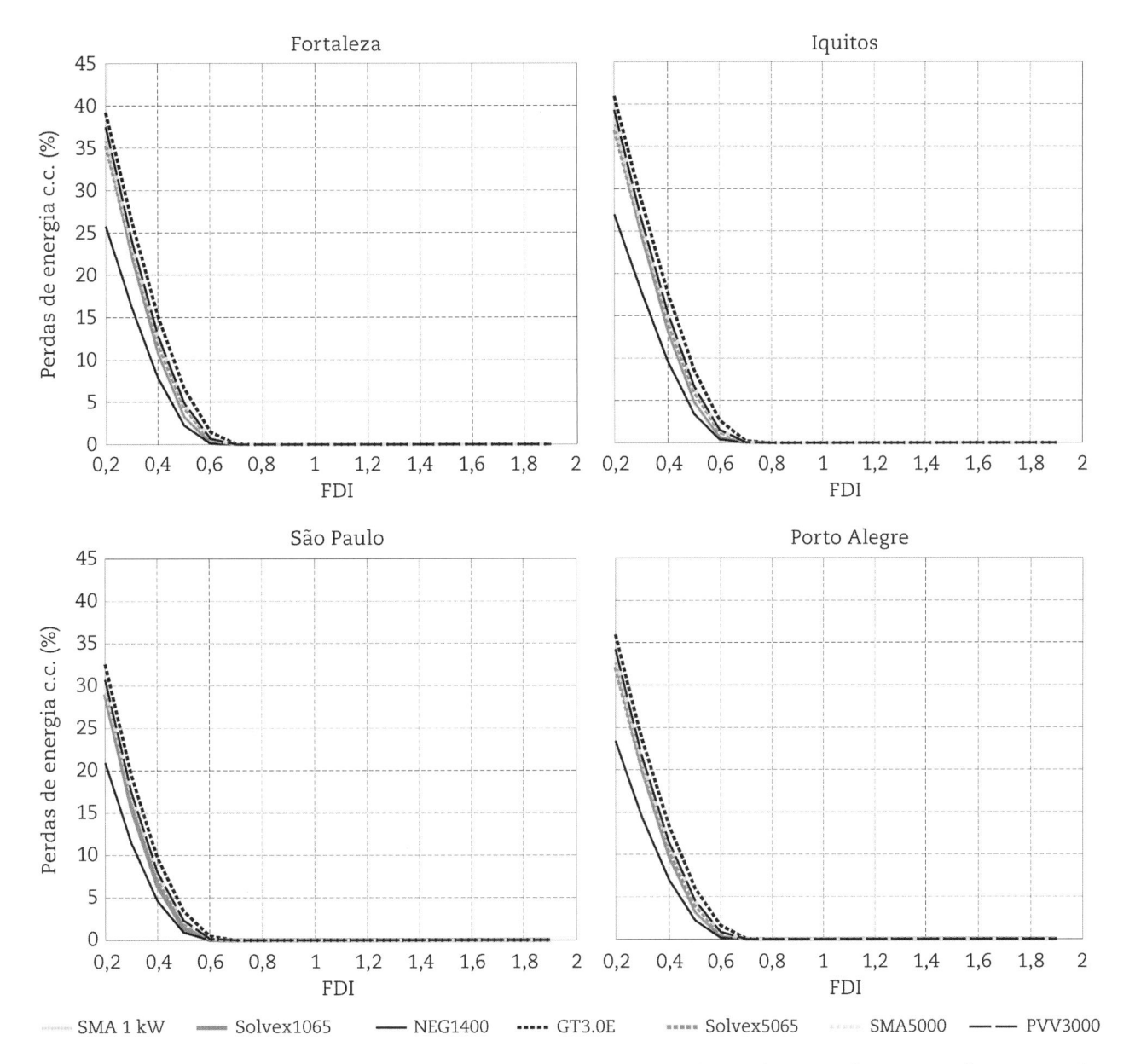

Fig. 3.14 Perdas percentuais de energia em função do *FDI*. Perdas características do método empregado, ao se considerar como potência limite a potência máxima de saída do inversor ($P_{Inv}^{lim} = P_{Inv}^{máx}$)

- 2.039 kWh/m² ao ano; Iquitos/Peru - 2.134 kWh/m² ao ano; São Paulo - 1.529 kWh/m² ao ano; Porto Alegre - 1.609 kWh/m² ao ano) e para seis inversores disponíveis no mercado. Nota-se que as perdas por limitação tendem a zero para valores de *FDI* superiores a 0,6, enquanto as perdas totais tendem, primeiramente, a diminuir e, à medida que o *FDI* se torna maior que a unidade, a aumentar. Ressalta-se que os valores de energia disponibilizada pelo sol referem-se aos valores ótimos de cada localidade.

É possível observar, com base na Fig. 3.14, que o *FDI* a partir do qual a limitação de potência começa a ocorrer encontra-se em torno de 0,6 para qualquer um dos inversores analisados. Observa-se também, por meio da Fig. 3.15, o aumento das perdas totais para

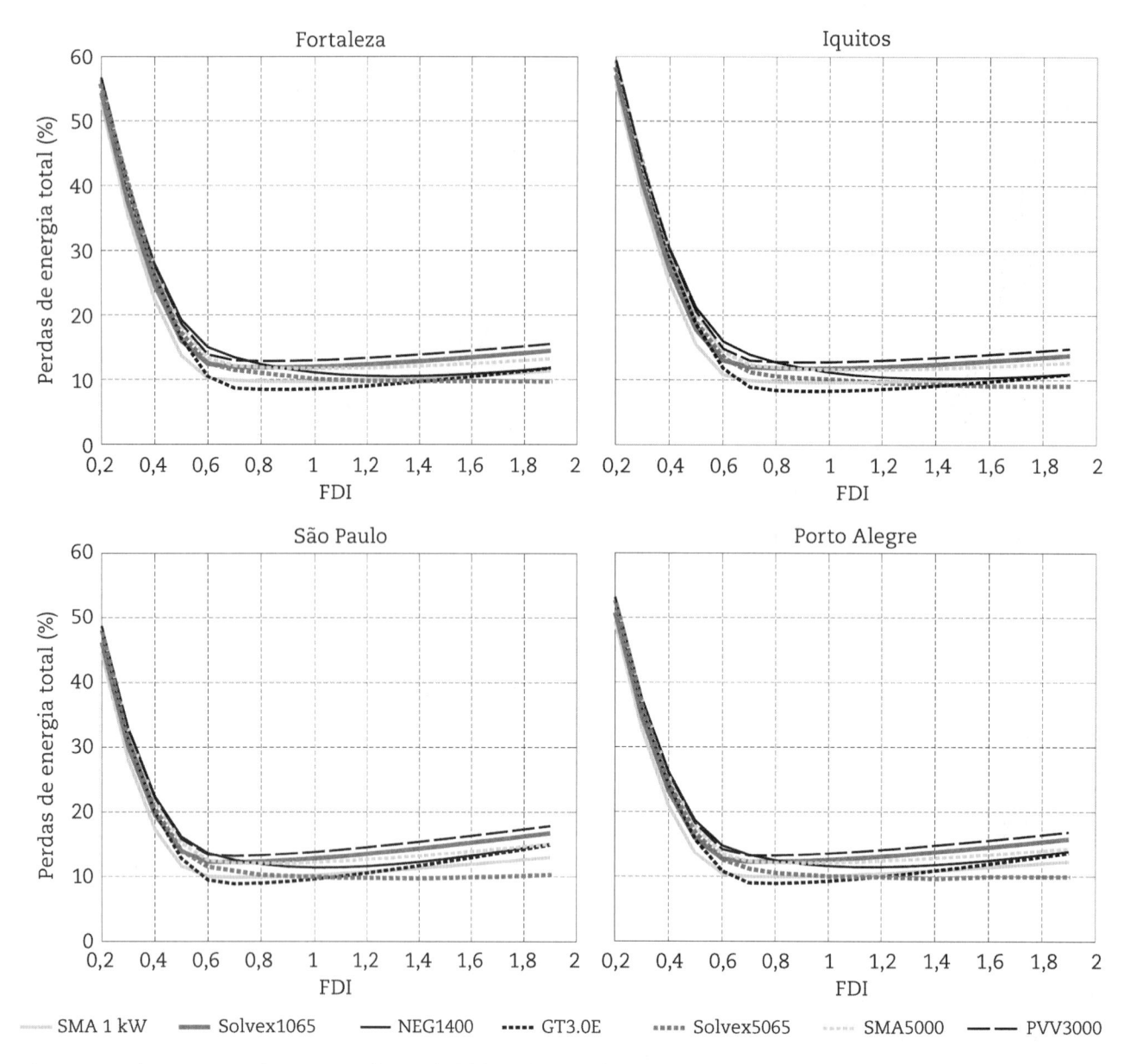

Fig. 3.15 Perdas percentuais de energia em função do *FDI*. Perdas totais (perdas por limitação + perdas de conversão no inversor)

valores elevados de *FDI*, em razão, basicamente, da operação em baixo carregamento dos inversores. Esse último aspecto pode ser mais ou menos significativo, dependendo das características do inversor utilizado e da localidade em análise.

Ainda com relação às perdas decorrentes da limitação imposta pelo inversor, é possível identificar que estas são inferiores a 10% para valores de *FDI* = 0,5, independentemente da localidade e do inversor, e inferiores a 3% para valores de *FDI* = 0,6. Isso permite mostrar a conveniência do sobredimensionamento, uma vez que, para um dimensionamento cauteloso e otimizado, a potência máxima de saída do inversor ($P_{Inv}^{máx}$) dificilmente é atingida.

Isso pode ser visualizado de maneira mais clara a partir da análise da Fig. 3.16, que ilustra, para o caso particular da cidade de São Paulo, a fração da potência nominal entregue ao inversor por um dado gerador fotovoltaico, em função da porcentagem das horas do ano em operação (em que se tem incidência de radiação solar), e a curva de eficiência do inversor, em função da potência de saída normalizada.

Com base nessas curvas, pode-se realizar o seguinte exercício prático: tomando-se como base o ponto ilustrado na Fig. 3.16, que corresponde a dizer que, durante 10% das horas do ano em que a radiação solar é diferente de zero (1,2 hora/dia, em média), o gerador fotovoltaico estaria entregando ao inversor um valor entre 70% e 80% da sua potência nominal. Considerando um gerador de 1.660 Wp, o que corresponde a um valor de *FDI* de aproximadamente 0,6 para um inversor cujas potências nominal e máxima são, respectivamente, 1.000 W c.a. e 1.100 W c.a., conclui-se então que, durante 1,2 hora por dia, o gerador fotovoltaico estaria entregando uma potência entre 1.162 W e 1.328 W em c.c. (0,7 × 1660 – 0,8 × 1.660 W).

Analisando-se de outra forma: quando se converte a potência de saída máxima admissível do inversor ($P_{Inv}^{máx}$ = 1.100 W c.a.) para o lado c.c., com o auxílio da sua curva de eficiência, de onde se pode extrair uma eficiência de 91% na potência máxima, encontra-se para o lado c.c. o valor de aproximadamente 1.200 W, que é o valor que o inversor suportaria sem limitar ou comprometer sua integridade. Nota-se que este último valor é cerca de 3% superior ao valor mínimo obtido no parágrafo anterior (1.162 W c.c.) e 10% inferior ao valor máximo (1.328 W c.c.), o que significa dizer que o inversor trabalha com segurança na primeira situação e sobrecarregado na segunda.

É importante perceber, a partir da Fig. 3.16, que, à medida que a potência entregue pelo gerador fotovoltaico se aproxima de 80% da sua potência nominal, a duração dessas ocorrências tende a zero, o que torna o risco de sobrecarga pouco provável. Contudo, em outras localidades, isso pode não ser verdadeiro, e o processo de limitação de potência pode ser mais intenso, tal como abordado a seguir.

A Fig. 3.17 foi obtida a partir de dados medidos no plano horizontal, pelo Grupo de Estudos e

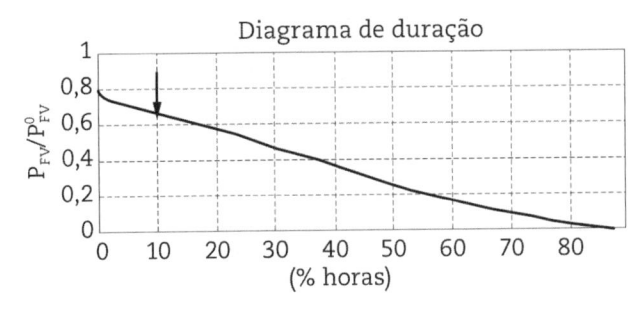

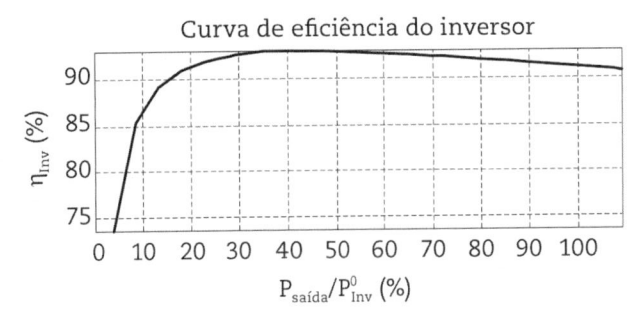

Fig. 3.16 Distribuição anual da potência entregue ao inversor pelo gerador fotovoltaico, normalizada com relação à potência nominal, e curva de eficiência do inversor (São Paulo-SP)

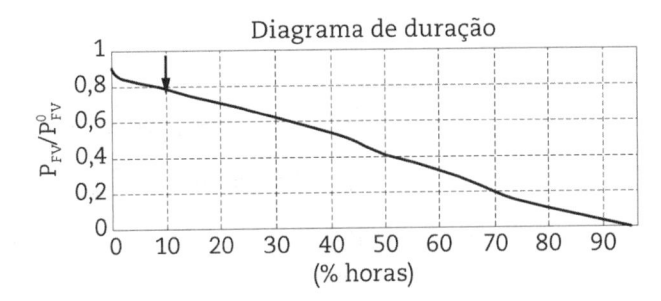

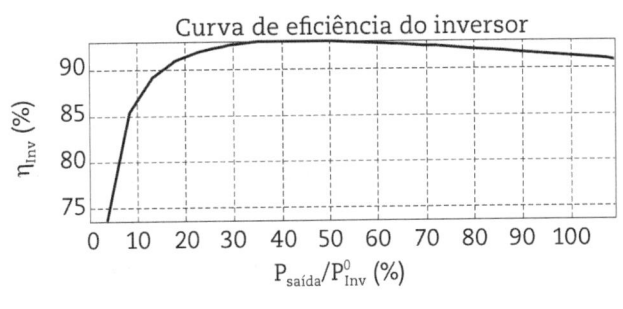

Fig. 3.17 Distribuição anual da potência entregue ao inversor pelo gerador fotovoltaico, normalizada com relação à potência nominal, e curva de eficiência do inversor (Praia Grande-PA)

Desenvolvimento de Alternativas Energéticas (Gedae) da Universidade Federal do Pará, na localidade de Praia Grande, no município de Ponta de Pedras, próximo a Belém.

De maneira análoga à análise feita para o caso de São Paulo (Fig. 3.16), chega-se, para o ponto em evidência na Fig. 3.17, a um valor de potência c.c. entregue ao inversor de aproximadamente 1.328 W (1.660 × 0,80), o que supera o valor máximo admissível em c.c. (1.200 W) em cerca de 10%, com um agravante de que a duração das ocorrências só tende a zero para valores de potência entregue pelo gerador fotovoltaico próximos a 100% da potência nominal, o que aumenta significativamente o risco de sobrecarga.

Ressalta-se que, no cálculo das perdas discutidas anteriormente, não se leva em conta o processo de limitação por temperatura, que ocorre em dias ensolarados com inversores subdimensionados, tal como mostram os dados experimentais apresentados na Fig. 3.18.

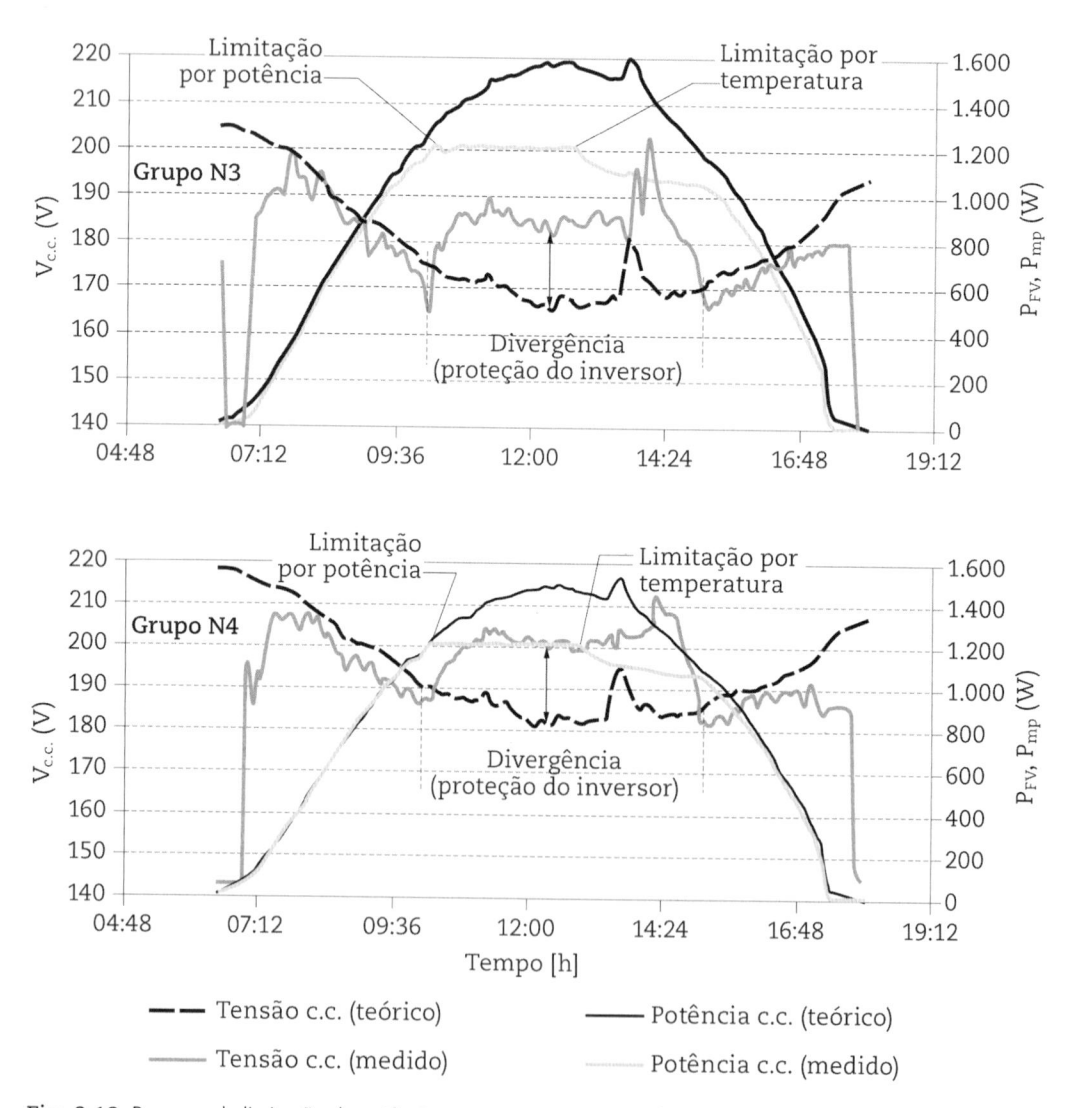

Fig. 3.18 Processo de limitação de potência por temperatura, após algum tempo de operação em limitação por potência: Grupo N3 com 1.802 Wp e Grupo N4 com 1.757 Wp

Com base na Fig. 3.16, observa-se que a limitação é caracterizada pelo distanciamento do PMP do gerador fotovoltaico (deslocando a tensão no PMP - V_{mp}) como uma função da potência de entrada e/ou temperatura do inversor.

Nota-se que, quando a potência c.c. de entrada do inversor alcança um determinado valor (aprox. 1.200 W), o inversor passa a limitar a potência nesse valor. Após algum tempo de operação nessa condição, a temperatura do inversor aumenta, e um outro processo para manter a temperatura em um valor constante máximo se faz necessário.

Percebe-se que o controle para limitação da potência de operação consiste basicamente no controle da tensão de operação do gerador fotovoltaico, com o objetivo de manter a temperatura na ponte inversora, manter a potência de trabalho menor ou igual a um valor máximo predefinido ou, ainda, manter a tensão de operação dentro de valores preestabelecidos pelo fabricante do inversor. A operação do inversor em valores mais elevados de potência faz com que ele aqueça mais rapidamente, obrigando-o a mudar seu ponto de operação para evitar o seu aquecimento excessivo. Contudo, quando isso ocorre, a potência de saída é progressivamente reduzida de seu valor máximo (no caso da Fig. 3.18, 1.100 W c.a.) até atingir a condição termicamente aceitável. Logo, a instalação de geradores fotovoltaicos com potência superior à do inversor pode reduzir a produtividade e aumentar o custo da energia produzida por um SFCR, dependendo do perfil do recurso solar disponível em cada localidade.

3.8 Dimensionamento e escolha da tensão de trabalho do gerador fotovoltaico

Nesta seção utiliza-se todo o modelamento abordado anteriormente, cuja implementação é realizada em um código computacional desenvolvido para o programa Matlab e apresentado na página do livro no site da editora (http://www.ofitexto.com.br), a fim de proporcionar ao leitor uma ferramenta de apoio e, ainda, exemplificar o dimensionamento de um SFCR. Para facilitar o entendimento, supõe-se que o módulo fotovoltaico e o inversor já tenham sido predefinidos e suas características, conhecidas, tal como descrito nas seções seguintes.

3.8.1 Módulo fotovoltaico selecionado

O módulo escolhido para ser utilizado como referência para este estudo é o IS230 (Fig. 3.19), do fabricante Isofotón, que possui 96 células em série de silício monocristalino e potência nominal de 230 Wp. A Tab. 3.4 apresenta as principais características elétricas e térmicas desse modelo de módulo fotovoltaico.

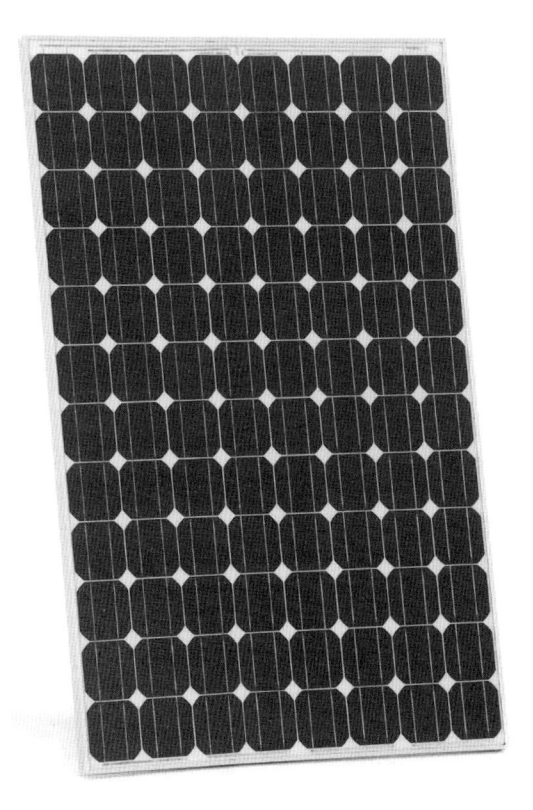

Fig. 3.19 Módulo IS230
Fonte: catálogo do fabricante Isofotón.

Tab. 3.4 Parâmetros elétricos e térmicos do módulo IS230

Módulo IS230	
Parâmetros elétricos (condições padrão de teste)	
Potência elétrica máxima (P_{mp})	230 Wp
Corrente de máxima potência (I_{mp})	4,80 A
Tensão de máxima potência (V_{mp})	47,9 V
Corrente de curto-circuito (I_{sc})	5,23 V
Tensão de circuito aberto (V_{oc})	59,1 V
Parâmetros térmicos	
Temperatura nominal de operação da célula ($TNOC$)	47 ± 2°C
Coeficiente de temperatura da I_{sc}	0,0294%/K
Coeficiente de temperatura da V_{oc}	−0,387%/K

Fonte: catálogo do fabricante Isofotón.

3.8.2 Inversor selecionado

Em razão do aumento na utilização de sistemas com fontes renováveis, podem-se encontrar no mercado inúmeros inversores de alta qualidade, entre os quais os das seguintes marcas: SMA, Fronius, Enertron, Outback, Würth, entre outras. Para esta simulação, o inversor escolhido foi o Sunny Boy 7000US, do fabricante SMA (Fig. 3.20).

As escolhas de inversor e módulo são meramente ilustrativas para o objetivo que se pretende atingir. Seguindo os passos descritos mais adiante, outras combinações de inversores e módulos fotovoltaicos poderiam ser utilizadas. A Tab. 3.5 mostra os dados elétricos do inversor SB 7000US.

Uma informação importante para utilizar o modelamento matemático apresentado é obter os pontos de eficiência do inversor em 10%, 50% e 100% da potência nominal do inversor. A Fig. 3.21 mostra a curva de eficiência *versus* potência para três níveis de tensão c.c. de operação.

Para o código desenvolvido funcionar corretamente, uma tabela em Excel, por exemplo, com o nome "CaracTecInversores.xls", deve ser inserida na mesma pasta em que se encontra o código do programa em Matlab e deve ter a formatação dos campos exatamente igual à da tabela da Fig. 3.22, podendo ser expandida para diversos inversores com a inserção de novas colunas. Note-se que os dados de eficiência a 10%, 50% e 100% da curva

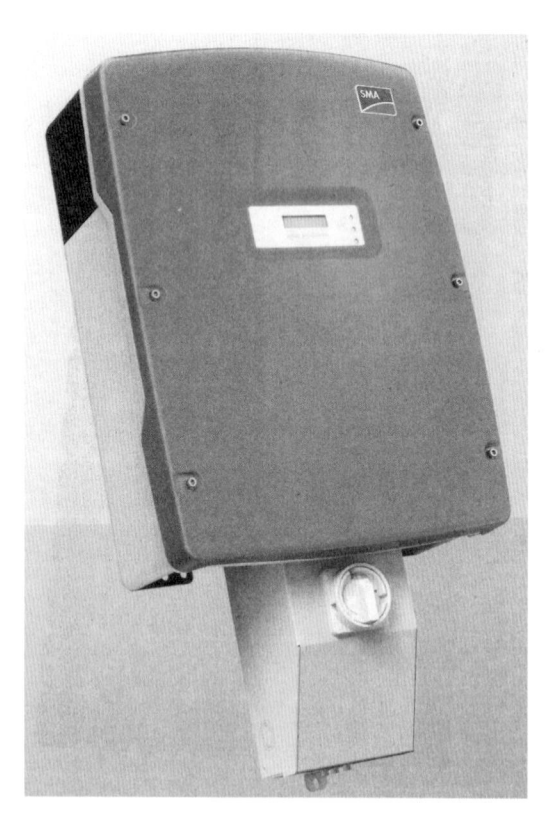

Fig. 3.20 Inversor SB 7000US
Fonte: catálogo do fabricante SMA.

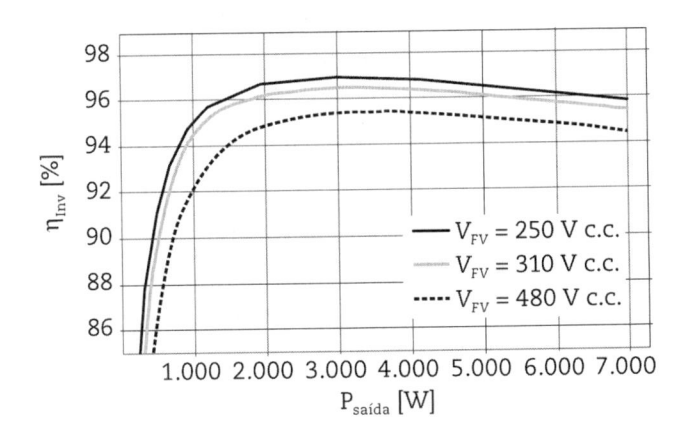

Fig. 3.21 Curva de eficiência do inversor SB 7000US
Fonte: catálogo do fabricante SMA.

TAB. 3.5 Características elétricas do inversor SB 7000US fornecidas pelo fabricante

Inversor SB 7000US	
Entrada c.c. (saída do gerador fotovoltaico)	
Faixa de tensão de entrada na máxima potência: V_{mp}	250 - 480 V
Tensão máxima de entrada sem carga: V_{oc}	480 V
Corrente máxima de entrada: $I_{máx}$	30 A
Saída c.a. (rede elétrica)	
Faixa de tensão de saída: $V_{c.a.}$	183 - 229 V
Potência elétrica nominal: $P_{c.a.\ nom} = P_{Inv}^0$	7.000 W
Potência elétrica máxima de saída: $P_{c.a.\ máx} = P_{Inv}^{máx}$	7.000 W

Fonte: catálogo do fabricante SMA.

em cinza (nível de tensão c.c. igual a 310 V) da Fig. 3.21 constam na quinta coluna da tabela da Fig. 3.22.

	A	B	C	D	E
1	Inversor	SMC 11000TL/U = 500 V DC	SMC 11000TL/U = 425 V DC	SMC 11000TL/U = 350 V DC	SMC 7000US/U = 310 V DC
2	P^0_{Inv} (kW)	11	11	11	7
3	η_{10} (%)	96.5	97.2	97.9	92.4
4	η_{50} (%)	97.6	97.7	98	97
5	η_{100} (%)	96.8	96.8	96.8	96.1
6	$P^{máx}_{Inv}$ (kW)	11.4	11.4	11.4	7

Fig. 3.22 Dados de potência nominal e máxima admissível do inversor, e as respectivas eficiências quando operando em 10%, 50% e 100% da potência nominal para os inversores SMC 11000TL e SB 7000US

3.8.3 Dados meteorológicos

Uma segunda e última tabela em Excel, com o nome "BelHour10", contendo os dados meteorológicos, e que, neste caso do exemplo, está dimensionando um SFCR para operar na cidade de Belém do Pará, deve ser inserida na mesma pasta do código em Matlab e formatada de maneira exatamente igual à realizada na tabela da Fig. 3.23, constando de dados de mês, dia, hora, *HGh* (irradiância no plano horizontal), *HGk*(10) (irradiância no plano inclinado, neste caso, 10° da horizontal) e T_a (temperatura ambiente). *HGk*(10) pode ser a irradiância em qualquer inclinação. A tabela da Fig. 3.23 foi montada dessa maneira para permitir, caso necessário, comparação para diferentes inclinações do gerador fotovoltaico.

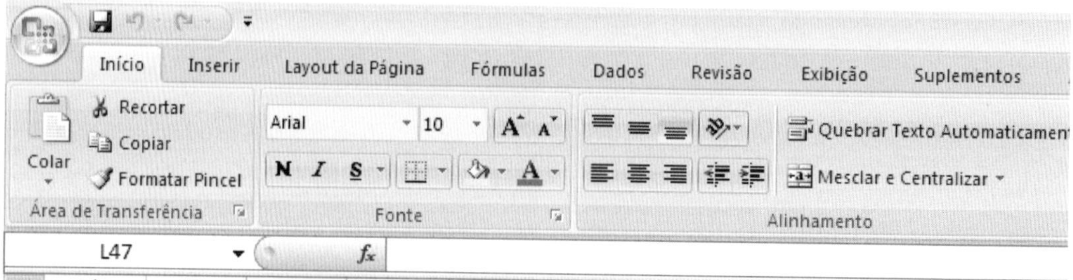

	A	B	C	D	E	F	G	H	I	J
1	Mês	Dia	Hora Dia	HGh	HGk(10)	HGk(23)	HGk(30)	HGk(45)	HGk(60)	Ta
2	1	1	1	0	0	0	0	0	0	19,4
3	1	1	2	0	0	0	0	0	0	19,3
4	1	1	3	0	0	0	0	0	0	18,9
5	1	1	4	0	0	0	0	0	0	18,7
6	1	1	5	0	0	0	0	0	0	18,4
7	1	1	6	4	4	4	4	3	3	19,2
8	1	1	7	127	107	95	84	72	66	19,6
9	1	1	8	234	220	209	198	170	138	19,9
10	1	1	9	358	342	329	314	275	228	21,1
11	1	1	10	352	340	330	318	286	248	22,3
12	1	1	11	544	530	514	495	441	371	22,4
13	1	1	12	689	678	658	634	561	464	23,5
14	1	1	13	616	604	587	567	507	428	24,8
15	1	1	14	568	558	542	522	464	388	25,4
16	1	1	15	848	823	791	752	641	496	25,8
17	1	1	16	728	687	649	607	492	352	26,2
18	1	1	17	425	389	362	334	262	180	25,7
19	1	1	18	213	174	150	127	75	71	24,8
20	1	1	19	45	21	22	22	22	21	23,8
21	1	1	20	0	0	0	0	0	0	23,2
22	1	1	21	0	0	0	0	0	0	22,6
23	1	1	22	0	0	0	0	0	0	21,9
24	1	1	23	0	0	0	0	0	0	20,8
25	1	1	24	0	0	0	0	0	0	21,2
26	1	2	1	0	0	0	0	0	0	21,2
27	1	2	2	0	0	0	0	0	0	20,9

Fig. 3.23 Arquivo de dados contemplando temperatura ambiente, irradiância no plano horizontal e irradiância no plano a 10° de inclinação em relação à horizontal

3.8.4 Determinação da potência do gerador fotovoltaico a ser conectado ao inversor

Para essa etapa, existem especificidades que devem ser levadas em conta; por exemplo, se o inversor estiver sujeito a elevadas temperaturas, recomenda-se que ele tenha um *FDI* mais próximo da unidade. A Fig. 3.24 mostra um exemplo de um inversor Sunny Boy em operação, cuja imagem termográfica mostrou valores de temperatura considerados aceitáveis. Em aplicações com módulos amorfos, deve-se atentar para o fato de que, inicialmente, o gerador fotovoltaico pode ter uma potência 15% superior à nominal do inversor, na qual irão se estabilizar somente ao fim dos primeiros meses.

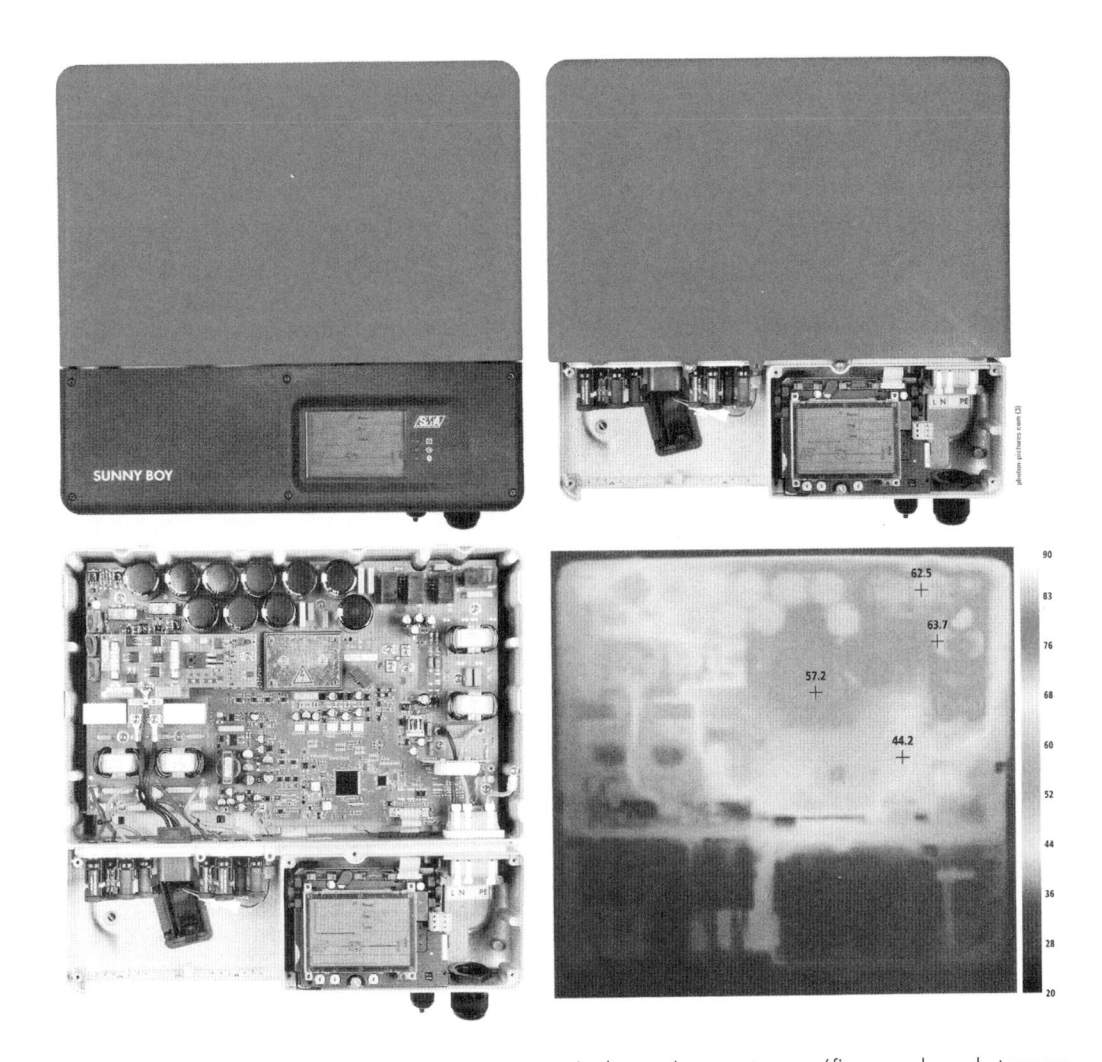

Fig. 3.24 Modelo SMA SB5000TL-20 que mostra, por meio de uma imagem termográfica, os valores de temperatura dos componentes internos. O elemento mais quente estava a 63,7°C
Fonte: Laschinski, Fenzl e Wachenfeld (2009/2010).

Para o caso apresentado, do dimensionamento de um sistema com módulos IS-230 e inversor SB 7000US, a Fig. 3.25 apresenta a eficiência média anual do inversor em função do *FDI* e a Fig. 3.26 apresenta o gráfico do Y_F em função do *FDI*. Esses resultados foram obtidos a partir da execução do código que consta na página do livro no site da editora (http://www.ofitexto.com.br), utilizando as 8.760 médias horárias de irradiância no plano do gerador fotovoltaico e temperatura ambiente.

A Fig. 3.26 mostra que a eficiência média anual do inversor fica muito próxima da eficiência máxima do inversor, de aproximadamente 96,1%, se o *FDI* for

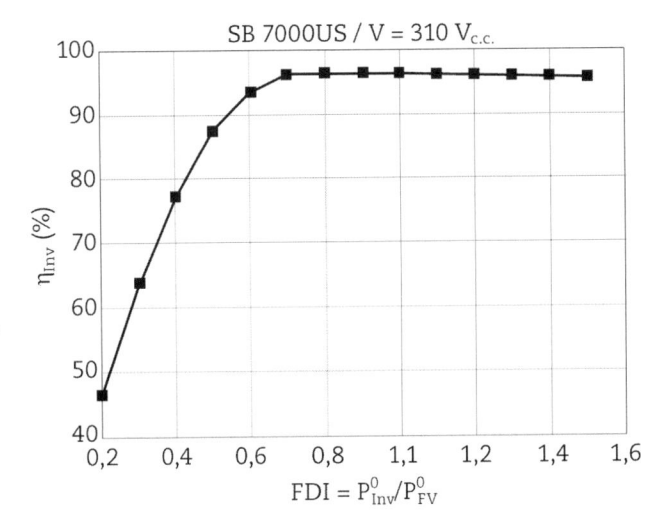

Fig. 3.25 Eficiência média anual do inversor em função do *FDI* para as condições de Belém-PA

3 Modelamento e Dimensionamento de SFCRs   101

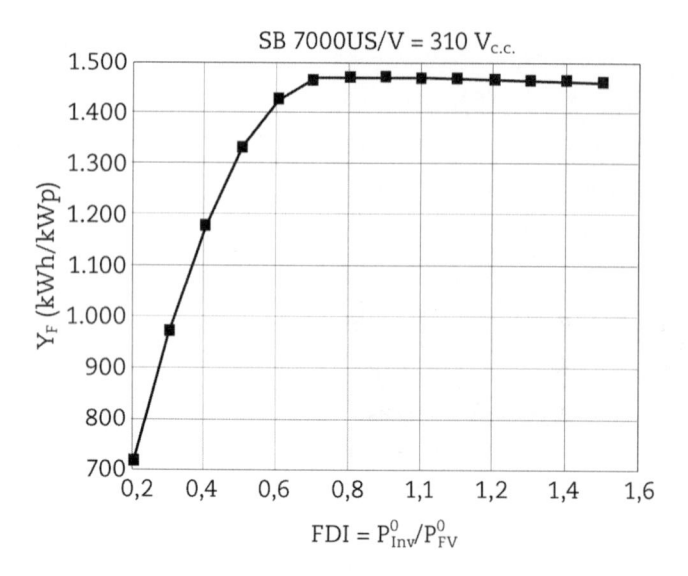

Fig. 3.26 Produtividade anual do SFCR em função do **FDI** para as condições de Belém-PA

superior a 0,7. O mesmo acontece para o gráfico apresentado na Fig. 3.27, em que a produtividade do sistema é próxima da máxima obtida se o *FDI* for igual ou superior a 0,7.

Para o dimensionamento de um SFCR, o gráfico da Fig. 3.26 é mais adequado de se analisar, pois ele considera todas as perdas envolvidas no sistema (dentro e fora do inversor). Por exemplo, o inversor pode estar operando com uma alta eficiência, mas,se o gerador fotovoltaico não estiver operando no "joelho" da curva *I – V*, em razão do processo de limitação de potência imposto pelo inversor, a potência de saída do sistema é comprometida. Esse fator de perda, entre vários outros, é considerado na curva da Fig. 3.26, e não é considerado na Fig. 3.25; logo, esta última pode revelar uma informação incompleta para o dimensionamento de um SFCR.

Então, considerando-se que o *FDI* escolhido seja igual a 0,7 e sabendo-se que a potência nominal do inversor é de 7.000 W, calcula-se a potência do gerador fotovoltaico pela Eq. 3.19:

$$FDI = \frac{P^0_{Inv}}{P^0_{FV}} \Rightarrow P^0_{FV} = \frac{7.000}{0,7} = 10.000 \text{ Wp}$$

3.8.5 Determinação da configuração do gerador fotovoltaico

Após o cálculo da potência nominal teórica do gerador fotovoltaico, determina-se a quantidade de módulos que será necessária. A potência máxima do módulo pode ser vista na Tab. 3.4. Logo:

$$\text{N}° \text{ de módulos } FV = \frac{P^0_{FV}}{P_{mp}} = \frac{10.000}{230} = 43,48 \text{ módulos } FV$$

Após o cálculo do número total de módulos teoricamente necessários, torna-se essencial definir como o gerador fotovoltaico estará configurado, ou seja, determinar o número de módulos em série necessários para fornecer a tensão adequada para o funcionamento do inversor e o número de fileiras em paralelo. Vale lembrar que a tensão do inversor encontra-se na faixa de 250 V a 480 V, conforme visto na Tab. 3.5, e as tensões dos módulos são: $V_{oc} = 59{,}1$ V e $V_{mp} = 47{,}9$ V, conforme visto na Tab. 3.4. Logo:

$$V_{oc} \times \text{N}° \text{ de módulos em série} = (250\text{ V a }480\text{ V})$$

$$59{,}1\,V \times \text{N}° \text{ de módulos em série} = (250\text{ V a }480\text{ V})$$

$$59{,}1\,V \times [4\ 5\ 6\ 7\ 8\ 9\ 10] = [236{,}4\ \mathbf{295{,}5\ 354{,}6\ 413{,}7\ 472{,}8}\ 531{,}9\ 591{,}0]\text{ V}$$

$$V_{mp} \times \text{N}° \text{ de módulos em série} = (250\,\text{V a } 480\,\text{V})$$
$$47,9\,V \times \text{N}° \text{ de módulos em série} = (250\,\text{V a } 480\,\text{V})$$
$$47,9\,V \times [4\ 5\ 6\ 7\ 8\ 9] = [191,6\ 239,5\ \mathbf{287,4\ 335,5\ 383,2\ 431,1\ 479,0}]\,V$$

De acordo com os cálculos apresentados, variando-se o número de módulos em série de 4 até 10, verificou-se que a adoção de oito módulos em série produz o máximo nível de tensão que o gerador fotovoltaico pode alcançar nas STC, de modo que não provoque nenhum dano ao inversor. Por outro lado, a adoção de seis módulos em série produz o menor nível de tensão na máxima potência que o gerador fotovoltaico pode alcançar nas STC sem comprometer a adequada operação do inversor.

Vale ressaltar que, em condições normais de operação, no caso particular da cidade de Belém do Pará (lugar para o qual foram realizados os cálculos), a temperatura de operação das células que constituem os módulos fotovoltaicos é superior a 25°C, atingindo valores em torno dos 60°C para níveis de irradiância próximos aos 1.000 W/m². Com base nessa informação, é possível refazer os cálculos anteriores para a temperatura de 60°C, considerando que a maioria dos módulos fotovoltaicos modernos apresenta $(dV_{mp}/dT_c)(1/V_{mp}) \cong (dV_{oc}/dT_c)(1/V_{oc})$. Assim, com a informação sobre o coeficiente de temperatura da V_{oc} do módulo IS230, visto na Tab. 3.4, obtêm-se:

$$V_{oc}(60°\text{C}) = 59,1 \times [1 - 0,00387(60 - 25)]\,V = 51,1\,V$$
$$V_{mp}(60°\text{C}) = 47,9 \times [1 - 0,00387(60 - 25)]\,V = 41,4\,V$$

Dessa forma, refazendo-se os cálculos anteriores, obtêm-se para o gerador fotovoltaico:

$$V_{oc}(60°\text{C}) \times \text{N}° \text{ de módulos em série} = (250\,\text{V a } 480\,\text{V})$$
$$51,1\,\text{V} \times \text{N}° \text{de módulos em série} = (250\,\text{V a } 480\,\text{V})$$
$$51,1\,\text{V} \times [4\ 5\ 6\ 7\ 8\ 9\ 10] = [204,4\ \mathbf{255,5\ 306,6\ 357,7\ 408,8\ 459,9}\ 511,1]\,V$$
$$V_{mp} \times \text{N}° \text{ de módulos em série} = (250\,\text{V a } 480\,\text{V})$$
$$41,4\,\text{V} \times \text{N}° \text{ de módulos em série} = (250\,\text{V a } 480\,\text{V})$$
$$41,4\,\text{V} \times [4\ 5\ 6\ 7\ 8\ 9\ 10] = [165,6\ 207,1\ 248,5\ \mathbf{289,9\ 331,3\ 372,7\ 414,0}]\,V$$

Nessa segunda situação, também de acordo com os cálculos apresentados, verificou-se que a adoção de até nove módulos em série produz um nível de tensão para o gerador fotovoltaico que continua dentro da faixa de tensão de entrada aceitável pelo inversor, mas isso pode não ser verdade em outras condições de operação, razão pela qual não é recomendada. Por outro lado, somente a adoção de, no mínimo, sete módulos em série produz um nível de tensão na máxima potência do gerador fotovoltaico que permite uma operação adequada do inversor. Com isso, as opções com sete e oito módulos em série são passíveis de serem adotadas, resultando no seguinte número de associações em paralelo:

$$N° \text{ de módulos } FV = 43{,}48 \text{ módulos } FV$$

$$= N° \text{ de módulos em série} \times N° \text{ de associações em paralelo}$$

$$43{,}48 = [7\ 8] \times N° \text{ de associações em paralelo}$$

$$N° \text{ de associações em paralelo} = [6{,}2\ 5{,}4]$$

Após a determinação do número de associações em paralelo como o maior número inteiro inferior ao valor calculado, pois assim se garante FDI próximo a 0,7 e um valor de corrente compatível com a entrada do inversor, define-se o número total de módulos e a potência nominal do gerador fotovoltaico:

$$I_{mp} \times N° \text{ de módulos em paralelo} = (0\,A\,a\,30\,A)$$

$$4{,}8\,A \times N° \text{ de módulos em paralelo} = (0\,A\,a\,30\,A)$$

$$4{,}8\,A \times [5\ 6] = [24\ 28{,}8]\,A$$

$$N° \text{ de módulos } FV = [7\ 8] \times [6\ 5] = [42\ 40]$$

$$P^0_{FV} = N° \text{ de módulos } FV \times P_{mp} = [42\ 40] \times 230\,Wp$$

$$P^0_{FV} = [9.660\ 9.200]\,Wp$$

Dessa forma, os novos valores para o FDI serão:

$$FDI = \frac{7.000}{[9.660\ 9.200]} = [0{,}72\ 0{,}76]$$

Como cada módulo possui aproximadamente 1,67 m², logo [42 40] módulos possuem uma área de aproximadamente [70,14 66,8] m². A Tab. 3.6 apresenta um resumo de dados de projeto utilizando o inversor SB 7000US e os módulos IS230.

Tab. 3.6 Resumo do projeto

Item	Características
Inversor	7.000 W
Total de módulos	[42 40] módulos
N° de módulos em série	[7 8] módulos
N° de associações em paralelo	[6 5] associações
Potência gerada do sistema fotovoltaico	[9.660 9.200] Wp
Fator de dimensionamento do inversor	[0,72 0,76]
Eficiência média anual do inversor	96%
Produtividade estimada do SFCR (Y_F)	1.470 kWh/kWp

3.9 Exemplos ilustrativos

Para ilustrar o manuseio das equações descritas neste capítulo, analisam-se aqui algumas situações práticas na forma de exemplos, possibilitando um melhor entendimento e uma maior aplicabilidade para os modelos matemáticos apresentados.

3.9.1 Exemplo ilustrativo 1

Considere um módulo fotovoltaico qualquer, a respeito do qual as informações conhecidas são: $P_{mp} = 175\,W$, $I_{mp} = 4,9\,A$, $V_{mp} = 35,8\,V$, $(dV_{oc}/dT_c) = -160\,mV/°C$ e $(dI_{sc}/dT_c) = 2,7\,mA/°C$. O que se pretende nesta análise é mostrar uma maneira de estimar a potência máxima que pode ser extraída de um gerador fotovoltaico constituído por duas fileiras (*strings*) de dez desses módulos em série, quando operando numa condição de irradiância de 700 W/m² e temperatura ambiente de 34°C. Para tal, seguem-se os seguintes passos:

- Analisando-se o comportamento da variação da máxima potência do módulo fotovoltaico com a temperatura, determina-se o coeficiente de temperatura do ponto de máxima potência, γ_{mp}, por meio da Eq. 3.1:

$$\gamma_{mp} = \frac{dP_{mp}}{dT} \cdot \frac{1}{P_{mp}} = \left(\frac{dV_{mp}}{dT} \cdot \frac{1}{V_{mp}} + \frac{dI_{mp}}{dT} \cdot \frac{1}{I_{mp}}\right)$$

Usando as aproximações $(dV_{mp}/dT_c) \cong (dV_{oc}/dT_c)$ e $(dI_{mp}/dT_c) \cong (dI_{sc}/dT_c)$ e substituindo as informações disponíveis na Eq. 3.1, obtêm-se:

$$\gamma_{mp} = \frac{dP_{mp}}{dT} \cdot \frac{1}{P_{mp}} = \left(-160\frac{mV}{°C} \cdot \frac{1}{35,8\,V} + 2,7\frac{mA}{°C} \cdot \frac{1}{5,0\,A}\right)$$

$$\gamma_{mp} = \frac{dP_{mp}}{dT} \cdot \frac{1}{P_{mp}} \cong \left(-0,4\frac{\%}{°C}\right)$$

- Considerando 47°C como valor típico para a temperatura nominal de operação da célula (*TNOC*), calcula-se a temperatura de operação da célula para a condição desejada por meio da Eq. 3.4:

$$T_c = T_a(°C) + H_{t,\beta}(W \cdot m^{-2})\left(\frac{TNOC(°C) - 20(°C)}{800\,W \cdot m^{-2}}\right) \cdot 0,9$$

$$T_c = 34°C + 700\,W \cdot m^{-2}\left(\frac{47°C - 20°C}{800\,W \cdot m^{-2}}\right) \cdot 0,9$$

$$T_c \cong 55°C$$

- Determina-se a potência nominal do gerador fotovoltaico multiplicando o número total de módulos que constituem o gerador fotovoltaico pela potência nominal do modelo utilizado:

$$P^0_{FV} = 10\ \text{módulos em série} \times 2\ strings \times 175\,Wp = 3.500\,Wp$$

- De posse do coeficiente que caracteriza a variação do ponto de máxima potência com a temperatura (γ_{mp}), da temperatura de operação das células que constituem o gerador fotovoltaico (T_C) e da potência nominal do gerador fotovoltaico (P_{FV}^0), calcula-se a potência máxima do gerador fotovoltaico na condição desejada por meio da Eq. 3.2:

$$P_{mp} = P_{FV}^0 \frac{H_{t,\beta}}{H_{ref}} \left[1 - \gamma_{mp}\left(T_C - T_{C,ref}\right)\right]$$

$$P_{mp} = 3.500\,\text{W} \frac{700\,\text{W}\cdot\text{m}^{-2}}{1.000\,\text{W}\cdot\text{m}^{-2}} \left[1 - 0{,}004\frac{1}{°\text{C}}(55-25)\,°\text{C}\right] \cong 2.150\,\text{W}$$

É importante notar que esse valor corresponde a cerca de 60% da potência nominal do gerador e computa somente as perdas pelo efeito da temperatura, que são bastante significativas, e que, nessa condição em particular, correspondem a aproximadamente 13% do valor da potência na mesma condição de irradiância (700 W·m^{-2}) e temperatura de célula igual a 25°C.

3.9.2 Exemplo ilustrativo 2

Suponha que o gerador fotovoltaico do exemplo anterior seja parte constituinte de um SFCR integrado a uma edificação, tal como ilustra a Fig. 3.27. O inversor utilizado possui 2.500 W de potência nominal, potência máxima em c.a. de 2.700 W e eficiências de conversão a 10%, 50% e 100% da potência nominal iguais a 93%, 96% e 95%, respectivamente.

Note que a conexão elétrica c.a. do inversor se dá internamente à edificação, possibilitando que parte do consumo da edificação seja suprida pelo SFCR e, quando houver

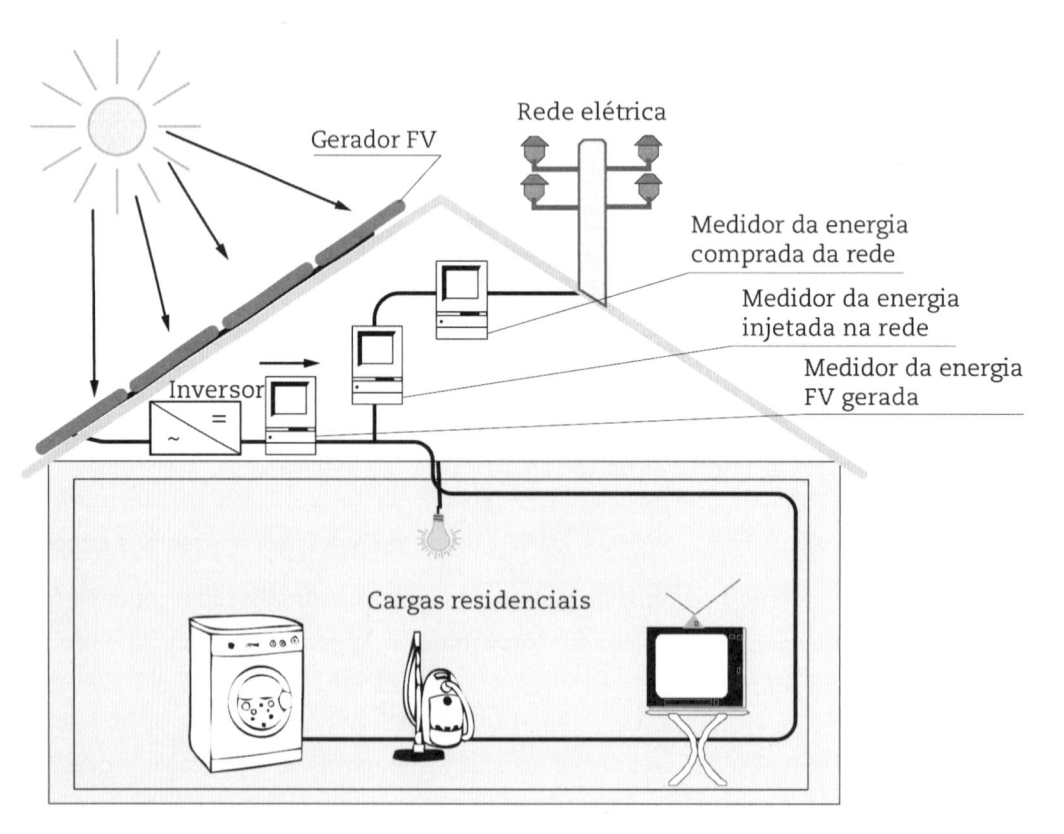

Fig. 3.27 Esquema ilustrativo do SFCR residencial do exemplo ilustrativo 2

excedentes, que estes sejam entregues para a rede elétrica de baixa tensão. Analisando-se o perfil diário de demanda de potência elétrica, a irradiância no plano do gerador fotovoltaico e a temperatura ambiente fornecidos na Tab. 3.7, é possível avaliar a relação entre produção e demanda de energia elétrica para um dia em particular.

TAB. 3.7 Dados de demanda de energia elétrica, irradiância no plano do gerador e temperatura ambiente para um determinado dia

Tempo (h)	Demanda (W)	$H_{(t,\beta)}$ (W/m²)	T_a (°C)
1	650	0	22,5
2	650	0	21,7
3	640	0	21,7
4	640	0	21,9
5	580	0	21,5
6	580	0	22,2
7	520	102	22,8
8	520	287	23,7
9	520	453	25,3
10	520	710	26,5
11	520	847	27,6
12	520	886	28,9
13	630	930	30
14	650	873	29,8
15	690	754	29,5
16	850	540	28,2
17	1.350	331	27,8
18	1.750	155	27,2
19	2.050	27	25,4
20	2.150	0	24,4
21	2.050	0	23,2
22	1.700	0	22,3
23	1.200	0	22,3
24	620	0	22
Consumo do dia (kWh)	22,55		

Para realizar essa análise, são necessárias as seguintes etapas:

- Inicialmente, determinam-se as temperaturas de operação das células que constituem o gerador fotovoltaico por meio da Eq. 3.4 e, em seguida, calcula-se a potência máxima teórica para cada uma das condições médias horárias da Tab. 3.7, utilizando-se a Eq. 3.3, para a qual o parâmetro γ_{mp} foi previamente calculado no exemplo anterior. Neste exemplo, consideram-se as perdas de seguimento do PMP. Para isso, assume-se que a η_{SPMP} é igual a 85% para $P_{mp} < 0,2(P_{Inv}^0/\eta_{100})$ e 98% para $P_{FV}^0 \geq 0,2(P_{Inv}^0/\eta_{100})$, onde ($P^0_{Inv}/\eta_{100}$) corresponde à potência nominal refletida para o lado c.c. (2.500/0,95 $\cong$ 2.632 W).

- Como já assinalado, a eficiência de conversão c.c./c.a. do inversor é uma função dependente do autoconsumo e do carregamento. Essa dependência é computada por meio dos parâmetros característicos k_0, k_1 e k_2, cujos valores, na prática, são determinados por meio das Eqs. 3.7, 3.8 e 3.9, tal como segue:

$$k_0 = \frac{1}{9}\frac{1}{\eta_{Inv100}} - \frac{1}{4}\frac{1}{\eta_{Inv50}} + \frac{5}{36}\frac{1}{\eta_{Inv10}} = \frac{1}{9}\frac{1}{0,95} - \frac{1}{4}\frac{1}{0,96} + \frac{5}{36}\frac{1}{0,92} = 0,006$$

$$k_1 = -\frac{4}{3}\frac{1}{\eta_{Inv100}} + \frac{33}{12}\frac{1}{\eta_{Inv50}} - \frac{5}{12}\frac{1}{\eta_{Inv10}} - 1 = \frac{4}{3}\frac{1}{0.95} + \frac{33}{12}\frac{1}{0,96} - \frac{5}{12}\frac{1}{0,93} - 1 = 0,013$$

$$k_2 = \frac{20}{9}\frac{1}{\eta_{Inv100}} - \frac{5}{2}\frac{1}{\eta_{Inv50}} + \frac{5}{18}\frac{1}{\eta_{Inv10}} = \frac{20}{9}\frac{1}{0,95} - \frac{5}{2}\frac{1}{96} + \frac{5}{18}\frac{1}{0,93} = 0,034$$

- O parâmetro $P_{Saída}$ é obtido pela solução da Eq. 3.16. Substituindo-se nela os parâmetros característicos k_0, k_1 e k_2 calculados, obtém-se:

$$k_0 - p_{FV} + (1 + k_1)p_{Saída} + k_2 p^2_{Saída} = 0.$$
$$0,006 - p_{FV} + (1 + 0,013)p_{Saída} + 0,034_2 p^2_{Saída} = 0$$

Vale lembrar que p_{FV} e $p_{Saída}$ são, respectivamente, os valores de saída de potência do gerador fotovoltaico e do inversor, normalizados com relação à potência nominal do inversor (P^0_{Inv}).

- Uma vez calculada a potência de saída do gerador fotovoltaico (P_{FV}) a partir da radiação solar incidente no seu plano ($H_{t,\beta}$) e da temperatura ambiente (T_a), e, posteriormente, a potência de saída do inversor ($P_{Saída}$), utilizam-se as Eqs. 3.13, 3.14 e 3.15 para considerar as perdas por limitação e autoconsumo do inversor:

$$P_{Saída} = P^{máx}_{Inv} \quad \ldots\ldots \quad se\ P_{Saída} \geq P^{máx}_{Inv}$$
$$P_{Saída} = 2.700\,W \quad \ldots\ldots \quad se\ P_{Saída} \geq 2.700\,W;$$
$$P_{Saída} = 0 \quad \ldots\ldots \quad se\ P_{FV} \leq k_0 P^0_{Inv}$$
$$P_{Saída} = 0 \quad \ldots\ldots \quad se\ P_{FV} \leq 0,006 \times 2.500\,W = 15\,W;$$
$$P_{Saída} = p_{Saída} P^0_{Inv} \quad \ldots\ldots \quad se\ k_0 P^0_{Inv} < P_{Saída} < P^{máx}_{Inv}$$
$$P_{Saída} = p_{Saída} \times 2.500 \quad \ldots\ldots \quad se\ 15\,W < P_{Saída} < 2.700\,W$$

A Tab. 3.8 resume os resultados dos cálculos realizados neste exemplo, enquanto a Fig. 3.28 mostra as curvas de produção do SFCR e demanda de energia elétrica da residência, obtidas das Tabs. 3.7 e 3.8.

É possível observar que, apesar de a produção de energia elétrica pelo SFCR ser aproximadamente 90% do consumo da residência para o dia em questão, somente 32,3% do consumo (7.294 Wh) são atendidos diretamente pelo SFCR, enquanto o restante da produção (12.944 Wh) é disponibilizado à rede elétrica, dos quais 15.256 Wh são solicitados de volta para o atendimento da demanda nos horários de déficit de produção.

TAB. 3.8 Procedimento de cálculo e resumo dos resultados

$$P^0_{FV} = 3.500\ Wp;\ P^0_{Inv} = 2.500\ W;\ P^{máx}_{Inv} = 2.700\ W$$

$$\gamma_{mp} = 0{,}004;\ \eta_{SPMP} = 0{,}85\ ou\ 0{,}98;\ k_0 = 0{,}006;\ k_1 = 0{,}013;\ k_2 = 0{,}034$$

$$P^0_{FV} \Rightarrow P_{mp} = P^0_{FV} \frac{H_{t,\beta}}{H_{ref}} \left[1 - \gamma_{mp}\left(T_C - T_{C,ref}\right)\right] \Rightarrow P_{FV} = P_{mp}\eta_{SPMP}$$

$$p_{FV} = \frac{P_{FV}}{P^0_{Inv}} \Rightarrow k_0 - p_{FV} + (1+k_1)p_{Saída} + k_2 p^2_{Saída} = 0 \Rightarrow P_{Saída} = p_{Saída} \times P^0_{Inv}$$

$$P_{Saída} = P^{máx}_{Inv} \cdots\cdots se\ P_{Saída} \geq P^{máx}_{Inv}$$

$$P_{Saída} = 0 \cdots\cdots se\ P_{FV} \leq k_0 P^0_{Inv}$$

$$P_{Saída} = p_{Saída} P^0_{Inv} \cdots\cdots se\ k_0 P^0_{Inv} < P_{Saída} < P^{máx}_{Inv}$$

Tempo (h)	$H_{(t,\beta)}$ (W/m²)	T_a (°C)	T_C (°C)	P_{mp} (W)	P_{FV} (W)	$P_{Saída}$ (W)
1	0	22,5	22,5	0	0	0
2	0	21,7	21,7	0	0	0
3	0	21,7	21,7	0	0	0
4	0	21,9	21,9	0	0	0
5	0	21,5	21,5	0	0	0
6	0	22,2	22,2	0	0	0
7	102	22,8	25,9	356	302	283
8	287	23,7	32,4	975	955	917
9	453	25,3	39,1	1.496	1.466	1.401
10	710	26,5	48,1	2.256	2.211	2.109
11	847	27,6	53,3	2.629	2.576	2.448
12	886	28,9	55,8	2.719	2.664	2.530
13	930	30,0	58,2	2.822	2.766	2.642
14	873	29,8	56,3	2.673	2.619	2.488
15	754	29,5	52,4	2.350	2.303	2.195
16	540	28,2	44,6	1.742	1.707	1.634
17	331	27,8	37,9	1.099	1.077	1.034
18	155	27,2	31,9	528	517	493
19	27	25,4	26,2	94	80	64
20	0	24,4	24,4	0	0	0
21	0	23,2	23,2	0	0	0
22	0	22,3	22,3	0	0	0
23	0	22,3	22,3	0	0	0
24	0	22,0	22,0	0	0	0
				Produção do dia (kWh)		20,238

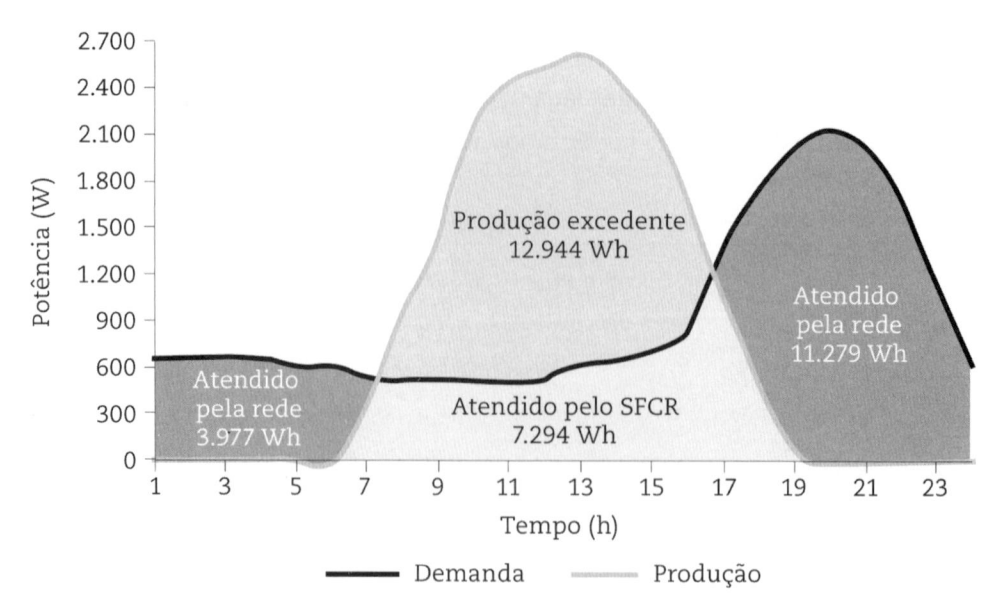

Fig. 3.28 Perfil de demanda e produção de energia elétrica da residência para o dia analisado

3.9.3 Exemplo ilustrativo 3

Com base nos parâmetros característicos calculados no exemplo anterior, pode-se avaliar o desempenho do inversor em termos das perdas de conversão c.c./c.a. e em função de seu carregamento, identificando-se, com boa aproximação, sua curva de eficiência. Para essa análise, utiliza-se o seguinte procedimento:

- Inicialmente, calcula-se a perda de conversão c.c./c.a. normalizada por meio da Eq. 3.11 e, posteriormente, a perda em watts pelo produto P_{Perdas} (W) $= p_{perdas} \times P_{Inv}^0$ (W). A Fig. 3.29 mostra a variação da perda de conversão c.c./c.a. em função do carregamento do inversor. Constatam-se perdas próximas a 150 W para valores próximos à potência máxima em c.a.. É importante notar também que as perdas de autoconsumo, potência de saída igual a zero, correspondem a aproximadamente 15 W.

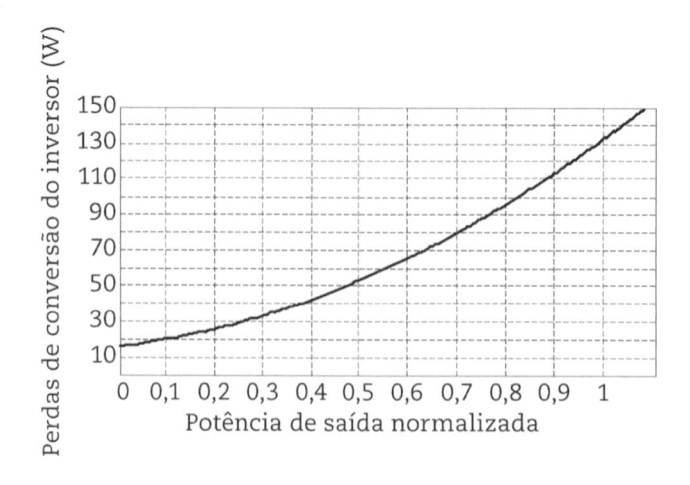

Fig. 3.29 Perdas de conversão c.c./c.a. em função do carregamento do inversor em c.a.

$$p_{\text{perdas}} = p_{FV} - p_{\text{Saída}} = (k_0 + k_1 p_{\text{Saída}} + k_2 p_{\text{Saída}}^2)$$

$$p_{\text{perdas}} = 0{,}006 + 0{,}013 p_{\text{Saída}} + 0{,}034 p_{\text{Saída}}^2$$

- De maneira análoga, determina-se a curva de eficiência do inversor, por meio da Eq. 3.6. Essa tarefa também é realizada variando-se a potência de saída de 0 a 2.700 W, que, normalizada, corresponde a uma variação de 0 a 1,08.

$$\eta_{Inv}(P_{\text{Saída}}) = \frac{P_{\text{Saída}}}{P_{\text{Entrada}}} = \frac{P_{\text{Saída}}}{P_{\text{Saída}} + P_{\text{Perdas}}} = \frac{p_{\text{Saída}}}{p_{\text{Saída}} + k_0 + k_1 p_{\text{Saída}} + k_2 p_{\text{Saída}}^2}$$

$$\eta_{Inv}(P_{\text{Saída}}) = \frac{p_{\text{Saída}}}{p_{\text{Saída}} + 0{,}006 + 0{,}013 p_{\text{Saída}} + 0{,}034 p_{\text{Saída}}^2}$$

A Fig. 3.30 mostra o perfil da curva de eficiência de conversão c.c./c.a. para o inversor analisado, em função de seu carregamento.

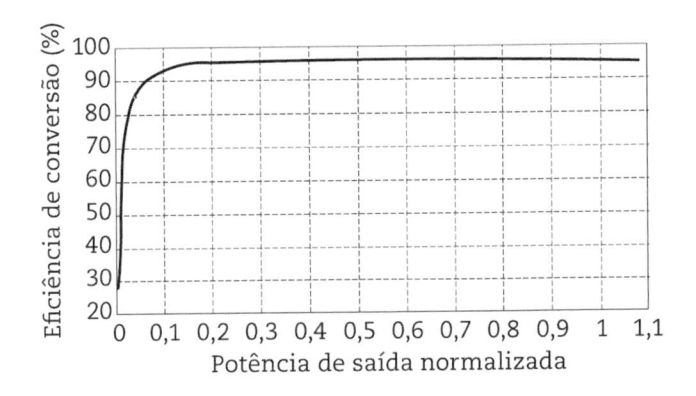

Fig. 3.30 Curva de eficiência de conversão c.c./c.a. em função do carregamento do inversor em c.a.

Instalação e Configuração de SFCRs

4

Para a implantação de um SFCR, é necessária a instalação de um gerador fotovoltaico para produzir eletricidade, ou seja, precisa-se dispor de um conjunto de módulos interconectados e suportes estruturais para a fixação arquitetônica dos módulos. Além disso, para converter a corrente contínua (c.c.) em corrente alternada (c.a.), em tensão de 220 V ou 127 V, análoga à fornecida pela rede elétrica convencional, necessitamos de um inversor de corrente contínua em alternada; inversor c.c./c.a.. Esse equipamento será responsável por converter a eletricidade produzida em c.c. pelo gerador fotovoltaico em eletricidade em c.a. possível de ser utilizada na rede elétrica convencional. O inversor é, portanto, um equipamento que deve ser instalado entre o gerador fotovoltaico e o ponto de fornecimento à rede (Fig. 4.1).

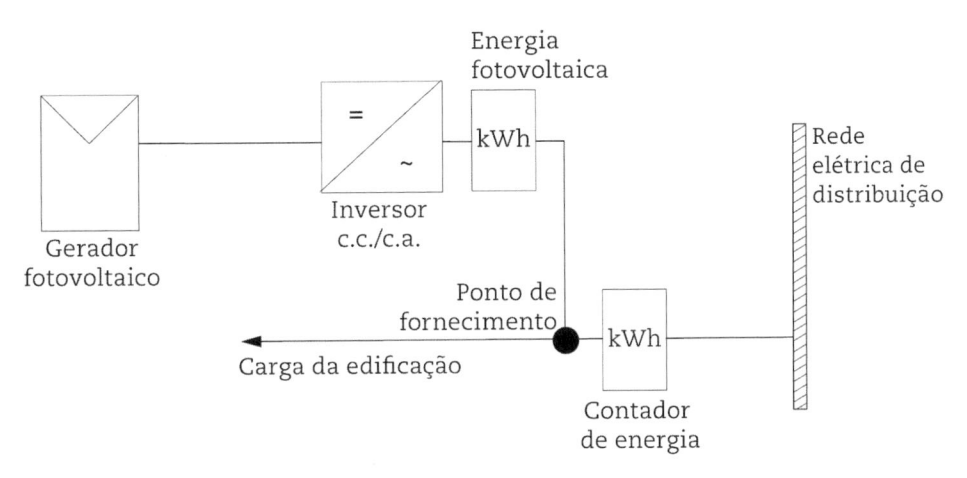

Fig. 4.1 Diagrama esquemático de uma sugestão para a conexão de um sistema fotovoltaico à rede

Para quantificar a energia fotovoltaica produzida, é necessário incluir um segundo contador de kWh (o primeiro contabiliza a energia adquirida da rede pela edificação), instalado entre o inversor e o ponto de conexão da concessionária de distribuição de eletricidade (Fig. 4.1). Esse contador permite registrar toda a energia gerada pelo sistema fotovoltaico. Se os contadores forem bidirecionais, essa modalidade de conexão permitirá descontar a energia consumida quando a produção fotovoltaica for superior à demanda da edificação.

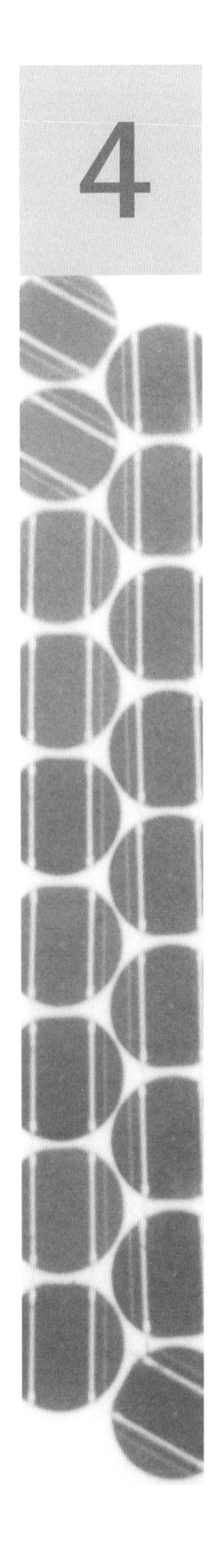

Existem outras modalidades de conexão – distintos pontos de entrega da energia à rede e distintas configurações dos contadores de energia –, mas, enquanto não houver regulamentação e remuneração definidas para a energia produzida pelos geradores fotovoltaicos conectados à rede, aconselha-se adotar a configuração apresentada no diagrama da Fig. 4.1. Na seção 4.2, essas questões são abordadas de maneira mais detalhada.

O inversor c.c./c.a., à parte do próprio gerador fotovoltaico, é o elemento mais importante de um SFCR, uma vez que o bom desempenho e a alta confiabilidade do sistema como um todo dependem do desempenho, da confiabilidade e do correto dimensionamento desse equipamento. Além de ter que apresentar alta eficiência de conversão (tipicamente entre 90% e 95% quando opera próximo à sua potência nominal), o inversor c.c./c.a. não deve introduzir harmônicos na rede no ponto onde está conectado.

Os inversores podem ser autocomutados ou comutados pela rede. Em geral, por motivos de segurança, sugere-se utilizar os inversores comutados pela rede, pois, nesse caso, quando a rede é desligada para manutenção, os inversores perdem a referência para comutação e desconectam o gerador fotovoltaico da rede, impedindo que esta permaneça ativa em função da operação dos sistemas fotovoltaicos. Com isso, evita-se o risco da ocorrência de acidentes com os funcionários da manutenção das concessionárias.

Por outro lado, caso sejam instalados inversores autocomutados, a edificação não ficará sem energia nos casos em que a rede estiver acidentalmente fora do ar; porém, para que isso ocorra com segurança (tanto para o SFCR como para a rede elétrica local), devem-se agregar ao inversor mecanismos de proteção capazes de evitar que a energia gerada pelos SFCRs seja injetada numa rede desligada, visando evitar o risco dos referidos acidentes.

4.1 Configurações de SFCRs

Existem diversas configurações de sistemas monofásicos de processamento de energia produzida por SFCR, que empregam as mais diversas topologias de conversores estáticos, operando com chaveamento em baixa ou alta frequências. De maneira geral, é possível dividir essas configurações em quatro grupos básicos:

a] topologias com um único estágio inversor (não isolado);
b] topologias com um único estágio inversor (isolado);
c] topologias com múltiplos estágios de conversão (isolados);
d] topologias com múltiplos estágios de conversão (não isolados).

A Fig. 4.2 mostra os diagramas de bloco representativos de cada uma dessas topologias. Vale ressaltar que o isolamento galvânico entre o lado c.c. e c.a. facilita o processo de utilização de proteções, como é o caso do aterramento do lado c.c.. Em vários SFCRs, por motivos de diminuição de custos e complexidade, o isolamento galvânico dos painéis não é utilizado, o que traz dificuldades em relação ao aterramento destes.

Outra classificação mais abrangente, associada às diversas concepções de SFCR, refere-se à topologia do inversor utilizado, às configurações gerador-inversor ou, ainda, ao emprego de módulos c.a., e divide-se em:

a] sistemas com uma única combinação gerador-inversor centralizada;
b] sistemas com várias combinações gerador-inversor descentralizadas (string configuration);
c] módulos c.a.;
d] sistemas com várias combinações de gerador e um único inversor centralizado (multi-string configuration).

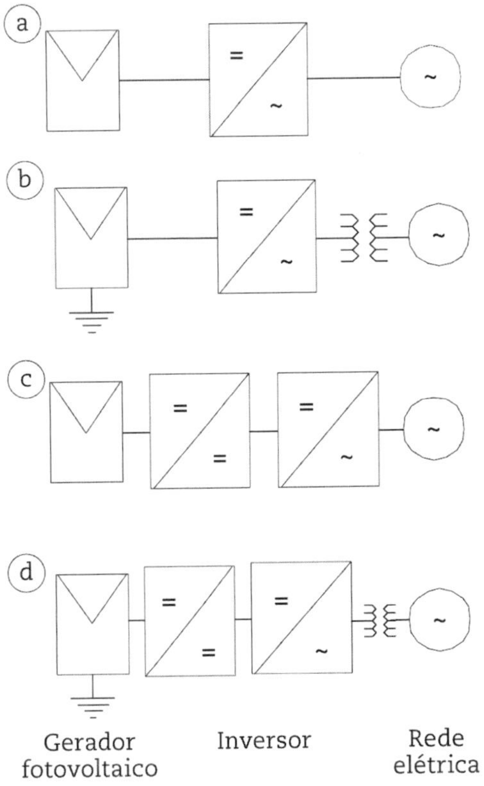

Sistemas com uma única configuração gerador-inversor centralizada geralmente são utilizados em instalações fotovoltaicas de grande escala (grandes centrais), as quais se situam em uma faixa de potência de 20 kW a 800 kW.

Atualmente, sistemas menores utilizam o conceito de strings, o qual, segundo Abella e Chenlo (2004), foi introduzido no mercado europeu em 1995, quando a SMA, empresa alemã fabricante de equipamentos eletrônicos microprocessados, lançou o inversor SWR 700. Com base na característica modular do gerador fotovoltaico, cada gerador é conectado a um inversor na faixa de potência entre 1 kW e 3 kW, fornecendo energia à rede elétrica na qual estão conectados. Vale ressaltar que algumas instalações em grande escala também têm utilizado esse conceito.

Uma terceira classificação está associada ao uso de módulos c.a.. Um módulo c.a. é a combinação de um módulo fotovoltaico com um inversor. O inversor converte a potência c.c. do módulo em potência c.a. e a injeta na rede elétrica convencional. O sistema de controle do inversor monitora continuamente a tensão e a frequência da rede e inibe o funcionamento do inversor se os parâmetros da rede estiverem fora dos valores predeterminados. Nessa configuração o inversor é instalado junto ao encapsulamento, na parte posterior do módulo, ou sobre a estrutura de suporte, próximo do módulo. A Fig. 4.3 permite visualizar as configurações mencionadas.

Fig. 4.2 Classificação dos tipos de sistemas monofásicos de processamento de energia fotovoltaica. Topologias com: (a) único estágio inversor, não isolado; (b) único estágio inversor, isolado; (c) múltiplos estágios de conversão, isolados; (d) múltiplos estágios de conversão, não isolados
Fonte: Rodrigues, Teixeira e Braga (2003).

4.2 Conexão com a rede de distribuição - ponto de conexão

O uso de sistemas fotovoltaicos conectados à rede elétrica era, até recentemente, influenciado pelas topologias dos inversores utilizados e dos padrões de conexão exigidos pela concessionária local. No entanto, a disseminação dessa aplicação por meio de políticas de incentivos fez com que as particularidades desses sistemas e a interação deles com a

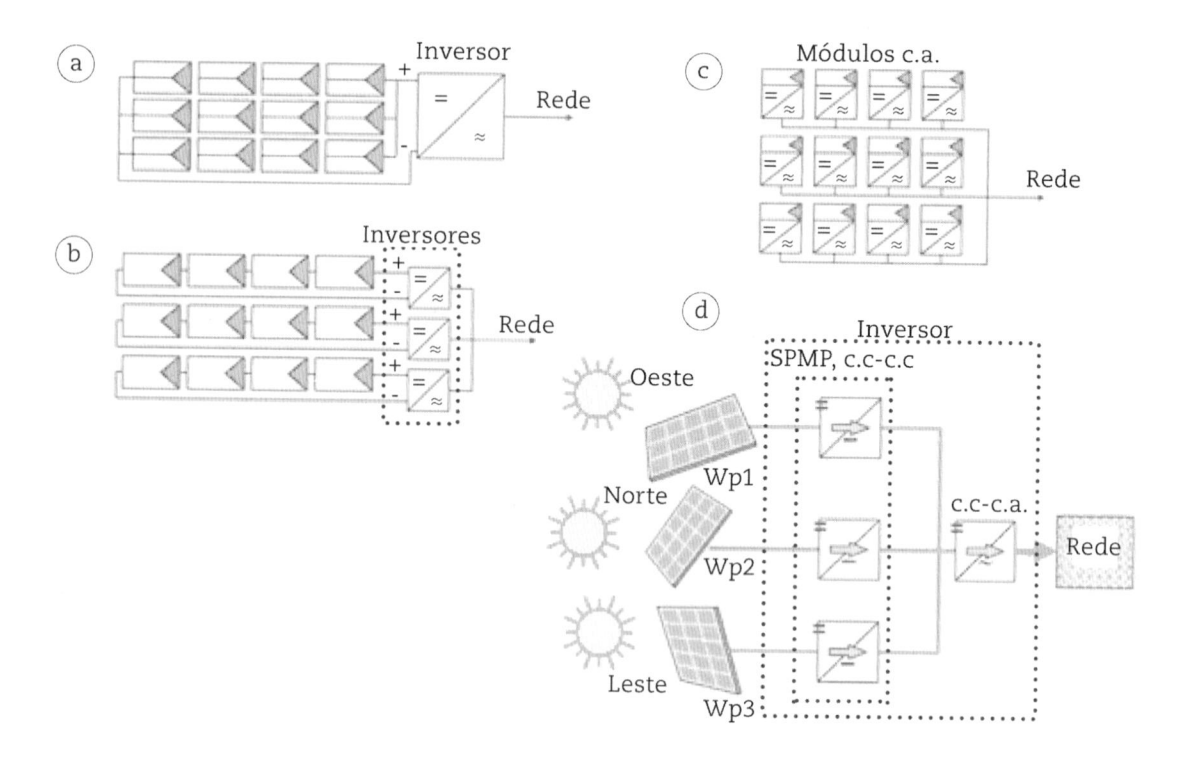

Fig. 4.3 Conceitos básicos de projeto para SFCRs: (a) sistemas com uma única combinação gerador-inversor centralizada; (b) sistemas com várias combinações gerador-inversor descentralizadas (*string configuration*); (c) módulos c.a.; (d) sistemas com várias combinações de gerador e um único inversor centralizado (*multi-string configuration*)
Fonte: modificado de Abella e Chenlo (2004).

rede elétrica possibilitassem uma série de configurações que implicaram várias formas de controle e conexão com a rede. Em consequência, surgiram várias formas de computar os fluxos para efeito de faturamento ou não.

Na atualidade, a tendência de uso da configuração baseada no conceito de *string* implica uma padronização no que se refere à combinação gerador fotovoltaico mais inversor, principalmente quando se fala nas aplicações em edificações. No entanto, a conexão e a consequente interação com a rede elétrica dependem também do tratamento dado a essa alternativa de geração de eletricidade em cada localidade específica.

As configurações e os componentes abordados na seção anterior são importantes para a definição de projetos de SFCR; porém, não se limitam à topologia do inversor, à combinação gerador-inversor ou mesmo ao tipo de módulo empregado, mas incluem os demais componentes que constituem o sistema. Para fins de análise dos fluxos de potência, os elementos básicos de um SFCR são:

- gerador fotovoltaico: responsável pela transformação da energia do Sol em energia elétrica c.c.;

- quadros de proteção: podem conter alarmes ou não, além de disjuntores, fusíveis e outras proteções;
- inversor: transforma a corrente contínua produzida pelo gerador fotovoltaico em corrente alternada;
- contadores ou medidores de energia: medem a energia produzida e consumida;
- rede elétrica: meio físico pelo qual a energia elétrica flui.

Com base nesses elementos, são várias as possibilidades de configurações para que uma instalação fotovoltaica seja efetivamente conectada à rede elétrica de baixa tensão, as quais podem ser estabelecidas de acordo com a existência ou não de regulamentações e incentivos. A seguir, abordam-se algumas configurações que possibilitam o entendimento da relevância dessas questões no desenvolvimento dessa aplicação da tecnologia fotovoltaica.

Nos SFCRs, o fornecimento de energia à rede elétrica pode ser realizado através de um medidor que registra o fluxo de potência em ambos os sentidos (*net metering*). De acordo com Zilles, Oliveira e Burani (2002), trata-se de uma forma de conexão (e de tarifação em que o preço de compra da energia gerada é igual ao preço da eletricidade comprada da rede) que permite ao consumidor compensar seu consumo de eletricidade com a sua geração própria num período determinado (geralmente um ano), sem levar em conta o período de consumo ou geração de energia (não considera a tarifação horária).

A Fig. 4.4 mostra um diagrama esquemático dessa configuração, em que o medidor 1 permite que o proprietário da instalação monitore o quanto de energia está fluindo para a rede (opcional), enquanto o medidor 2 (necessário) faz o balanço entre o que flui da edificação para a rede elétrica e da rede para a edificação, permitindo que a energia excedente produzida pelo SFCR seja descontada do total tarifado pela concessionária local. Ou seja, tudo se passa como se a residência na qual o SFCR está instalado vendesse à concessionária o excedente de energia gerada ao mesmo preço por que compra a energia da rede.

Essa configuração torna-se interessante para localidades onde não há nenhum incentivo à geração fotovoltaica de energia, como é o caso brasileiro, e o único retorno é a redução

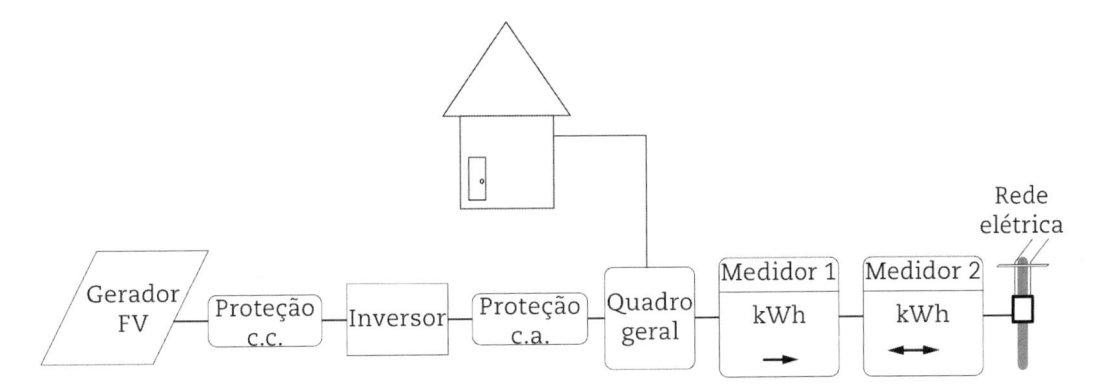

Fig. 4.4 Tipo de configuração de um SFCR geralmente usado em localidades sem incentivos

do consumo interno da edificação onde o SFCR está instalado. Em locais onde há demanda social a favor da energia fotovoltaica, torna-se propício o estabelecimento de normativas que sobrevalorizem a eletricidade fotogerada, tal como acontece na Espanha, onde a retribuição obtida pelos produtores com a transferência de energia elétrica à rede se dá por meio de uma premiação (sobrevalorização do preço pago na compra da energia fotogerada) estipulada de acordo com a potência instalada. A configuração adotada na Espanha é representada na Fig. 4.5.

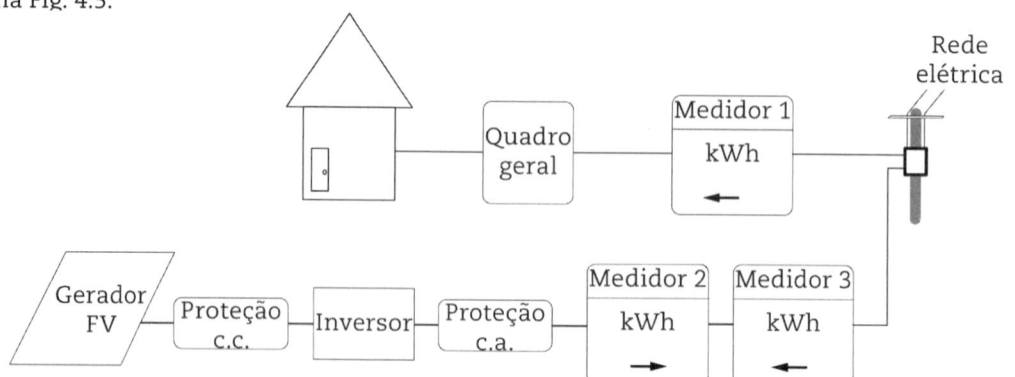

Fig. 4.5 Configuração de um SFCR instalado na Espanha

Na configuração da Fig. 4.5, o medidor 2 mede a energia produzida (que, nesse caso, corresponde à energia enviada à rede elétrica) para que esta possa ser faturada à companhia nos preços autorizados, enquanto um contador secundário, o medidor 3, mede os pequenos consumos dos equipamentos que constituem o SFCR para descontá-los da energia produzida. O medidor 1 mede o consumo da edificação, tarifada conforme se enquadre como residencial, comercial etc.

Nota-se, portanto, que o faturamento da energia gerada por um SFCR pode ser efetuado de várias formas, implicando diferentes pontos e formas de conexão. Essas questões podem ser mais bem ilustradas com base em exemplos representativos de uma determinada localidade. Supondo-se que em uma determinada região os SFCRs obrigatoriamente tenham que ser conectados no quadro geral da edificação, e que somente o excedente fornecido à rede elétrica seja beneficiado com incentivos, a configuração da Fig. 4.6 pode ser utilizada como padrão. Nessa situação, o faturamento da energia elétrica excedente produzida pelo SFCR é feito pelo medidor 1, enquanto o faturamento da energia elétrica consumida pela edificação é feito pelo medidor 2.

Por outro lado, se toda a energia produzida pelo SFCR instalado na região mencionada no parágrafo anterior for beneficiada com incentivos, independentemente do ponto de conexão, permitindo também que o excedente seja descontado no consumo final, a configuração da Fig. 4.7 torna-se mais interessante.

Nesse caso, o faturamento da energia elétrica consumida é feito com o medidor 2, o qual permite descontar a energia fotovoltaica excedente fornecida à rede de distribuição, além de receber os incentivos pela energia produzida e computada no medidor 1.

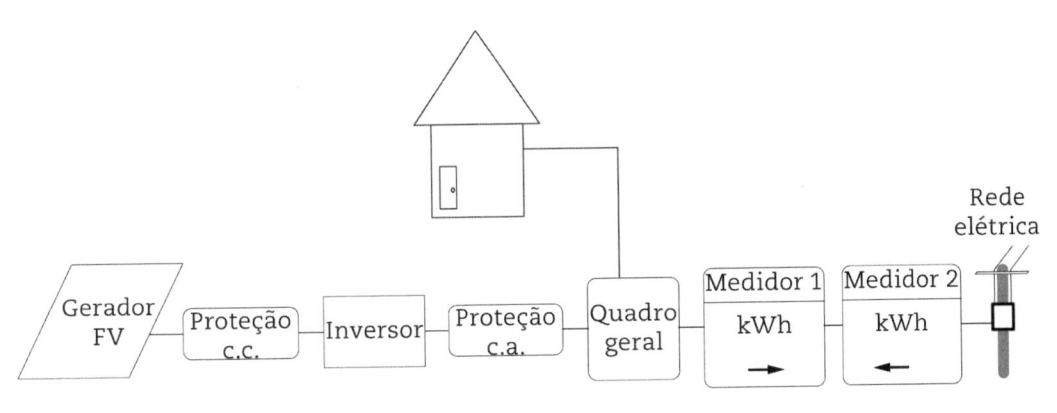

Fig. 4.6 Configuração de um SFCR em localidades onde a conexão é feita obrigatoriamente no quadro geral da edificação e somente o excedente é beneficiado com incentivo

Por meio dessas duas últimas análises, é possível destacar alguns aspectos interessantes. Na primeira situação (Fig. 4.6), é provável que o benefício dado pelo excedente levasse o proprietário ou responsável da edificação onde o SFCR está instalado a reduzir o seu consumo para vender mais excedente à rede elétrica, beneficiando-se duplamente. Isso se torna ainda mais provável de acontecer quando se trata de sistemas residenciais, nos quais há maior facilidade em administrar a carga.

Na segunda situação (Fig. 4.7), além da redução das perdas (carga localizada no ponto de conexão), essa configuração permite a redução do consumo pelo sistema *net metering*, possibilitando que o proprietário administre o seu consumo, beneficiando-se também desse aspecto.

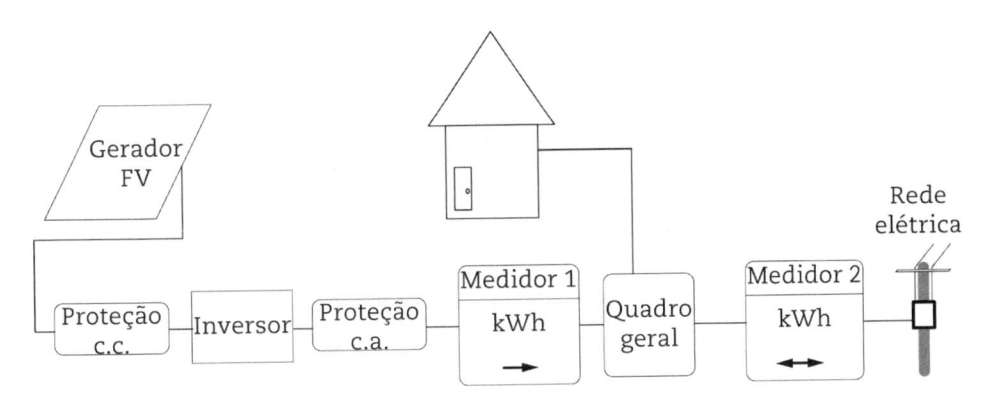

Fig. 4.7 Configuração de um SFCR em localidades onde toda a energia produzida é beneficiada com incentivos, independentemente do ponto de conexão

No caso específico do Brasil, onde a situação atual, em termos de incentivos e regulamentação relacionados a essa aplicação, é desfavorável, as configurações apresentadas nas Figs. 4.4 e 4.7 tornam-se as mais apropriadas para a disseminação desses sistemas, pois permitem a adoção do sistema de compensação de energia (*net metering*).

4.3 Outros elementos necessários à instalação

Além do gerador, do inversor e dos medidores de energia gerada ou comprada, são necessários outros elementos para a realização da instalação propriamente dita, entre os quais é importante citar as chaves liga/desliga entre o gerador fotovoltaico e o inversor e entre o inversor e a rede elétrica. Dessa forma, é possível "desligar" o sistema fotovoltaico para eventuais manutenções. Se forem utilizados inversores autocomutados na instalação, aconselha-se instalar uma chave entre o inversor e a rede, para o caso em que se queira desviar a energia gerada pelo sistema fotovoltaico para outra carga qualquer.

Outro aspecto importante a considerar no projeto de um SFCR é a redução da distância entre os geradores fotovoltaicos e o inversor, porque não é recomendável haver queda na tensão fotogerada entre eles. Da mesma forma, há uma relação de compromisso entre a bitola dos fios e os cabos utilizados. Cabos muito finos diminuem o custo e a desempenho do sistema. Portanto, devem-se considerar quais as menores perdas térmicas que justifiquem um investimento adicional em cabos e fios mais grossos. Nas instalações de sistemas fotovoltaicos, utilizam-se condutores de cobre (Cu), material que a 20°C apresenta uma resistividade $\rho_{cu} = 0{,}01724\ \Omega \cdot \text{mm}^2/\text{m}$ e um coeficiente de variação com a temperatura de $\alpha_{cu} = 0{,}0039\ 1/°C$, que permite determinar a influência da temperatura na resistividade dos materiais por meio da Eq. 4.1.

$$\rho(T) = \rho(20°C) \times (1 + \alpha(T - 20°C)) \tag{4.1}$$

Utilizando-se a Eq. 4.1 para considerar o efeito da temperatura, é possível determinar a seção mínima de condutor necessária para uma determinada instalação por meio da Eq. 4.2.

$$S\,(\text{mm}^2) = \rho\left(\frac{\Omega \cdot \text{mm}^2}{\text{m}}\right) \times \frac{d(\text{m}) \times I(\text{A})}{\Delta V(\text{V})} \tag{4.2}$$

Assim como no caso das estruturas metálicas, é importante que os cabos e fios utilizados nessas instalações estejam preparados para suportar as mais adversas condições climáticas, pois estarão expostos a intensa radiação, calor, frio e chuva por um longo período de tempo. Recomenda-se o dimensionamento de cabos e fios que garantam perdas térmicas de até 1,5% a uma temperatura do condutor de 40°C.

Há uma extensa faixa para a tensão c.c. utilizada em SFCRs. O uso de tensões maiores ou menores está muitas vezes relacionado ao tipo de inversor utilizado, o que implica algumas vantagens e desvantagens no que se refere à instalação, proteção e redução de perdas em c.c..

Níveis baixos de tensão c.c. têm a vantagem de ser mais seguros e mais apropriados para baixas potências. Por outro lado, quanto maior a tensão de entrada do inversor, mais simplificada se torna a instalação, o que permite transmitir quantidades de potência maiores e construir inversores mais compactos e eficientes. Contudo, a elevação do nível de tensão c.c. requer cautela na instalação e na operação, uma vez que a tensão de operação se torna muito mais perigosa.

4.4 Conexões trifásica, bifásica e monofásica

Apresenta-se aqui uma breve explanação dos tipos de conexões utilizados pelos SFCRs, os quais estão associados ao tipo de inversor e à topologia da rede elétrica local. Embora seja dada ênfase aos sistemas trifásicos, a explanação aplica-se a sistemas de distribuição monofásicos ou bifásicos, quando necessário.

Em geral, SFCRs com mais de 10 kW são conectados a um sistema de distribuição trifásico. Grandes instalações fotovoltaicas conectadas à rede elétrica têm, ao longo do tempo, utilizado inversores trifásicos. Nos últimos anos, porém, tem-se observado o aumento significativo do emprego de configurações de sistemas que utilizam o conceito de várias combinações de gerador-inversor descentralizadas, para todos os tamanhos de SFCR.

Alguns fabricantes de inversores defendem a tese de que o uso de várias combinações de gerador-inversor descentralizadas (*string configuration*) para conexão à rede elétrica é mais simples do que combinar um único gerador de módulos fotovoltaicos conectado a um inversor central. Isso porque o uso de um inversor central associado a um grande gerador fotovoltaico exige mais cuidado no cabeamento c.c. e pode acarretar mais perdas. Esse circuito deve trabalhar com uma tensão nominal c.c. elevada (p.ex., 600 V), ter proteção contra sobrecorrente para cada um dos ramos de circuito individual de módulos em série que constituem o gerador, e um barramento c.a. exclusivo para o único circuito de saída do inversor central. Esses grandes centros de coleta são mais difíceis de construir, têm custo elevado e muitos deles não estão listados no UL 1741, procedimento de testes desenvolvido pelo Underwriters Laboratories (UL) para inversores e controladores de carga usados em sistemas fotovoltaicos. Esses testes verificam se as recomendações da norma IEEE-929 estão ou não sendo cumpridas.

A Fig. 4.8 ilustra o circuito simplificado de um inversor trifásico de 10 kW existente no mercado, o qual está em concordância com a UL 1741 e com a prática IEEE-929 (IEEE, 2000), que promove regulamentação relacionada a equipamentos e funções necessários para assegurar a operação compatível de sistemas fotovoltaicos conectados em paralelo com a rede elétrica.

No que se refere ao uso de inversores monofásicos (ou bifásicos), a solução mais simples para a conexão das saídas de múltiplos inversores em um único ponto do sistema de distribuição é feita, em geral, por meio de um quadro de distribuição ao SFCR (Fig. 4.9). Esse quadro de distribuição pode ser instalado próximo aos inversores para minimizar a distância de vários pares de fiação.

Nessa forma de instalação, deve-se dar a devida importância para o balanceamento da conexão dos inversores pelas três fases do sistema de distribuição. Para calcular o tamanho do quadro trifásico dedicado ao SFCR, deve-se primeiro calcular a corrente por fase. A Fig. 4.10 ilustra uma configuração possível, com três inversores instalados em um sistema de distribuição trifásico, bem como o diagrama fasorial para o cálculo das correntes de fase.

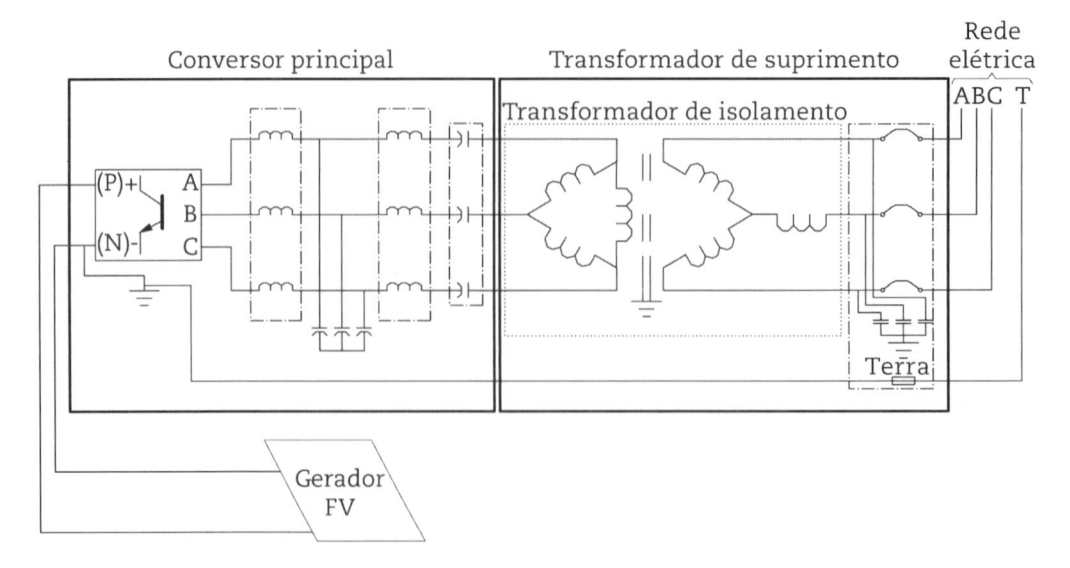

Fig. 4.8 Esquema simplificado de um inversor trifásico
Fonte: modificado de Xantrex/Trace (2001).

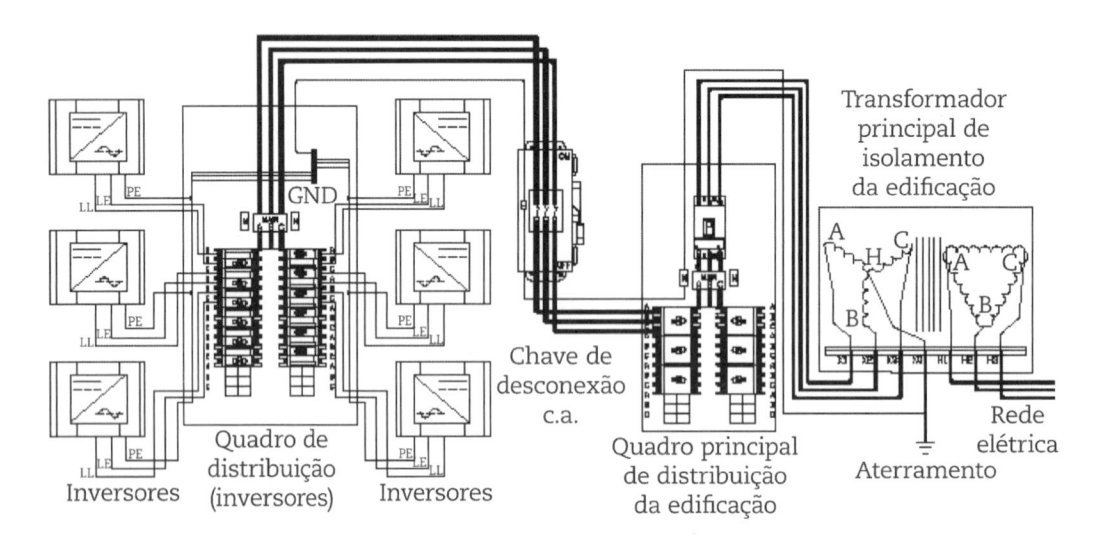

Fig. 4.9 Sistema de distribuição trifásico com múltiplos inversores monofásicos
Fonte: modificado de Sheldon (2002).

A instalação de um inversor monofásico no sistema de distribuição trifásico brasileiro é relativamente simples, uma vez que a maioria desses inversores é importada e fabricada de tal forma a fornecer tensões que variam de 190 $V_{c.a.}$ a 250 $V_{c.a.}$, permitindo a instalação entre duas fases, na maior parte do sistema de distribuição existente no país (127 $V_{c.a.}$, fase-neutro, e 220 $V_{c.a.}$, fase-fase). Além disso, a maioria desses equipamentos tem um transformador de isolamento interno que permite que o inversor trabalhe com qualquer configuração de sistema de distribuição (aterrado ou em flutuação).

Como a maior parte dos inversores é fabricada para fornecer corrente fase-fase, só pode ser conectada a um sistema de distribuição trifásico de forma equilibrada na configuração delta. A conexão fase-fase tem a vantagem de eliminar a corrente de neutro originada

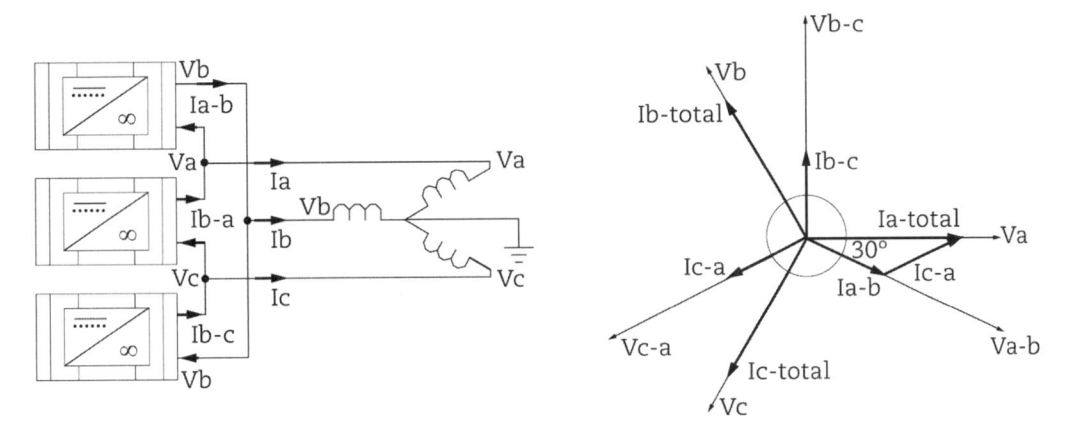

Fig. 4.10 Esquema simplificado e diagrama fasorial para conexão de múltiplos inversores à rede elétrica trifásica
Fonte: modificado de Sheldon (2002).

do desequilíbrio causado pela conexão de inversores monofásicos ao neutro do sistema de distribuição c.a.. Ademais, em muitas situações, o sistema de detecção de operação isolada pode ser ativado em caso de um desequilíbrio excessivo entre as fases do sistema. Portanto, um balanceamento adequado do número de inversores conectados ao sistema de distribuição é um fator importante para uma operação adequada dos SFCRs, assegurando que todos os condutores do sistema de distribuição possuam o mesmo carregamento, ou seja, uma quantidade equivalente de corrente. Essa característica dos sistemas bifásicos é extremamente importante quando comparada a aplicações que utilizam inversores monofásicos, uma vez que estes podem causar um desbalanceamento excessivo de tensão, em razão de valores elevados de corrente em qualquer uma das fases.

Muitos inversores disponíveis comercialmente para a aplicação em SFCR incluem um transformador de isolamento no seu circuito interno. Esse componente possibilita a seleção de uma tensão c.c. aceitável, compatível com os componentes que constituem o SFCR, além de evitar a realimentação através da terra entre o gerador fotovoltaico e a rede elétrica.

Um inversor com transformador possibilita a conexão galvânica entre a rede elétrica e o gerador fotovoltaico e, como consequência, correntes de fuga podem fluir através da capacitância entre o gerador fotovoltaico e a terra (Fig. 4.11).

Nota-se que a eliminação do transformador de isolamento interno torna os inversores mais simples de ser implementados, mas dificulta o aterramento da parte c.c. junto à parte c.a.. No entanto, se a concessionária local exigir o isolamento galvânico entre as partes c.c. e c.a., será necessário utilizar um transformador externo. Por outro lado, os SFCRs que utilizam inversores com transformador de isolamento interno só necessitarão de um transformador externo se a tensão c.a. da rede elétrica local for incompatível com a saída c.a. do inversor. Por exemplo, se o sistema de distribuição da rede elétrica local trabalha com tensão de 380 $V_{c.a.}$ entre fases, é necessário um transformador para adequar a tensão de trabalho do inversor se esta for, por exemplo, de 220 $V_{c.a.}$.

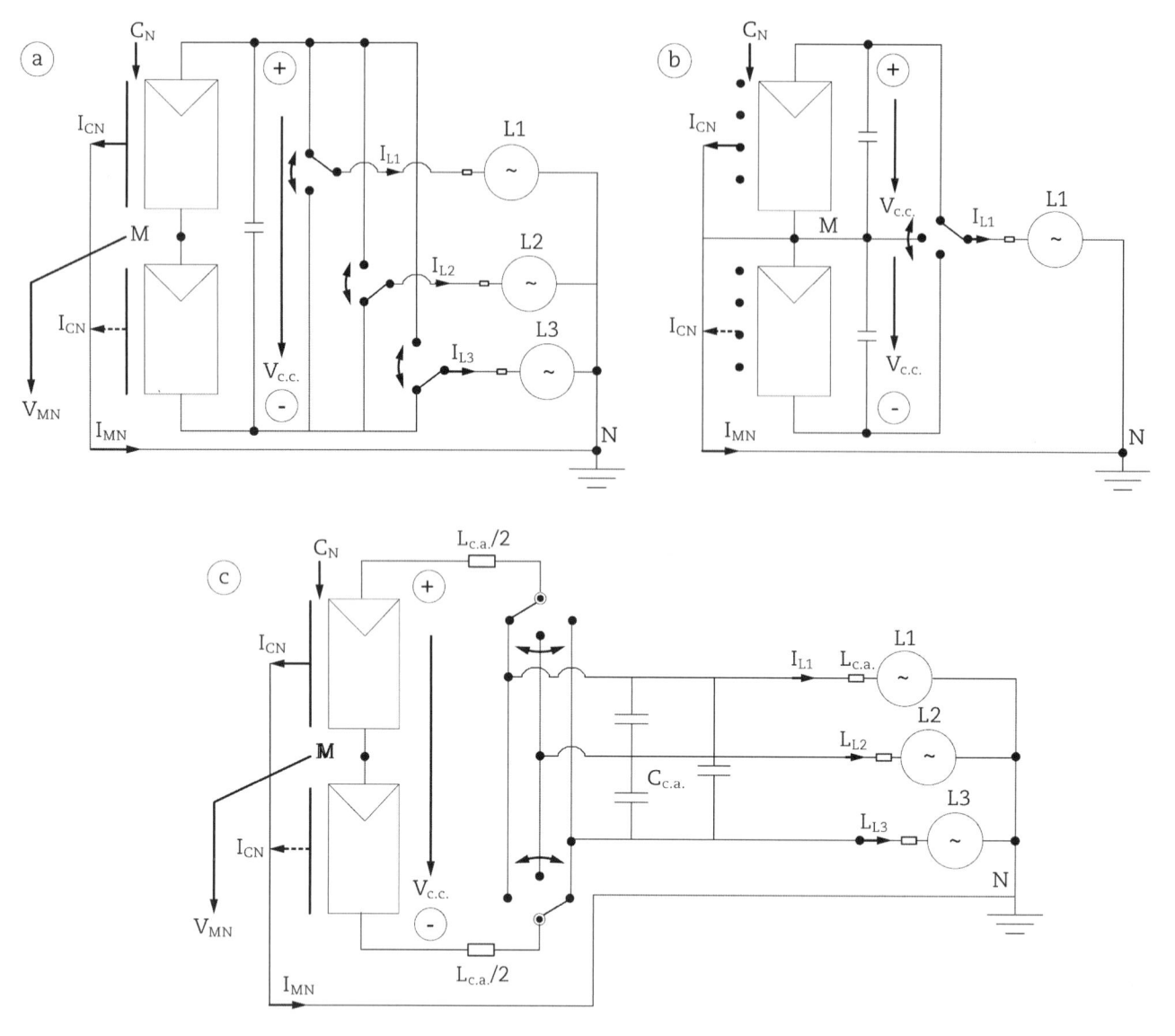

Fig. 4.11 Exemplo de configurações de inversores sem transformador de isolamento: (a) inversor VSI trifásico (*voltage source inverter*; tipo fonte de tensão); (b) inversor VSI monofásico; (c) inversor CSI trifásico (*current source inverter*; tipo fonte de corrente)
Fonte: modificado de Sheldon (2002).

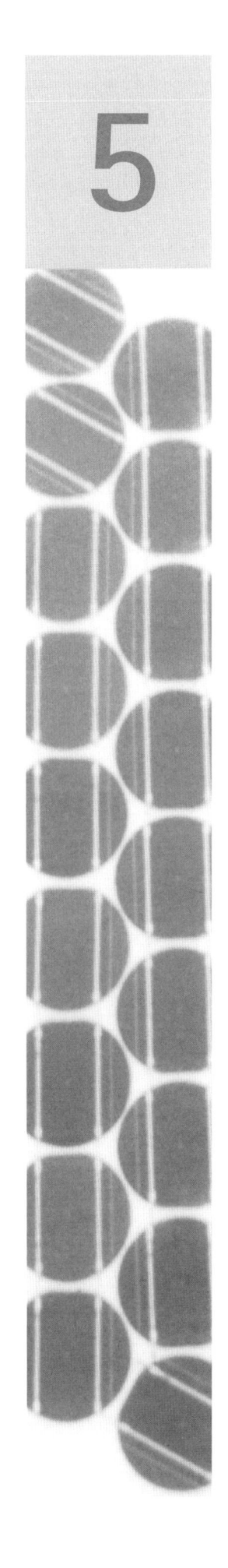

5 Exemplos de SFCRs Instalados no Brasil

O potencial brasileiro de uso de SFCRs, evidenciado pelos primeiros projetos já realizados e pelos que estão em fase de planejamento, aliado à experiência internacional de utilização desses sistemas, expõe a necessidade de realizar ações prévias à disseminação desse tipo de instalação fotovoltaica, com o objetivo de ajudar na consolidação dessa aplicação, tornando-a uma fonte de eletricidade competitiva e sustentável.

Antes de iniciar um amplo programa de apoio à entrada desse tipo de uso da tecnologia solar fotovoltaica, é importante realizar experiências piloto que tenham o intuito de (i) conhecer o seu comportamento técnico quando exposta às condições brasileiras de operação e (ii) determinar as normas e regulamentações que garantam o desempenho e a segurança de todos os envolvidos na sua utilização.

No Brasil, a inserção da tecnologia solar fotovoltaica não está sendo muito diferente da experiência de outros países. Inicialmente, ocorreu no meio rural, em geral por iniciativas governamentais ou de concessionárias que financiam a instalação de sistemas fotovoltaicos autônomos, como os *Solar Home Systems* (SHS) ou os sistemas de bombeamento de água.

Apenas a partir da segunda metade da década de 1990 é que começaram a surgir as primeiras experiências relacionadas à conexão de sistemas fotovoltaicos à rede convencional de distribuição de eletricidade, firmando no Brasil a tendência mundial de aumento da importância dessa aplicação da tecnologia. A Tab. 5.1 apresenta um breve resumo de algumas experiências de SFCRs realizadas no país entre 1995 e 2009.

Entre os anos de 1995 e 2009, foram instalados 39 SFCRs em território brasileiro, dos quais 35 encontravam-se em operação. Destes, 15 foram implementados por universidades e centros de pesquisa, 12 foram encabeçados por concessionárias de energia elétrica, cinco foram instalados por empresas privadas ligadas à energia solar, dois foram financiados por pessoas físicas em suas residências e um foi financiado por uma organização não governamental (Benedito, 2009). A seguir, detalham-se as características de algumas dessas experiências e apresentam-se dados de produtividade para alguns SFCRs.

Tab. 5.1 SFCRs instalados no Brasil entre 1995 e 2009

N°	Sistemas instalados	Potência	Ano de instalação	Situação
1	Chesf	11,00 kWp	1995	Desativado
2	Labsolar-UFSC	2,00 kWp	1997	Operando
3	LSF-IEE/USP	0,75 kWp	1998	Desativado
4	UFRJ/COPPE	0,85 kWp	1999	Desativado
5	Labsolar-UFSC	1,10 kWp	2000	Operando
6	Grupo FAE-UFPE (F. Noronha)	2,50 kWp	2000	Desativado
7	LSF-IEE/USP	6,30 kWp	2001	Operando
8	Labsolar-UFSC	10,24 kWp	2002	Operando
9	Cepel	16,32 kWp	2002	Operando
10	Intercâmbio Eletromecânico (RS)	3,30 kWp	2002	Operando
11	Grupo FAE-UFPE (F. Noronha)	2,40 kWp	2002	Operando
12	Celesc (3 × 1,40 kWp)	4,20 kWp	2003	Operando
13	LSF-IEE/USP	6,00 kWp	2003	Operando
14	UFRGS	4,80 kWp	2004	Operando
15	Cemig	3,00 kWp	2004	Operando
16	Escola Técnica de Pelotas	0,85 kWp	2004	Desativado
17	LSF-IEE/USP	3,00 kWp	2004	Operando
18	Grupo FAE-UFPE	1,28 kWp	2005	Operando
19	Clínica Harmonia (SP)	0,90 kWp	2005	Operando
20	UFJF (Faculdade de Engenharia)	31,70 kWp	2006	Operando
21	Cemig (CPEI-Cefet-MG)	3,24 kWp	2006	Operando
22	Cemig (GREEN-PUC-MG)	2,05 kWp	2006	Operando
23	Cemig (Efap-Sete Lagoas-MG)	3,00 kWp	2006	Operando
24	Casa Eficiente - Eletrosul	2,30 kWp	2006	Operando
25	Greenpeace (SP)	2,80 kWp	2007	Operando
26	Grupo FAE-UFPE	1,50 kWp	2007	Operando
27	Residência particular (PE)	1,00 kWp	2007	Operando
28	Gedae – UFPA	1,57 kWp	2007	Operando
29	LH2 – Unicamp	7,50 kWp	2007	Operando
30	Residência particular (SP)	2,90 kWp	2008	Operando
31	Solaris (Leme-SP)	1,04 kWp	2008	Operando
32	Zeppini (Motor Z)	2,40 kWp	2008	Operando
33	Zeppini (Fundição Estrela)	14,70 kWp	2008	Operando
34	Eletrosul (SC)	12,00 kWp	2009	Operando
35	Tractebel - SC (3 × 2,00 kWp)	6,00 kWp	2009	Operando

Fonte: Benedito (2009).

5.1 SFCRs INSTALADOS POR UNIVERSIDADES E CENTROS DE PESQUISA

5.1.1 As experiências da UFSC

A Universidade Federal de Santa Catarina (UFSC), representada pelo Laboratório de Energia Solar (LabSolar) e pelo Laboratório de Eficiência Energética em Edificações (LabEEE), vem desenvolvendo pesquisas com sistemas fotovoltaicos integrados a edificações e conectados à rede. Os grupos de pesquisa desses laboratórios instalaram três sistemas conectados à rede nas dependências do próprio *campus* da UFSC e assessoraram a instalação de diversos outros sistemas conectados, incluindo projetos de concessionárias e da iniciativa privada, como será discutido ao longo deste capítulo.

Sistema de 2 kWp no prédio da Engenharia Mecânica da UFSC

Esse projeto, financiado pela fundação Alexander von Humboldt, possui uma potência nominal de 2 kWp, instalados na face norte de um dos prédios da Faculdade de Engenharia Mecânica (onde se encontra o LabSolar) da UFSC, em Florianópolis. Instalado em setembro de 1997, esse sistema conectado à rede foi o primeiro no Brasil a ser integrado à estrutura arquitetônica do edifício. A Fig. 5.1 apresenta uma visão frontal e lateral do gerador fotovoltaico.

A instalação é composta por 68 módulos de silício amorfo dupla junção, com cobertura de vidro e sem moldura, sendo 54 opacos e 14 semitransparentes, cada um com 60 cm × 100 cm, todos do antigo fabricante Phototronics Solartechnik. Os 68 módulos foram divididos em quatro geradores, três com 16 e um com 20 módulos. Dos 20 módulos do quarto gerador, 14 são semitransparentes. A instalação conta com quatro inversores de 650 Wp da marca Würth, um para cada gerador fotovoltaico, inserindo a energia na rede a uma tensão de 220 V c.a.

O acompanhamento do comportamento do sistema é feito diariamente pelo LabSolar por meio de medições da irradiação (horizontal e no plano dos módulos), da temperatura dos módulos e do ambiente, das potências c.c. e c.a. entregues e da energia total gerada. O desempenho do sistema pode ser avaliado com os dados de produtividade anual (Y_F) disponíveis para oito anos de operação, entre 1998 e 2005, conforme mostra a Tab. 5.2.

O valor médio de Y_F é de 1.259 kWh/kWp, o que revela um fator de capacidade médio de 14%. Até

Fig. 5.1 Detalhes do gerador fotovoltaico do sistema de 2 kWp no prédio da Engenharia Mecânica da UFSC
Fonte: Rüther et al. (2006).

Tab. 5.2 Produtividade anual do sistema de 2 kWp da UFSC entre 1998 e 2005

Ano	Produtividade (kWh/kWp)
1998	1.293
1999	1.231
2000	1.320
2001	1.254
2002	1.181
2003	1.264
2004	1.250
2005	1.277
Média	1.259

Fonte: Rüther et al. (2006).

meados de 2009, o sistema operava normalmente, sem falhas técnicas significativas desde a sua implantação (Benedito, 2009).

Sistema de 1,1 kWp no Centro de Convivência da UFSC

Três anos depois, em dezembro de 2000, o LabSolar expandiu sua experiência com a conexão de mais um SFCR, também localizado no *campus* da UFSC, em Florianópolis. Esse sistema foi incorporado à estrutura do edifício do Diretório Central dos Estudantes (DCE) (Fig. 5.2). Assim como a instalação dos 2 kWp apresentada anteriormente, essa instalação foi financiada por fundos de pesquisa da UFSC e por recursos do próprio LabSolar, pois os objetivos eram puramente acadêmicos.

Fig. 5.2 Sistema de 1,152 kWp do LabSolar-SC

Com uma potência total instalada de 1,152 kWp, dividido em 18 módulos Unisolar US64 de silício amorfo, esse sistema apresenta dois geradores, um com dez e outro com oito módulos. Cada gerador fotovoltaico possui *strings* com dois módulos conectados em série. Portanto, os geradores com dez e oito módulos possuem cinco e quatro *strings*, respectivamente. Dessa forma, cada gerador opera numa tensão de 33 Vdc e está conectado a um inversor WE500 com 650 W de potência nominal, entregando a energia gerada pelo sistema em 220 V c.a. no barramento da edificação.

Sistema de 10,24 kWp no Centro de Cultura e Eventos da UFSC

A Fig. 5.3 mostra a instalação de 10,24 kWp sobre a cobertura do Centro de Cultura e Eventos da UFSC. O SFCR é constituído de 80 módulos fotovoltaicos flexíveis de 128 Wp, fabricados em silício amorfo de junção tripla pela UniSolar. O conjunto de módulos, cuja inclinação corresponde à latitude local (27°), ocupa uma área de 173 m², o que representa apenas 7,6% da área da cobertura.

O gerador fotovoltaico injeta energia na rede elétrica da edificação por meio de nove inversores da marca Würth. Nos dois primeiros anos de operação, o sistema gerou 27.950 kWh, com produtividade anual média de 1.365 kWh/kWp e fator de capacidade médio de 16%. O consumo anual do prédio, excetuando o sistema de ar condicionado, que é alimentado por um circuito independente, está estimado em 172.747 kWh. Dessa forma, a energia fotogerada corresponde a aproximadamente 8% do consumo médio da edificação (Viana et al., 2007).

5.1.2 As experiências do Grupo FAE-UFPE

O Grupo de Pesquisa em Fontes Alternativas de Energia da Universidade Federal de Pernambuco (FAE-UFPE) foi responsável, desde o ano 2000, pela implantação de quatro SFCRs na região Nordeste, dos quais três, até meados de 2009, encontravam-se em funcionamento e são apresentados na sequência.

Fig. 5.3 Sistema de 10,24 kWp na cobertura do Centro de Cultura e Eventos da UFSC
Fonte: Viana et al. (2007).

Sistema de 2,4 kWp com baterias do Hospital São Lucas - Fernando de Noronha/PE

Em setembro de 2000, o Grupo FAE-UFPE instalou o primeiro sistema fotovoltaico interligado à rede elétrica em uma ilha (Ilha de Fernando de Noronha). A rede de distribuição de eletricidade de Fernando de Noronha é abastecida por geradores a diesel (Usina Termelétrica Tubarão). O sistema fotovoltaico conectado à rede é parte de um projeto de Pesquisa e Desenvolvimento (P&D), "Minicentrais fotovoltaicas para a geração distribuída em ilhas - Estudo de caso: Arquipélago Fernando de Noronha", o qual pretende difundir a tecnologia fotovoltaica como uma fonte viável de potência no arquipélago, além de analisar e documentar o comportamento do desempenho de sistemas fotovoltaicos conectados à rede em ilhas.

Financiado com recursos do projeto Celpe3/Aneel - UFPE, o sistema instalado dispõe de um gerador fotovoltaico de 2,4 kWp, composto de oito módulos fotovoltaicos de 300 Wp. O inversor utilizado nessa instalação é um Trace 4048 de 4 kVA, com tensão de entrada de 48 V c.c. e de saída de 110 V c.a.. O sistema está instalado sobre o telhado do Hospital São Lucas, no Arquipélago de Fernando de Noronha (PE), ocupando uma área de 19,4 m² (Barbosa; Lopes; Tiba, 2004). A Fig. 5.4 mostra o gerador fotovoltaico que constitui o sistema.

Fig. 5.4 Sistema de 2,4 kWp no Hospital São Lucas (Fernando de Noronha - PE)
Fonte: Barbosa, Lopes e Tiba (2004).

Em razão da baixa confiabilidade da rede de distribuição elétrica, manifestada por inúmeras paradas no fornecimento, optou-se por adicionar um sistema de armazenamento capaz de garantir o abastecimento de cargas de iluminação do Hospital São Lucas por um período maior ou igual a 1,5 hora, desde que a potência total fosse menor ou igual a 3,6 kW. O sistema de armazenamento conta com oito baterias concorde de 130 Ah e 12 V, arranjadas em dois *strings* (de quatro baterias conectadas em série) conectados em paralelo.

Sistema de 1,28 kWp com baterias no *campus* da UFPE

Implantado em 2005, inicialmente com uma potência instalada de 1,6 kWp, formado por 20 módulos de silício policristalino de 80 Wp cada um, e um inversor de 1 kW de potência nominal. A Fig. 5.5 ilustra a disposição dos módulos desse sistema, formando a sigla da UFPE.

O sistema operou com essa configuração de forma satisfatória por algum tempo, até ser reconfigurado em 2006, quando passou a conter um banco de baterias e houve a remoção de um *string* de quatro módulos, em razão de danos físicos em dois deles, de forma que o novo gerador passou a ter 1,28 kWp. O inversor original, de 1 kW, danificado no primeiro ano de operação, também foi substituído por outro de 4 kW (Benedito, 2009). A presença do sistema de acumulação tem como objetivo estudar o comportamento do sistema para uma situação emergencial em que não pode haver interrupção no fornecimento de energia elétrica, como é o caso de um laboratório de vacinas em um centro de saúde.

Fig. 5.5 Sistema de 1,28 kWp no *campus* da UFPE
Fonte: Barbosa, Silva e Melo (2007).

O balanço energético da edificação para os meses de junho, julho e agosto de 2007 demonstrou que o consumo médio mensal da carga foi de 168 kWh, e a energia mensal necessária para o carregamento do sistema de baterias foi de 77 kWh, totalizando 245 kWh consumidos. A energia fotovoltaica produzida foi de 65 kWh mensais, e a energia proveniente da rede convencional foi de 180 kWh mensais; portanto, no período considerado, nenhuma energia fotogerada foi injetada na rede, a não ser de forma instantânea, em momentos de elevada irradiação (Barbosa; Silva; Melo, 2007; Benedito, 2009).

Em suma, a experiência demonstrou ser útil um sistema de acumulação nos casos de falta total da rede convencional. Essa opção, porém, só deve ser considerada em casos excepcionais, pois exige investimentos adicionais e, como ficou demonstrado, o consumo elevado para o carregamento das baterias pode inviabilizar a injeção de energia fotogerada na rede elétrica (Benedito, 2009).

Sistema de 1,5 kWp do Restaurante Lampião

Em setembro de 2007, com financiamento do Ministério das Minas e Energia, o Grupo FAE-UFPE assessorou a instalação de mais um SFCR, dessa vez no Restaurante Lampião, localizado no município de Piranhas (AL), às margens do Rio São Francisco, na região de

Xingó. O sistema conta com 12 módulos de 125 Wp, dispostos em formato de um tucunaré, sobre uma estrutura flutuante, totalizando 1,5 kWp de potência instalada (Benedito, 2009). A conversão da energia c.c. em c.a. é feita por meio de um inversor de 1,1 kW, conectado ao quadro geral da edificação e à rede elétrica da Companhia Elétrica de Alagoas (Ceal). A Fig. 5.6 mostra os detalhes do arranjo que constitui o gerador fotovoltaico.

A seleção do local foi baseada em alguns critérios técnicos adotados no início do projeto, como o fato de o proprietário do estabelecimento possuir uma renda sustentável, de o sistema ser um atrativo para os turistas e, portanto, incentivar o turismo técnico-ecológico, e também pelo fato de os proprietários terem se envolvido na instalação e na guarda dos equipamentos. Eles também deveriam permitir à companhia energética local o acompanhamento de seus gastos mensais com energia (Barbosa et al., 2008).

Dados de janeiro a abril de 2008 mostram que a energia produzida pelo SFCR do Restaurante Lampião foi superior ao consumo de 483 kWh do estabelecimento. Durante esse período, foram produzidos 568 kWh, dos quais 192 kWh foram enviados para a rede da Ceal, o suficiente para suprir a demanda de uma pequena residência (Barbosa et al., 2008). De acordo com esses dados e com a potência instalada, é possível estimar uma produtividade média mensal, referente ao período de janeiro a abril de 2008, de aproximadamente 95 kWh/kWp.

Fig. 5.6 Sistema de 1,5 kWp no Restaurante Lampião (Piranhas-AL)
Fonte: Barbosa et al. (2008).

5.1.3 A experiência do Cepel

Em dezembro de 2002, a empresa BP-Solar, vencedora da licitação internacional, vendeu e instalou um SFCR na cobertura do Bloco J do Centro de Pesquisas de Energia Elétrica (Cepel), localizado na Ilha do Fundão, Rio de Janeiro. O sistema possui 16,32 kWp distribuídos em seis subgeradores com 17 módulos conectados em série e dois *strings* conectados em paralelo, totalizando 204 módulos fotovoltaicos BP580F de 80 Wp cada um. A Fig. 5.7 apresenta uma foto do gerador fotovoltaico que constitui o sistema.

Esse sistema possui seis inversores Sunny Boy da SMA, modelo SWR 2500U, conectados em delta dois a dois em paralelo. O gerador fotovoltaico entrega a energia aos inversores a uma tensão média de 306 $V_{c.c.}$, enquanto o sistema injeta a energia gerada à rede em baixa tensão (220 $V_{c.a.}$). A Fig. 5.8 mostra detalhes da disposição dos inversores num compartimento interno da edificação.

Inicialmente se previa uma geração de aproximadamente 19,5 MWh. No entanto, monitorados os primeiros meses de operação, essa estimativa foi corrigida para 21 MWh/ano. O fator de capacidade (*FC*) do sistema é estimado em 14,7%, com uma geração média de 57,6 kWh/dia (Galdino, 2005; Benedito, 2009). A produtividade anual (Y_F) estimada foi de 1.290 kWh/kWp.

Fig. 5.7 Gerador fotovoltaico conectado à rede de 16,32 kWp, instalado no Cepel (Ilha do Fundão, Rio de Janeiro)

5.1.4 A experiência da UFRGS

Em 10 de julho de 2004, com financiamento da Companhia Estadual de Energia Elétrica (CEEE) do Rio Grande do Sul, empresa concessionária local, o Laboratório de Energia Solar da Universidade Federal do Rio Grande do Sul (LES-UFRGS) instalou um SFCR de distribuição de eletricidade. Essa iniciativa tem objetivos didáticos, de demonstração da viabilidade da tecnologia e de estudo do comportamento dessa aplicação da tecnologia fotovoltaica. O sistema possui 48 módulos de 100 Wp cada um, todos construídos com células de silício monocristalino, totalizando uma potência nominal de 4,8 kWp. A Fig. 5.9. apresenta a fachada do prédio do Laboratório de Energia Solar da UFRGS com os módulos instalados.

Fig. 5.8 Detalhes da disposição dos inversores conectados na configuração trifásica em delta

Os módulos que compõem a instalação foram distribuídos em seis *strings*, cada um com oito módulos. Os seis *strings* foram agrupados em três subgeradores, cada um com dois *strings* ligados em paralelo. Cada subgerador foi ligado a um inversor senoidal de 1.100 W. Os três inversores da instalação foram conectados em triângulo à rede, de forma a distribuir simetricamente, entre as três fases, a energia entregue pelo sistema. A conexão dos subgeradores aos inversores e à rede é feita dentro de um quadro geral, no qual também há um sistema de aquisição de dados, um medidor de kWh e elementos de proteção (Fig. 5.10).

Fig. 5.9 SFCR do Laboratório de Energia Solar da Universidade Federal do Rio Grande do Sul (LES-UFRGS)

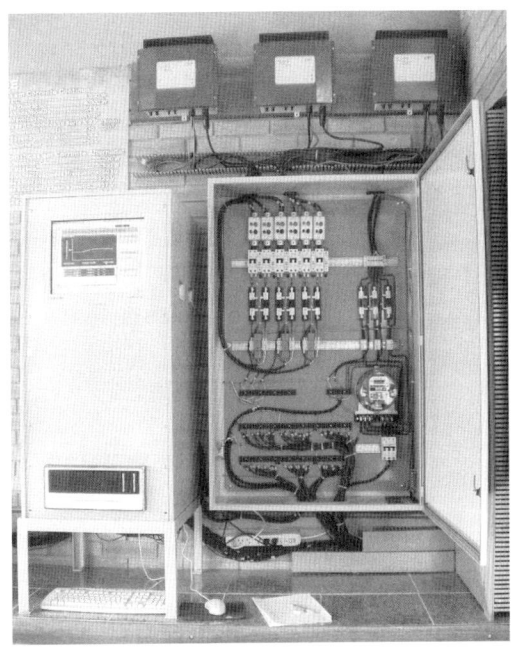

Fig. 5.10 Inversores, gabinete de conexões e sistema de aquisição de dados
Fonte: Dias (2006).

Com base em dados experimentais de irradiação no plano dos painéis e da temperatura ambiente, para um período de sete anos, estimou-se a energia produzida anualmente pelo sistema em 5.783 kWh, o que resulta numa produtividade anual de 1.205 kWh/kWp e, portanto, num fator de capacidade de 13,8% (Dias, 2006).

5.1.5 A experiência da UFJF

Em 2005, a Faculdade de Engenharia da Universidade Federal de Juiz de Fora (UFJF) implantou um SFCR de 31,70 kWp (Fig. 5.11).

Essa instalação é composta de 264 módulos de silício policristalino, com 120 Wp cada um, todos do fabricante BP-Solar. Esses módulos estão organizados em 11 arranjos independentes, cada um com 24 módulos (Vinagre, 2005).

A energia fotogerada passa por conversores c.c.-c.c. e c.c.-c.a., os quais empregam um chaveamento com modulação seletiva harmônica, para reduzir a quantidade de harmônicos na tensão c.a. entregue à rede. Em seguida, as tensões trifásicas produzidas por cada um dos inversores são somadas por meio de um banco

Fig. 5.11 Geradores da usina fotovoltaica de 31,70 kWp da UFJF
Fonte: Vinagre (2005).

de transformadores, os quais estão conectados a uma subestação de distribuição da faculdade, dentro do *campus* da UFJF.

5.1.6 As experiências do LSF-IEE-USP

O início das atividades do Laboratório de Sistemas Fotovoltaicos do Instituto de Eletrotécnica e Energia da Universidade de São Paulo (LSF-IEE-USP) ocorreu em abril de 1998, no âmbito do Programa para o Desenvolvimento das Aplicações da Energia Solar Fotovoltaica, financiado pela Fundação de Amparo à Pesquisa do Estado de São Paulo (Fapesp), quando um sistema fotovoltaico de 750 Wp foi instalado e conectado à rede elétrica da Eletropaulo, concessionária de energia que serve o *campus* da USP. A Fig. 5.12 mostra os dez módulos que constituem o gerador fotovoltaico instalado na parte central de uma estrutura metálica.

Fig. 5.12 Gerador fotovoltaico do primeiro sistema conectado à rede elétrica do LSF-IEE-USP

Esse sistema foi instalado em 1998 nas dependências do LSF-IEE-USP e era constituído de dez módulos fotovoltaicos da Siemens, modelo SP75, de 75 Wp cada um, em silício monocristalino. Esses módulos estão conectados em série, resultando em uma potência nominal de 750 Wp, com tensão e corrente de trabalho da ordem de 170 V e 4,4 A, respectivamente, para uma condição de irradiância incidente e temperatura da célula de aproximadamente 1.000 W/m^2 e 25°C, respectivamente. O ângulo de inclinação dos módulos é de aproximadamente 23°, voltados para o norte, com o objetivo de otimizar a irradiação solar coletada ao longo do ano (kWh/m^2).

A conexão à rede era feita por meio de um inversor SMA de 700 W, de forma que a energia produzida pelo sistema era injetada em 220 V entre as fases. Inicialmente, por questões de segurança, a concessionária exigiu a instalação de um transformador logo após o inversor, a fim de garantir a isolação galvânica. A energia era então injetada em 127 V entre uma das fases do laboratório e o neutro. Porém, como ficou demonstrado que o próprio inversor já possuía transformador de isolamento, a exigência do transformador foi retirada e ele foi removido da instalação, o que provocou benefícios ao sistema, pois seu consumo era significativo (cerca de 50 W de potência).

A partir da experiência da conexão do sistema de 750 Wp à rede, tornou-se possível a expansão desse experimento por meio da incorporação de mais dois sistemas conectados à rede elétrica, um de 12,3 kWp e outro de 3 kWp, detalhados a seguir.

Sistema de 12,3 kWp no prédio da administração do IEE-USP

Em 2003, foi concluída a instalação do sistema de 12,3 kWp na fachada do prédio da administração do Instituto de Eletrotécnica e Energia da Universidade de São Paulo (IEE-USP).

Trata-se de um sistema constituído por 80 módulos de silício monocristalino do fabricante Atersa, e 80 módulos de silício policristalino do fabricante Solarex, dispostos em oito subgeradores de 20 módulos cada um, os quais ocupam uma área total de 128 m². A Fig. 5.13 apresenta detalhes do gerador fotovoltaico. A instalação teve apoio financeiro da Fapesp, do Programa de Uso Racional de Energia e Fontes Alternativas da Universidade de São Paulo (Purefa), com financiamento da Financiadora de Estudos e Projetos (Finep), do Conselho Nacional de Desenvolvimento Científico e Tecnológico (CNPq) e do Ministério de Minas e Energia (MME), e está em operação desde dezembro de 2003. Nos anos de 2004 e 2005, o sistema operou com capacidade de 11,07 kW. Essa iniciativa buscou, entre outras coisas, estudar a relação ótima entre a potência dos geradores e a dos inversores (Macêdo; Zilles, 2006).

Fig. 5.13 Vistas da fachada norte do prédio da administração do IEE-USP com os geradores fotovoltaicos integrados a ela e funcionando como elemento de sombreamento das janelas

Como é possível observar, todos os subgeradores fotovoltaicos foram incorporados arquitetonicamente à edificação, servindo como elementos de sombreamento, reduzindo a carga térmica da edificação e, consequentemente, o consumo do ar-condicionado. Na configuração original, cada subgerador é formado por dois *strings* de dez módulos em série, conectados em paralelo a um inversor de 1 kW. Os oito inversores, por sua vez, estão ligados em paralelo a duas fases do barramento interno do prédio, injetando energia em 220 V na rede elétrica de baixa tensão. A Fig. 5.14 mostra os inversores instalados num compartimento interno da edificação, também utilizado como sala de monitoramento.

Os dados de irradiância, temperatura dos módulos, produtividade e parâmetros elétricos da instalação são obtidos por meio de um sistema de aquisição e podem ser monitorados a partir de um computador, na mesma sala onde ficam os inversores.

Dados de produtividade coletados no período de janeiro de 2004 a dezembro de 2005, quando o sistema operava com apenas 11,07 kWp, mostram que o sistema produziu 23.174 kWh, o que resultou numa produtividade anual de 1.047 kWh/kWp. O consumo do prédio, por outro lado, foi estimado em 1.800 kWh, a partir de dados medidos de agosto a novembro de 2005. A instalação fotovoltaica produz, portanto, cerca de 54% da energia elétrica requerida pelo prédio da administração do IEE.

Fig. 5.14 Sala de monitoramento do sistema de 12,3 kWp do IEE-USP

Com base nos dados do ano de 2004, calculou-se em 1.090 kWh/kWp o valor de Y_F e em 71% o índice PR. Já o fator de capacidade obtido foi de 12,5%. Esses valores podem variar de ano para ano de acordo com fatores climáticos como maior ou menor nebulosidade, por exemplo.

Até o ano de 2009, o sistema, com potência nominal de 12,3 kWp, operava de forma bastante satisfatória. Ele tem servido para análise da confiabilidade da tecnologia fotovoltaica na produção descentralizada de eletricidade; também tem permitido a divulgação, perante o público da USP e os visitantes do campus, de uma forma alternativa de produção de eletricidade no próprio ponto de consumo, servindo como base para projetos futuros semelhantes.

Sistema de 3 kWp no estacionamento do IEE-USP

Como consequência da expansão do uso de fontes renováveis de energia dentro da USP, foi instalado, numa área de aproximadamente 30 m^2 do estacionamento do IEE, outro SFCR de 3 kWp, que, além de produzir eletricidade, funciona como elemento de sombreamento para automóveis. Essa instalação teve apoio financeiro do Purefa e foi concluída em dezembro de 2004. A Fig. 5.15 mostra uma foto do gerador fotovoltaico que constitui o sistema.

Esse sistema é constituído de três subgeradores de 1 kWp, cada um conectado a um inversor de 1 kW (modelo Sunny Boy 1100 U da SMA). Os inversores foram instalados logo abaixo do gerador fotovoltaico, tal como ilustra a Fig. 5.16.

O gerador fotovoltaico é composto de 60 módulos de silício policristalino do fabricante Astropower, todos com potência nominal de 50 Wp. Cada um dos subgeradores é formado por 20 módulos organizados em dois strings de dez módulos, ligados em série e em paralelo.

Fig. 5.15 Sistema de 3 kWp no estacionamento do IEE-USP

Entre maio de 2005 e maio de 2009, esse SFCR produziu 12.363 kWh. Nem sempre, porém, o sistema operou com 3 kWp de potência nominal, porque uma fileira de módulos não pôde ser conectada ao seu respectivo inversor, por ocasião da instalação, em razão da quebra de um dos módulos. Dessa forma, até meados de 2005 o sistema operava com apenas 2,5 kWp. Nesse período, as medições realizadas indicaram uma produtividade mensal de 88,3 kWh/kWp (ou 1.260 kWh/kWp ao ano) e permitiram calcular um fator de capacidade de 12,3% (Lisita, 2005). Atualmente, esse SFCR opera normalmente com seus 3 kWp nominais.

Fig. 5.16 Detalhe dos inversores alocados de maneira parcialmente exposta a intempéries

5.1.7 A experiência do Gedae - UFPA

Em dezembro de 2007, o Grupo de Estudos e Desenvolvimento de Alternativas Energéticas (Gedae), situado no *campus* da Universidade Federal do Pará (UFPA), colocou em funcionamento o primeiro SFCR integrado à edificação da região amazônica. O sistema é composto por um inversor de 2,5 kW e um gerador fotovoltaico de 1,575 kWp, constituído de 21 módulos do modelo SP 75 da Siemens, cada um com potência nominal de 75 Wp, todos conectados em série, orientados a 19° noroeste e inclinados em 14° com relação à horizontal. A Fig. 5.17 mostra o gerador fotovoltaico

Fig. 5.17 Vista do gerador fotovoltaico de 1,575 Wp, integrado à edificação do laboratório do Gedae (UFPA)

instalado no telhado da primeira ala construída do laboratório do Gedae, e a Fig. 5.18 ilustra o diagrama unifilar das conexões do sistema.

Esquema Unifilar do SFCR

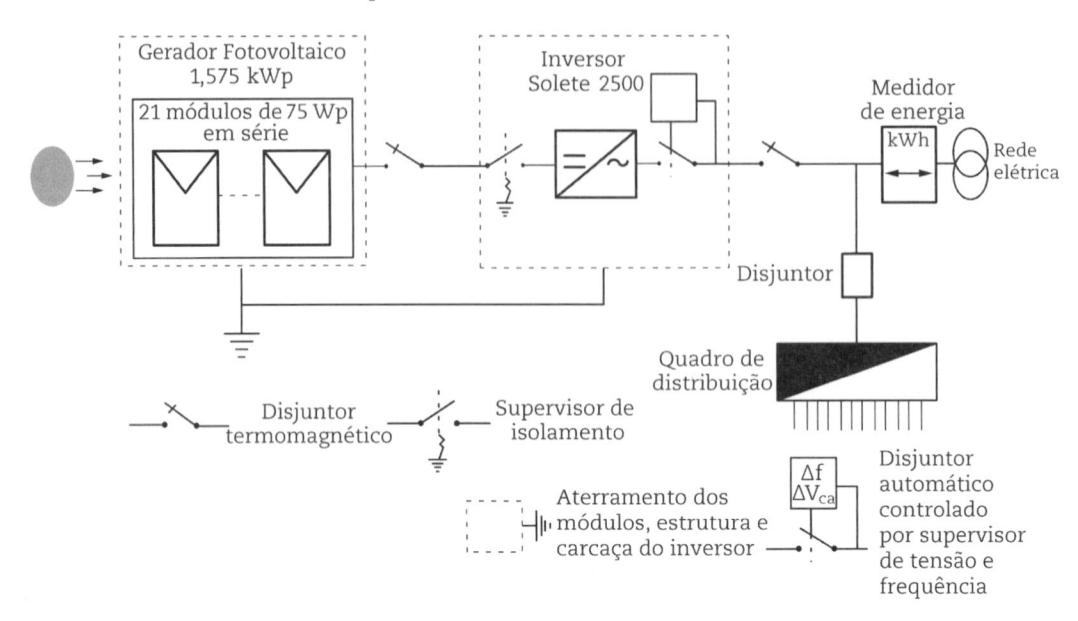

Fig. 5.18 Diagrama unifilar de conexões do SFCR

O inversor utilizado no SFCR do Gedae é o Solete 2500 da fabricante espanhola Enertron. Esse equipamento possui potência nominal de 2,5 kW e trabalha com tensão alternada de 220 V. A Fig. 5.19 permite observar o inversor e o medidor digital utilizado para medir a produção de energia acumulada do SFCR.

A produtividade anual do sistema foi estimada em 1.296 kWh/kWp, o que permite estimar um fator de capacidade de 14,8% para a instalação. Porém, esse sistema não opera normalmente desde a sua instalação, em virtude da má qualidade da rede elétrica no ponto de conexão e da sensibilidade do inversor, que sofre desconexões frequentes (Macêdo et al., 2008).

Fig. 5.19 Detalhes da instalação do inversor e do medidor de energia usado na sua saída

Embora os efeitos das desconexões prejudiquem uma análise mais precisa do SFCR, ainda assim foi possível fazer algumas observações pontuais relevantes para a compreensão do comportamento dessa aplicação nas condições de Belém. A Tab. 5.3 mostra dados de produção de energia ao longo de alguns meses de medição, fator de capacidade considerando somente os dias em que o sistema não desconectou, e produtividade mensal do sistema.

A produção total de energia no período avaliado da Tab. 5.3 foi de 391 kWh, e o fator de capacidade médio foi de 14,28%. Vale ressaltar o fato de que a potência nominal do gerador

Tab. 5.3 Dados mensais de produção de energia elétrica, fator de capacidade (FC) e produtividade do sistema (Y_F)

Mês	2009		
	Prod. mensal [kWh]	FC^* [%]	Y_F [kWh/kWp]
Agosto	55,759	14,751	35,402
Setembro	165,464	16,212	105,057
Outubro**	13,660	-	-
Novembro	76,405	14,438	48,511
Dezembro	79,718	11,716	50,615

*Os cálculos de FC consideram somente os dias em que não houve desconexão do sistema, a fim de representar um valor mais próximo da operacionalidade de um sistema sem problemas. No mês de agosto, por exemplo, foi considerado o intervalo compreendido entre os dias 18 e 27; no mês de setembro, os dias 3, 26 e 30; e assim por diante. **Os valores de FC e Y_F para o mês de outubro não foram calculados porque o sistema operou sem desconexões somente no dia 3.

fotovoltaico (1,575 kWp) é inferior à potência nominal do inversor (2,5 kW), apresentando um fator de dimensionamento do inversor (FDI), ou seja, a relação entre a potência nominal do inversor e a potência nominal do gerador fotovoltaico, igual a 1,6. Isso pode reduzir o desempenho do sistema, principalmente em dias nublados, em que ambas as eficiências, de conversão e de seguimento de ponto de máxima potência, são menores em razão de um maior tempo de operação com baixo carregamento.

5.2 SFCRs INSTALADOS POR CONCESSIONÁRIAS DE ENERGIA

5.2.1 A experiência da Chesf

A Companhia Hidroelétrica do São Francisco (Chesf) instalou em Natal (RN) um sistema fotovoltaico de 11 kWp, o qual operou entre 1986 e 1991. Em 1995, o sistema foi transferido para Recife (PE) e conectado à rede elétrica da sede da companhia. Essa foi a primeira experiência de conexão à rede no Brasil da qual se tem notícia. O sistema operou até 2001, quando foi desativado por problemas técnicos nos inversores e degradação dos módulos.

Esse sistema, composto de 11 kWp distribuídos num total de 12 *strings* fotovoltaicos (Fig. 5.20), utilizava dois inversores trifásicos, um de fabricação da AEG e outro da Varitec (empresa brasileira). As Figs. 5.21 e 5.22 mostram os painéis frontais dos dois inversores utilizados para conexão à rede elétrica.

Fig. 5.20 Vista parcial do gerador fotovoltaico de 11 kWp que compunha o SFCR da Chesf

Dos 12 *strings* existentes, 11 eram ligados em paralelo e conectados à rede por meio do inversor comutado pela rede, da fabricante alemã AEG (10 kWp). Cada um desses 11 *strings*

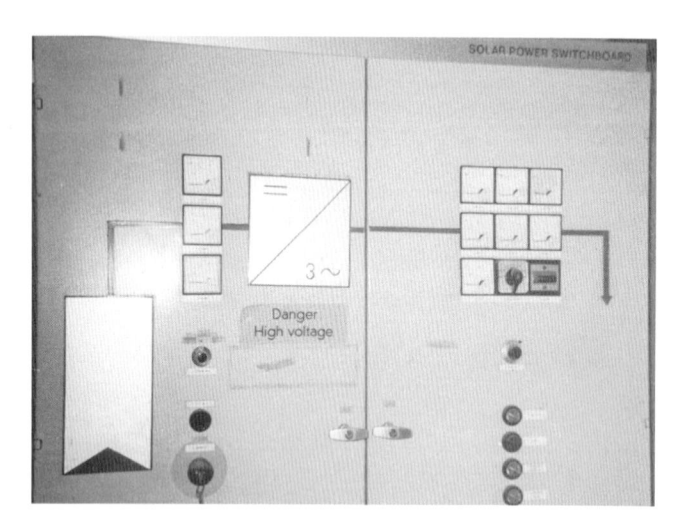

Fig. 5.21 Inversor trifásico comutado pela rede de 10 kW, fabricado pela empresa AEG

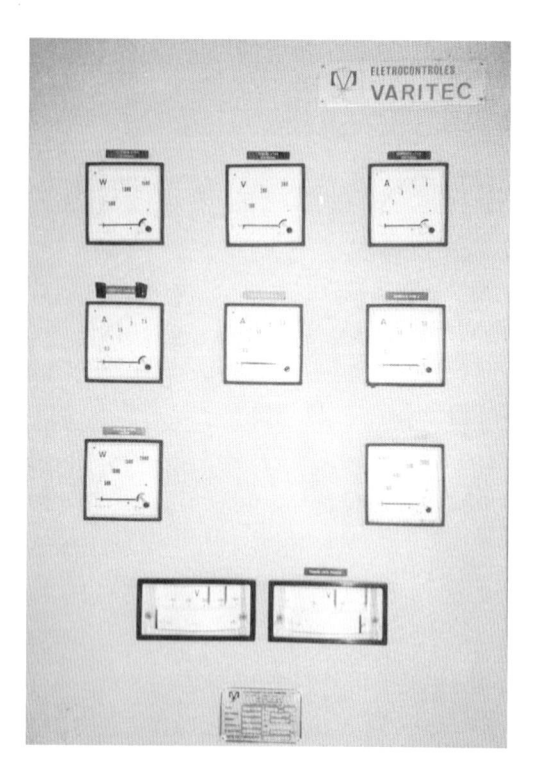

Fig. 5.22 Inversor trifásico comutado pela rede de 1 kW, fabricado pela empresa Varitec

era composto por 48 módulos de silício policristalino ligados em série, constituindo uma tensão de operação de 380 V c.c.

O 12º *string*, composto por módulos de silício monocristalino da Heliodinâmica, possuía potência de 1 kWp e era conectado diretamente à rede por meio do inversor fabricado pela empresa Varitec. O sistema contava com dois inversores conectados a uma rede elétrica local trifásica, de 380 V e 60 Hz, munidos de seguidores de máxima potência e comutados pela rede. Ou seja, sem o sinal da rede elétrica, eles deixavam de funcionar automaticamente.

5.2.2 O Projeto Celesc

Em 2003, a Centrais Elétricas de Santa Catarina (Celesc), com o apoio técnico do LabEEE e do LabSolar, instalou três sistemas fotovoltaicos de 1,4 kWp cada um, em diferentes regiões do Estado de Santa Catarina: um na sede da Celesc, em Florianópolis; um na regional de Lajes; e o outro na regional de Tubarão. Todos foram implementados no contexto do programa P&D Aneel/Celesc, com o intuito de avaliar a viabilidade da utilização de sistemas fotovoltaicos interligados à rede elétrica convencional de Santa Catarina (Benedito, 2009).

A principal característica dessas instalações é a utilização de mantas flexíveis de silício amorfo, que foram coladas diretamente sobre superfícies metálicas curvas em formato de onda, pois desejava-se analisar, entre outros aspectos, a influência dessa opção estética na produtividade do sistema (Rüther et al., 2005). A Fig. 5.23 mostra uma foto desse tipo de gerador fotovoltaico.

Fig. 5.23 Gerador fotovoltaico de silício amorfo flexível

O sistema é composto de 11 módulos de 128 Wp do fabricante Unisolar, divididos em dois geradores fotovoltaicos (768 Wp e 640 Wp), conectados a dois inversores de 650 Wp da marca Würth Solar.

A produtividade média diária apresentada pelos sistemas, em kWh/kWp, nos três primeiros meses de operação – que coincidiram com os meses de verão –, foi de 5,94, 6,39 e 5,93, respectivamente para as cidades de Florianópolis, Lajes e Tubarão (Rüther et al., 2005).

Além de se mostrar técnica e arquitetonicamente viável, essa experiência forneceu importantes contribuições para a compreensão do funcionamento de módulos flexíveis de silício amorfo em diferentes temperaturas.

5.2.3 As experiências da Cemig

Por meio de projetos de pesquisa e desenvolvimento, a Companhia Energética de Minas Gerais (Cemig) propiciou recursos para a instalação de quatro SFCRs, dois em prédios próprios e dois em instituições parceiras. No Quadro 5.1 são apresentadas as quatro instalações financiadas pela Cemig e suas principais características.

5.2.4 A experiência da Eletrosul

Em fevereiro de 2009, a Eletrosul Centrais Elétricas S.A., empresa subsidiária da Eletrobras, colocou em operação uma planta piloto de 12 kWp, situada no estacionamento da sede da empresa, em Florianópolis (SC), conforme mostra a Fig. 5.24. A instalação faz parte de um projeto desenvolvido em parceria com a UFSC e o Instituto Ideal, e fornecerá informações

Quadro 5.1 Características dos SFCRs financiados pela Cemig

Sistema/Localização	Potência (kWp)	Características
CPEI/Cefet-MG / Belo Horizonte	3,24	Sistema composto de 54 módulos Kyocera KC 60, dispostos em três arranjos de 18 módulos cada um, ligados a três inversores SMA de 1,1 kW
Green/PUC-MG / Belo Horizonte	2,05	Conjunto de 32 módulos de 64 Wp em silício amorfo do fabricante Unisolar, organizados em dois arranjos de 16 módulos em série. Cada subgerador está conectado a um inversor SMA de 1,1 kW
Escola de Formação e Aperfeiçoamento Profissional (Efap) - Cemig / Sete Lagoas	3,90	Módulos Kyocera de silício policristalino e inversores SMA Sunny Boy
Laboratório de Sementes Nativas (LSN) - Cemig / Belo Horizonte	3,00	Módulos de silício monocristalino e inversores SMA Sunny Boy

Fonte: Benedito (2009).

técnicas que servirão de base para a possível implantação de um sistema maior, de 1 MWp, no telhado do edifício sede da empresa.

O SFCR é composto por 88 módulos de 136 Wp em silício amorfo, configurados em três subgeradores, cada um conectado a um inversor de 4 kW. Medições iniciais, referentes ao período de 6 de fevereiro a 4 de março de 2009, indicaram a produção do primeiro MWh (Benedito, 2009).

Fig. 5.24 Sistema de geração e inversão na sede da Eletrosul (Florianópolis-SC)
Fonte: <http://ises-do-brasil.blogspot.com/2009/09/eletrosul-instituto-ideal-e-ufsc.html>.

5.2.5 As experiências da Tractebel

No dia 19 de junho de 2009, a Tractebel Energia inaugurou três SFCRs de 2 kWp em Florianópolis (SC), um no Hospital Universitário (HU) da UFSC, um no Colégio de Aplicação da UFSC (Fig. 5.25) e o outro no Aeroporto Hercílio Luz.

Fig. 5.25 Gerador fotovoltaico instalado num espaço de convivência na UFSC
Fonte: <http://www.agecom.ufsc.br/index.php?secao=arq&id=9290>.

Os três SFCRs são constituídos de 15 módulos de 136 Wp em silício amorfo e deverão gerar cerca de 200 kWh por mês, com produtividade anual de 1.200 kWh/kWp.

Esses sistemas foram concebidos para operar em caráter experimental e fornecer dados visando à construção de sistemas maiores nos próximos anos.

5.3 SFCRs INSTALADOS PELA INICIATIVA PRIVADA

5.3.1 A experiência da Intercâmbio Eletro Mecânico-RS

Em 2002, a Intercâmbio Eletro Mecânico, empresa fundada em 1958 na cidade de Porto Alegre (RS), recebeu do presidente da Companhia Estadual de Energia Elétrica do Rio Grande do Sul (CEEE-RS) uma autorização para conectar à rede elétrica da companhia um sistema fotovoltaico de 3,3 kWp. A Fig. 5.26 traz uma foto da fachada norte do prédio, na qual estão instalados os módulos.

O sistema está conectado à rede no barramento do quadro de força da edificação, injetando energia na rede elétrica por meio de inversores SMA. O principal objetivo do projeto é demonstrar a confiabilidade técnica do SFCR.

Fig. 5.26 Sistema de 3,3 kWp da Intercâmbio Eletro Mecânico-RS
Fonte: IEM.

5.3.2 As experiências do Grupo Zeppini-SP

O Grupo Zeppini, com sede em São Bernardo do Campo (SP), é formado por cinco empresas que atuam nos mais diversos segmentos industriais. A mais antiga delas, a Fundição Estrela, existe há 59 anos e atua no setor de metais não ferrosos e aço inoxidável. A Zeppini, por sua vez, está há 25 anos no mercado de equipamentos para instalação em postos de serviço, com ênfase em dispositivos de proteção ambiental. Em 2006, foi criada pelo grupo a Motor Z, empresa pioneira na fabricação e comercialização de *scooters* elétricas no Brasil. Mais recentemente, foram criadas as empresas Energia Z, responsável por fomentar o mercado de geração fotovoltaica, e Hidro Z, voltada para o seguimento de uso racional da água.

Nas suas dependências, o grupo possui dois SFCRs que totalizam 17,2 kWp. O objetivo dessas instalações não é reduzir o consumo de energia dos prédios, pois a produção de energia fotogerada é ínfima em relação às demandas das edificações. Os sistemas foram implementados para testar a viabilidade técnica da tecnologia empregada, divulgá-la e adquirir conhecimento técnico para fomentar o mercado com soluções ecologicamente corretas (Benedito, 2009).

A seguir, serão descritos dois sistemas: um de 14,7 kWp, na Fundição Estrela, e outro de 2,5 kWp, na Motor Z. Juntos, já produziram 16.075 kWh nos dez primeiros meses de operação.

Sistema de 14,7 kWp na Fundição Estrela

Esse sistema está instalado na fachada do prédio da fundição, que dá de frente para a Estrada Particular Sadae Takagi, único meio de acesso ao bairro industrial Cooperativa, em São Bernardo do Campo (SP).

A fachada está deslocada 106° em relação ao norte, o que reduz o potencial de captação da energia solar, mas atende a um dos objetivos do projeto, que é facilitar a divulgação das instalações fotovoltaicas, uma vez que são facilmente visualizadas.

O gerador fotovoltaico possui módulos constituídos de uma manta flexível de silício amorfo, a qual usa a tecnologia de filmes finos. Esse material apresenta algumas vantagens em relação ao silício cristalino: apresenta menor queda de desempenho a altas temperaturas; e pode ser colado facilmente sobre superfícies planas ou curvas (Rüther et al., 2005). Porém, como o silício amorfo é menos eficiente que o cristalino, exige uma área maior de cobertura para a mesma produção de eletricidade.

A manta foi colada sobre uma estrutura metálica curva de 235 m^2, construída especificamente para essa finalidade. Uma estrutura de acesso, constituída de uma escada metálica, foi construída para facilitar a subida até o telhado, o que consumiu boa parte do investimento do projeto. Os módulos fotovoltaicos foram organizados em três subgeradores, dois deles de 6 kWp, ligados a dois inversores SMA de 6 kW, e um de 2,7 kWp, ligado a um inversor SMA de 2,5 kW. A Fig. 5.27 mostra o gerador fotovoltaico instalado na fachada. A conexão à rede se deu no quadro de distribuição da fundição, com a injeção de energia em 220 V c.a..

Fig. 5.27 Sistema de 14,7 kWp da Fundição Estrela - Grupo Zeppini
Fonte: Benedito (2009).

O sistema produziu 13.375 kWh entre julho de 2008 e abril de 2009, com produtividade de 910 kWh/kWp nesse período e fator de capacidade de 12,5% (Benedito, 2009). Esse baixo valor na produtividade deve estar associado ao fato de a orientação da fachada escolhida não ser a melhor em termos de captação do recurso solar.

Nesse sistema foram constatadas diversas desconexões, atribuídas à baixa qualidade da energia na rede da fundição, já que os inversores possuem dispositivos que os desconectam assim que percebem variações bruscas na tensão ou na frequência da rede (Benedito, 2009).

Sistema de 2,5 kWp no estacionamento da empresa Motor Z

Em frente ao prédio onde fica a sede administrativa da empresa Motor Z foi construída uma estrutura metálica em forma de curva, com área de 32,4 m², para receber uma manta flexível de silício amorfo, do mesmo tipo da utilizada na Fundição Estrela. O sistema está dividido em dois subgeradores com potência de aproximadamente 1,2 kWp, cada qual ligado a um inversor SMA de 1,1 kW. A Fig. 5.28 mostra o gerador fotovoltaico que constitui o SFCR, que também serve como elemento de sombreamento para carros e motos.

Fig. 5.28 Sistema de 2,5 kWp no estacionamento da Motor Z - Grupo Zeppini
Fonte: Benedito (2009).

Desde a sua implantação, em julho de 2008, até o dia 30 de abril de 2009, o sistema havia produzido 2.700 kWh, com produtividade de 1.080 kWh/kWp no período e fator de capacidade de 15% (Benedito, 2009).

5.3.3 A experiência da Solaris

A Solaris é uma empresa brasileira fundada em 1991, que atua no setor de energias renováveis, com foco em energia fotovoltaica. A empresa comercializa, distribui, instala e presta assistência técnica a produtos utilizados em sistemas fotovoltaicos. Foi responsável pelo dimensionamento e instalação de dois SFCRs: um de 0,9 kWp, em 2005, na Clínica Harmonia (São Paulo - SP); e outro de 1 kWp, em 2008, nas próprias dependências da Solaris (Leme-SP). Ambos foram financiados com recursos próprios da empresa, com o objetivo de divulgar os benefícios da energia fotovoltaica, dentro de uma política de marketing que visava promover os produtos e serviços oferecidos pela Solaris.

O primeiro sistema utiliza 12 módulos Atersa de 75 Wp, conectados em série e ligados a um inversor SMA de 800 W, o qual encontra-se ligado diretamente no quadro de distribuição da clínica. Não existem dados de produtividade para esse sistema.

O segundo sistema conta com oito módulos Isofoton de 130 Wp, conectados em série, formando um gerador fotovoltaico que está ligado a um inversor SMA de 1.100 W, o qual se conecta à rede no quadro de força presente no interior do armazém onde o sistema foi instalado. O sistema sempre operou sem apresentar problemas e a energia fotogerada reduz em cerca de 30% a compra de energia proveniente da rede elétrica convencional (Benedito, 2009).

5.3.4 As experiências da URUTech/Ebea

A URUTech, empresa privada com sede em São José dos Campos (SP), especializou-se em oferecer soluções em energia a seus clientes. Entre os projetos desenvolvidos pela corporação, constam dois SFCRs, um deles na sede do Greenpeace (São Paulo-SP) e o outro em uma residência particular, igualmente na cidade de São Paulo.

O sistema do Greenpeace foi instalado em fevereiro de 2007 e possui uma potência de 2,8 kWp, fornecida por 40 módulos de 70 Wp (Fig. 5.29), fabricados em silício monocristalino pela Shell Solar (SQ70). Foram montados dois subgeradores com 20 módulos cada um, todos ligados em série. Os subgeradores estão conectados a um Xantrex GT3 de 3 kW, que se conecta à rede da Eletropaulo em 220 V c.a..

Fig. 5.29 Sistema de 2,8 kWp na sede do Greenpeace (São Paulo-SP)

O projeto foi financiado com recursos captados pela própria ONG, com o objetivo de divulgar o uso de energias limpas, utilizando o próprio prédio da sede para essa finalidade. Um visor eletrônico mostra os dados de geração ao público que passa em frente ao edifício, na movimentada Rua Alvarenga, próximo ao portão principal da USP.

O SFCR residencial foi instalado em agosto de 2008, com potência de 2,9 kWp, obtida da combinação de 41 módulos do mesmo tipo utilizado na sede do Greenpeace em São Paulo. A Fig. 5.30 apresenta uma imagem dos dois subgeradores utilizados. O inversor também é do mesmo tipo do Greenpeace. A única diferença entre os sistemas é a presença de um módulo a mais em um dos geradores utilizados na residência.

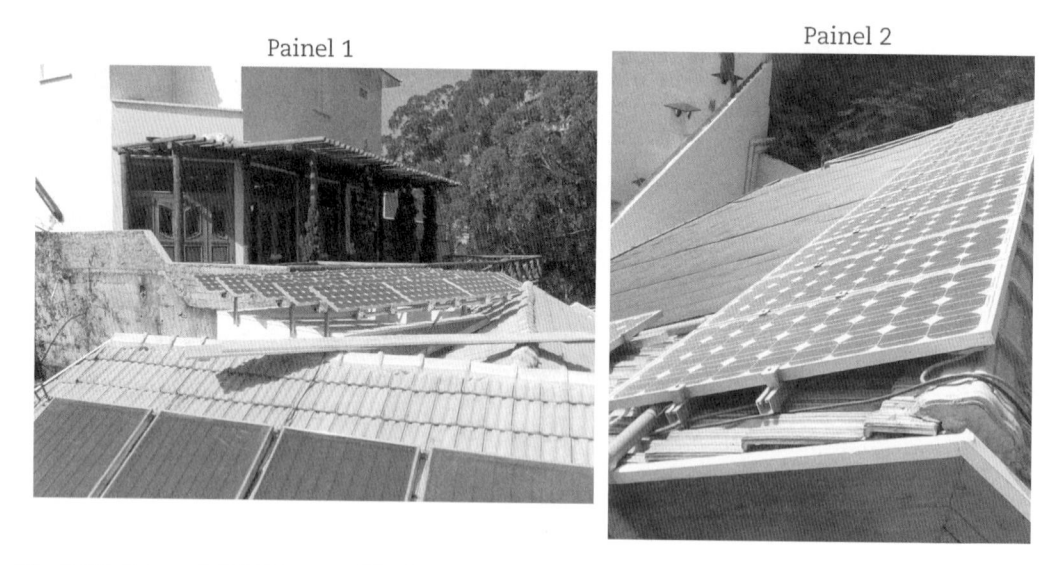

Fig. 5.30 Sistema de 2,9 kWp em residência particular (São Paulo-SP)
Foto: Ebea Engenharia.

Resultados Operacionais de um SFCR

6

Até pouco tempo, as redes de distribuição eram projetadas e operadas com base em um sistema de produção de eletricidade centralizado, em que se supunha que a corrente sempre fluía da subestação para o consumidor. Com a diversificação das formas de produção de eletricidade e a possibilidade da inserção de pequenos produtores de eletricidade na matriz elétrica, as redes de distribuição de energia passam a ter uma configuração mais complexa. Com isso, torna-se importante a realização de estudos que identifiquem as influências da inserção desses pequenos produtores no planejamento e na operação da rede de distribuição.

A economia de energia obtida com a instalação de SFCRs e o impacto do uso desses sistemas no transformador de distribuição têm sido foco de alguns estudos (Al-Hasan; Ghoneim; Abdullah, 2004; Jimenez; Calleja; González, 2006; Paatero; Lund, 2007), bem como o efeito do uso de SFCRs em larga escala (Faaborg, 2002; Ishikawa et al., 2002; Otani et al., 2004).

As seções a seguir apresentam as peculiaridades da contribuição energética do SFCR de 11,07 kWp do Instituto de Eletrotécnica e Energia da Universidade de São Paulo (IEE-USP). Ao se avaliar os parâmetros de qualidade da energia associados à inserção desse tipo de geração distribuída, percebe-se que a capacidade instalada do SFCR, o perfil de consumo da edificação, a qualidade da rede elétrica no ponto de conexão e a forma de conexão são características importantes a serem analisadas e consideradas caso a caso.

As informações aqui apresentadas podem ser úteis para o planejamento e o dimensionamento de unidades de geração distribuída em prédios públicos. Entre elas, estão a contribuição energética de um SFCR, os parâmetros de qualidade da energia produzida e a sua influência no funcionamento da rede elétrica local no ponto de conexão.

6.1 Configuração do SFCR instalado no IEE-USP

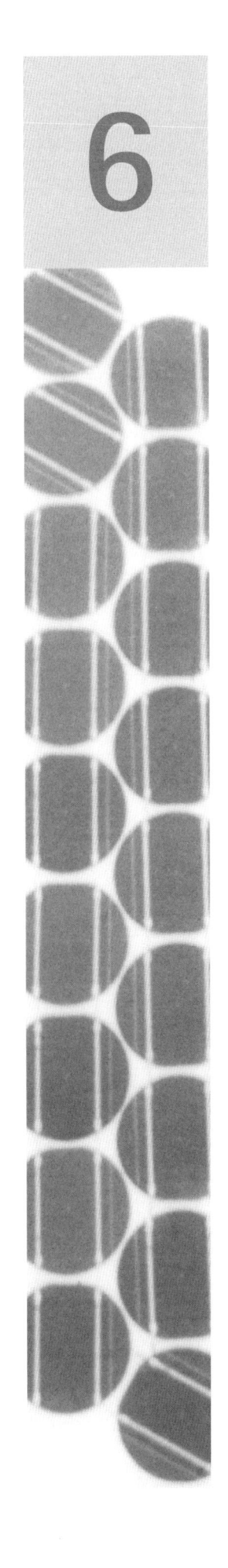

Em funcionamento desde dezembro de 2003, o SFCR do Instituto de Eletrotécnica e Energia da Universidade de São Paulo (IEE-USP) é constituído por oito geradores fotovoltaicos instalados na fachada norte do prédio da administração, com uma inclinação de 23°, totalizando uma potência de geração de 11,07 kWp. Cada um desses geradores fotovoltaicos foi associado a um inversor de 1 kW. As saídas dos inversores foram conectadas em paralelo em um barramento c.a. de 220 V (fase-fase), compatível com a saída do equipamento. O diagrama esquemático da Fig. 6.1 ilustra a configuração utilizada, envolvendo o SFCR, a rede elétrica, a carga e os medidores eletrônicos de grandezas elétricas necessários à análise do fluxo de potência do sistema.

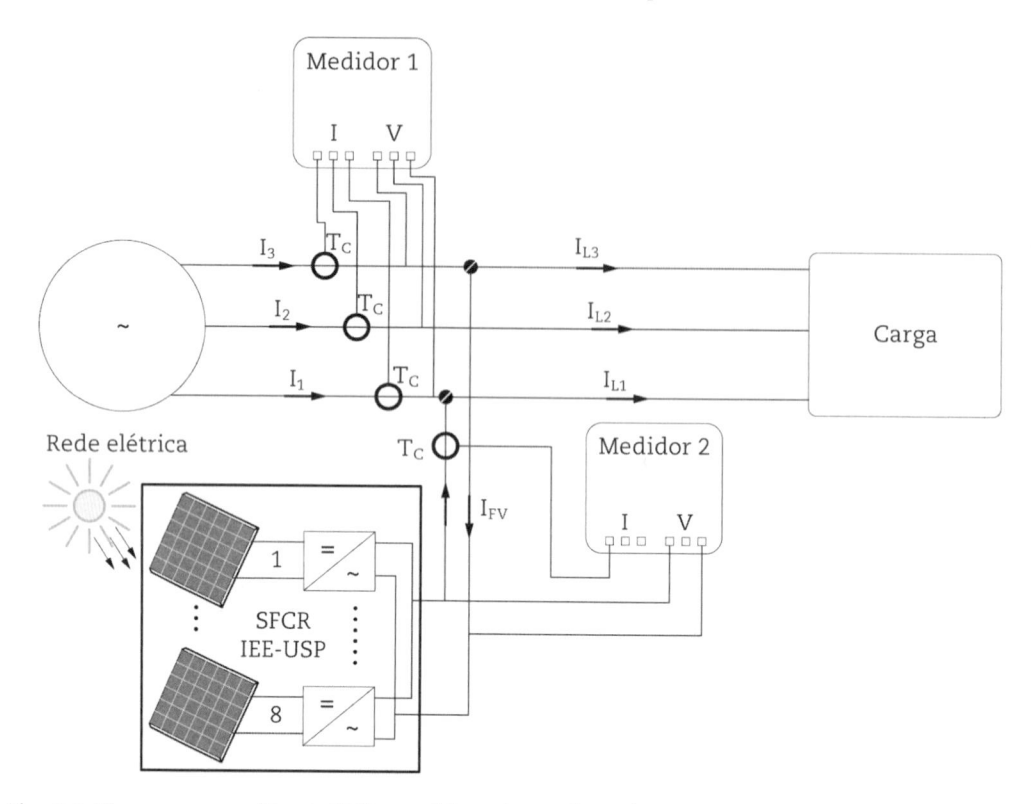

Fig. 6.1 Diagrama esquemático do SFCR e medidores de grandezas elétricas

Diante do interesse em se definir o perfil de consumo de energia elétrica de prédios públicos, para fins de análise de viabilidade do uso de fontes alternativas no suprimento parcial ou total dessas edificações, bem como de avaliação do comportamento do sistema, foram instalados dois medidores eletrônicos de energia com memória de massa: o medidor 1 monitora o fluxo de corrente na edificação e o medidor 2 registra a geração elétrica do SFCR.

Para avaliar o desempenho dos módulos fotovoltaicos e monitorar parâmetros elétricos, é necessário conhecer a temperatura de operação das células fotovoltaicas e a irradiância incidente no plano dos geradores da instalação. Para tanto, foram instalados dois termopares tipo T e uma célula de referência (Fig. 6.2), que é um sensor fotovoltaico calibrado capaz de medir a irradiância incidente no plano do gerador fotovoltaico.

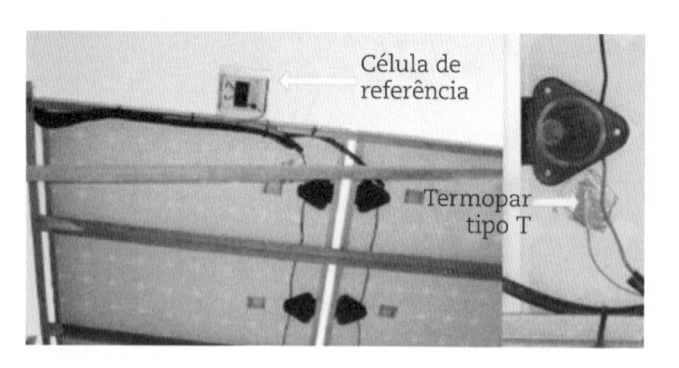

Fig. 6.2 Vista inferior do sensor de radiação solar (célula de referência) instalado na mesma inclinação e orientação dos geradores fotovoltaicos, e detalhes da fixação dos termopares usados para obtenção da temperatura na parte posterior do módulo fotovoltaico

6.2 Curva de carga da edificação e análise do fluxo de potência

A Fig. 6.3a-c mostra a interação entre a produção do SFCR e a carga média da edificação, bem como o fluxo de potência resultante e a energia total consumida e produzida, para três dias com diferentes perfis de produção e consumo. Observa-se a contribuição para a redução do consumo de eletricidade da edificação. A Fig. 6.3a mostra que o SFCR produziu 20,4 kWh a mais de energia em relação ao que a carga da edificação necessitava, o que não acontece nas outras duas situações, em que a produção é menor que o consumo.

É importante atentar para o perfil de consumo e produção, em que se observa um aspecto bastante interessante: a complementaridade entre geração e consumo, uma vez que o pico da demanda geralmente coincide com o pico da produção, o que não acontece para consumidores residenciais, como demonstrado em Kroposki e Hansen (1999).

Observa-se também que apenas em dias não úteis, ou seja, finais de semana e feriados, há fluxo de potência da edificação para a rede elétrica, caracterizando uma produção superior ao consumo da edificação (Fig. 6.3a). Os gráficos da Fig. 6.4a-c apresentam o consumo e a produção solar ao longo dos dias dos meses de setembro a novembro de 2005. Percebe-se que, no mês de setembro, mesmo nos finais de semana e feriados, o consumo sempre foi maior ou igual à produção solar, o que se deve a possíveis manutenções realizadas na edificação nessas ocasiões, para não interromper a rotina de trabalho ao longo dos dias úteis.

Constata-se também, com base na Fig. 6.4b,c, picos de consumo diário próximos a 100 kWh, enquanto que os picos de produção diária por parte do SFCR, durante os meses de monitoramento de agosto a novembro, não ultrapassam os 50 kWh. Na próxima seção é apresentada uma análise da contribuição média mensal ao consumo da edificação, obtida com base nas informações contidas na Fig. 6.4a-c e nos dados de produção do SFCR para os anos de 2004 e 2005.

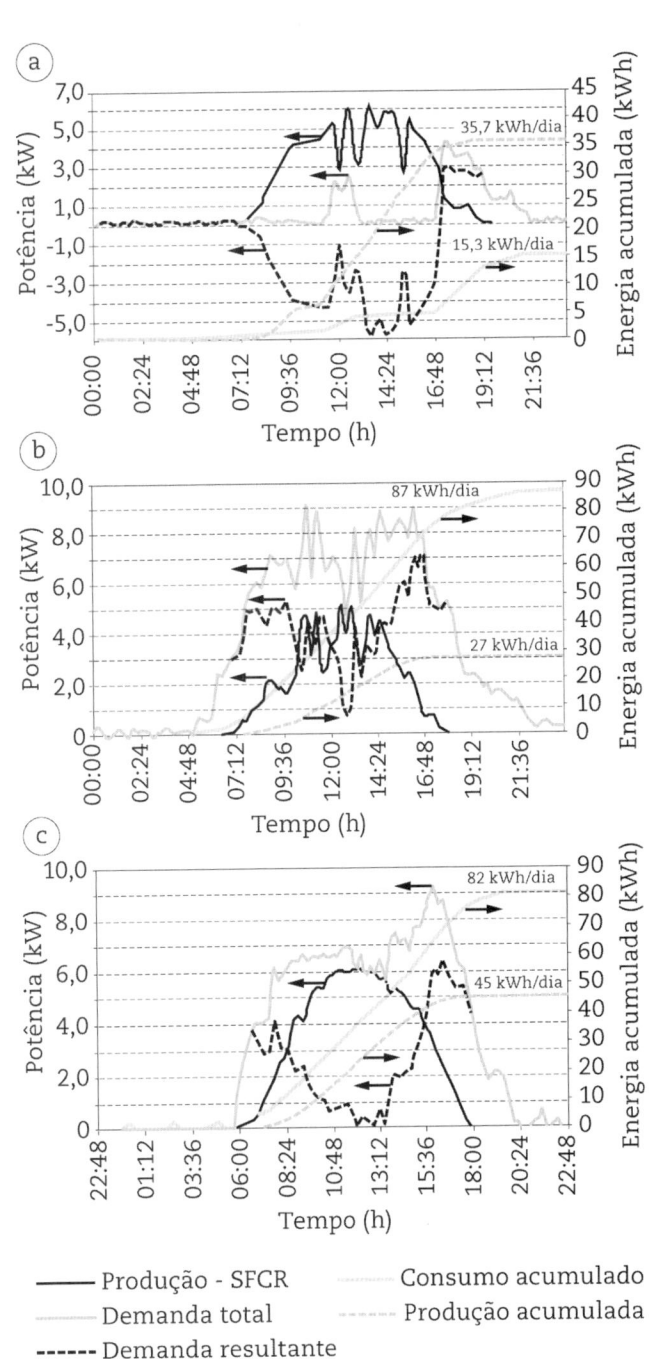

—— Produção - SFCR
—— Demanda total
----- Demanda resultante
······ Consumo acumulado
----- Produção acumulada

Fig. 6.3 Curva de carga, produção e fluxo de potência resultante: (a) dia não útil com produção solar igual a 233% do consumo; (b) dia útil com produção solar igual a 31% do consumo; (c) dia útil com produção solar igual a 55% do consumo

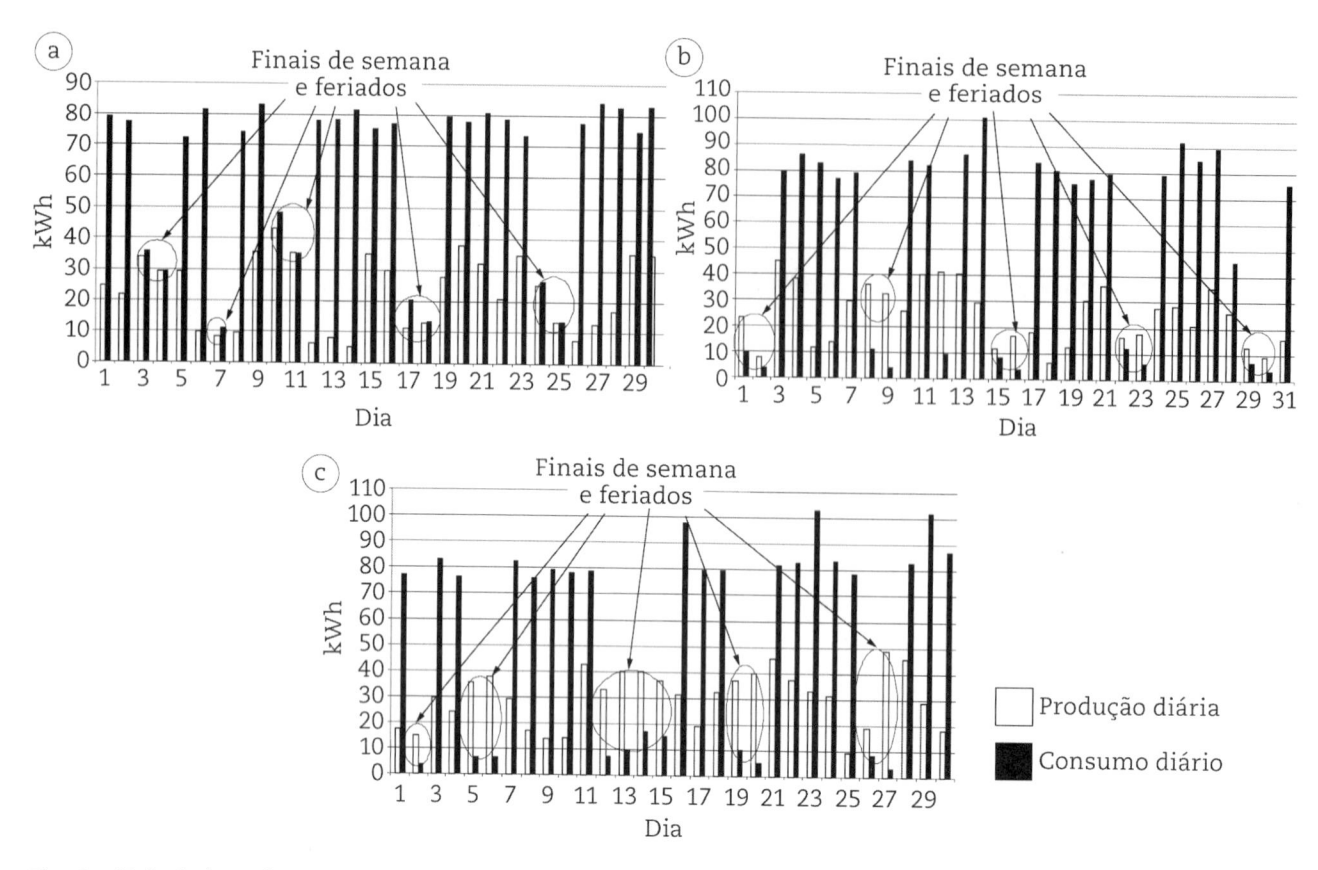

Fig. 6.4 Variação da produção e consumo ao longo dos meses de setembro (a), outubro (b) e novembro (c) de 2005

6.3 Contribuição energética e desempenho do sistema

Quando se analisa um SFCR, uma das primeiras perguntas que se fazem é: qual a contribuição energética no consumo médio da edificação? Os dados apresentados a seguir respondem a essa pergunta com base nos valores mensais de produção de eletricidade, monitorados durante os anos de 2004 e 2005, e no consumo médio mensal no período de setembro a novembro de 2005.

De 1º de janeiro de 2004 a 31 de dezembro de 2005, foram produzidos 23.714 kWh. Considerando que o consumo médio mensal de eletricidade da edificação é de aproximadamente 1.800 kWh, valor obtido a partir de dados medidos de setembro a novembro de 2005, obtém-se então a Tab. 6.1, que apresenta os valores da contribuição mensal da produção solar.

Nos meses monitorados, a contribuição da produção solar ao consumo mensal do prédio é superior a 40% em todos os meses, chegando a 70% no mês de setembro de 2004, o que resulta em uma contribuição média anual de aproximadamente 55%. O rendimento global mensal (*PR*) calculado para os anos de 2004 e 2005 apresenta valores entre 67,4% e 75,5%, com valores médios anuais de 71%, o que caracteriza um bom desempenho do sistema.

Para explicitar melhor a influência de parâmetros meteorológicos, na Tab. 6.1 constam também os valores de irradiação solar incidente no plano do gerador fotovoltaico, rendi-

TAB. 6.1 Produção mensal de eletricidade, porcentagem da demanda suprida pelo sistema fotovoltaico, irradiação solar, rendimento global e temperatura média do módulo fotovoltaico

Mês	2004					2005				
	PS [kWh]	CMC [%]	IS [kWh/m²]	PR [%]	T_C [°C]	PS [kWh]	CMC [%]	IS [kWh/m²]	PR [%]	T_C [°C]
Jan.	944	52,5	127,4	67,4	30,9	947	52,6	123,9	69,0	30,7
Fev.	985	54,0	131,4	67,6	31,6	1.118	62,0	147,6	68,5	34,6
Mar.	1.058	59,0	139,7	68,5	31,9	989	55,0	129,7	68,9	33,4
Abr.	1.007	46,0	129,8	70,3	32,3	*890	49,4	113,4	70,8	32,2
Maio	778	43,0	98,2	71,8	25,8	1.018	56,5	128,0	71,8	30,6
Jun.	827	46,0	103,0	72,2	27,2	1.034	57,4	130,0	71,9	30,3
Jul.	880	49,0	107,4	74,1	26,5	999	55,5	120,0	75,5	28,5
Ago.	1.194	66,0	146,0	74,0	31,0	1.200	66,6	146,0	74,2	32,8
Set.	1.268	70,0	158,0	72,5	35,0	773	43,0	98,3	71,0	27,0
Out.	983	55,0	123,3	72,0	29,0	803	45,0	105,0	69,0	30,8
Nov.	1.118	62,0	144,0	70,2	31,4	1.034	57,4	135,4	69,0	31,0
Dez.	1.030	57,0	133,3	69,7	31,1	837	46,5	106,1	71,2	33,4
Anual	12.072	56,0	1.541,4	71,0	30,3	11.642	54,0	1.483,4	71,0	31,3

PS - produção solar; CMC - contribuição mensal ao consumo, assumindo que toda energia produzida é consumida internamente; IS - irradiação solar incidente; T_C - temperatura média no módulo fotovoltaico

* Esse valor não inclui os dias 7, 8, 9 e parte do dia 10 de abril de 2004, nos quais não houve registros de dados.

mento global do sistema e temperatura média do módulo fotovoltaico. Observa-se que a nebulosidade tem uma influência significativa na captação do recurso e, consequentemente, na produção de eletricidade por parte do SFCR. A aleatoriedade associada a esse fenômeno implica variações significativas na produção de eletricidade de um ano para outro. No caso da cidade de São Paulo, um exemplo expressivo desse último aspecto pode ser observado entre os meses de setembro de 2004 e setembro de 2005, em que se constatou uma variação de aproximadamente 40%. Mais detalhes sobre o desempenho das diversas partes que constituem o sistema podem ser encontrados em Macêdo (2006).

6.4 Aspectos qualitativos

Para complementar a análise de desempenho energético do SFCR, é necessário avaliar algumas características relacionadas à qualidade da energia fornecida pelo sistema e sua influência no ponto de conexão com a rede elétrica.

6.4.1 Análise da distorção harmônica total (THD) fornecida pelo SFCR

Para analisar esse parâmetro, as Figs. 6.5 e 6.6 mostram as variações das distorções harmônicas totais de tensão e de corrente, medidas ao longo de um dia de verão, para dois dos oito inversores que integram o SFCR da Fig. 6.1. Esses inversores estão conectados a

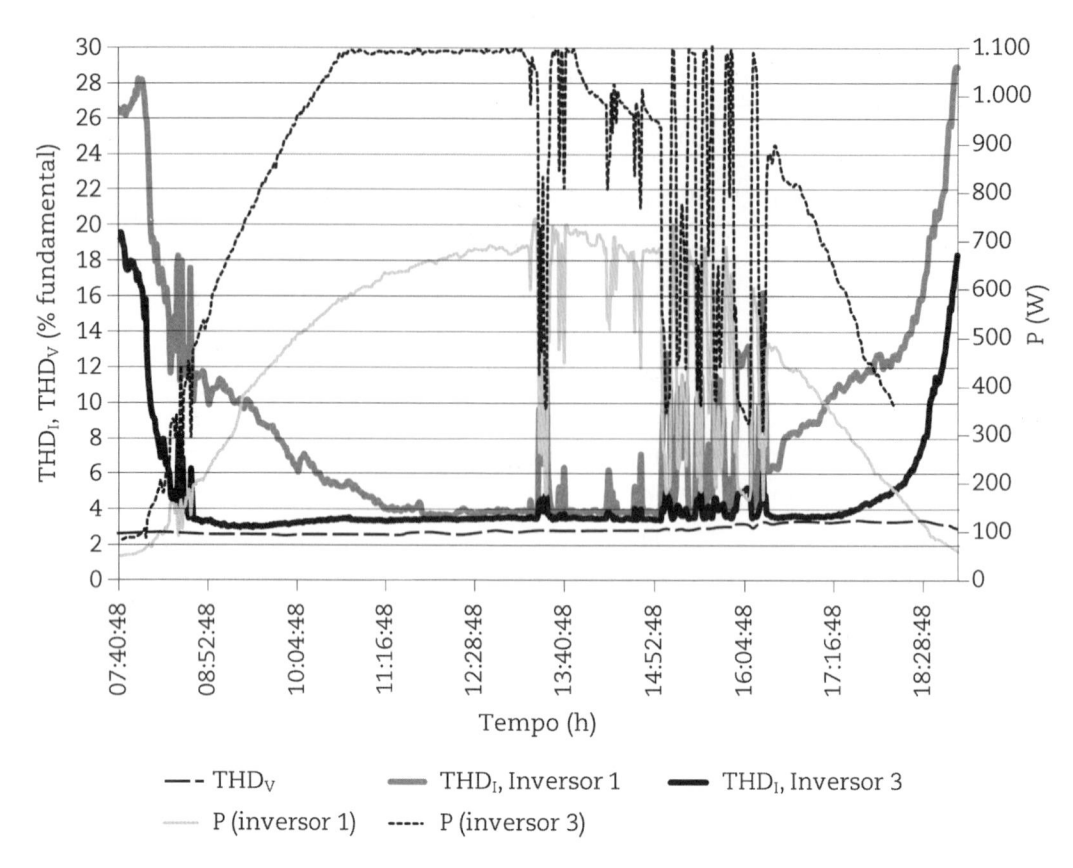

Fig. 6.5 Variação da distorção harmônica total na saída de dois inversores com diferentes níveis de carregamento, ao longo de um dia

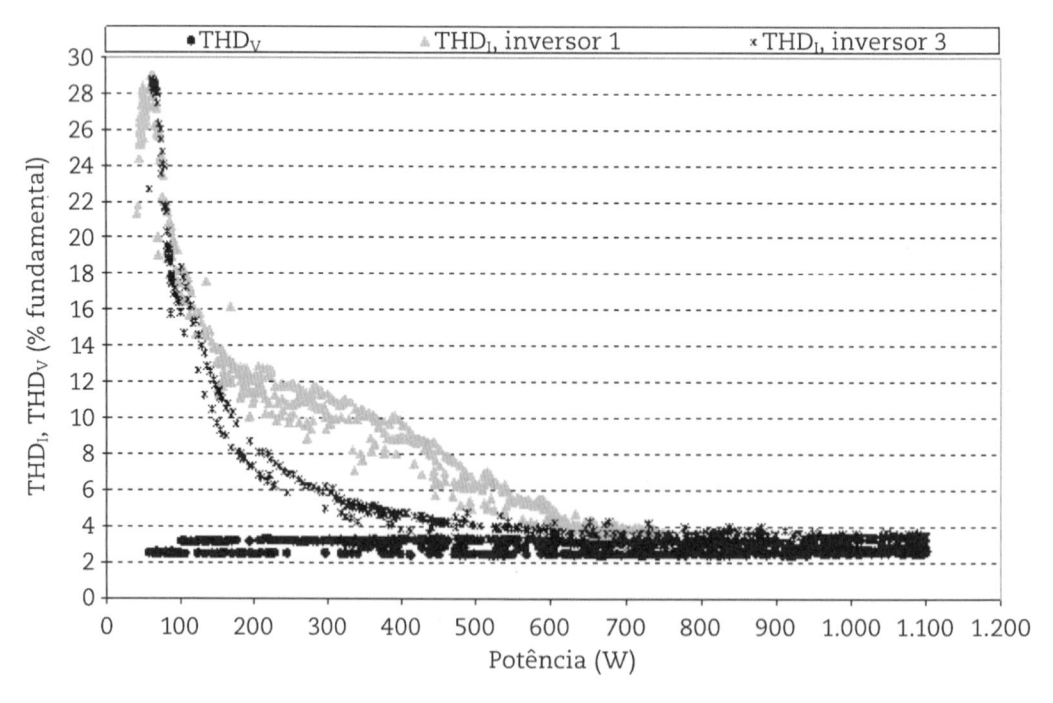

Fig. 6.6 Distorções harmônicas totais em função da potência de saída dos inversores

geradores fotovoltaicos com diferentes potências nominais: o inversor 1 está conectado a um gerador fotovoltaico de 978 Wp e o inversor 3, a um gerador fotovoltaico de 1.802 Wp.

Além das distorções harmônicas totais de tensão – THD_V – e de corrente injetada – THD_I –, as Figs. 6.5 e 6.6 apresentam os valores da potência de saída de cada inversor. Como se pode observar para o inversor 1, a THD_I apresenta momentos de crescimento significativo, coincidentes com a redução da potência de saída do inversor no período da tarde. Percebe-se também que, em quase todo o tempo de operação do inversor 3, esse mesmo parâmetro permanece abaixo de 5%, com valores superiores a 15% somente quando a potência injetada é inferior a 100 W, ou seja, 10% de sua potência nominal.

Para um fornecimento de boa qualidade, o funcionamento do SFCR em paralelo com a rede elétrica não deve proporcionar alterações significativas na rede. Dessa forma, segundo a IEEE-519 (IEEE, 1992), para aplicações de baixa tensão em geral, a THD_V deve permanecer inferior a 5%, a fim de corresponder a uma rede elétrica de boa qualidade. As Figs. 6.5 e 6.6 ressaltam o cumprimento desse quesito, uma vez que as THD_V medidas são sempre inferiores a 3%.

A qualidade da energia fornecida pelos geradores fotovoltaicos é determinada também por meio da distorção harmônica total na corrente – THD_I –, a qual, no caso dos inversores monitorados, depende da potência instantânea a que estão submetidos. Segundo a norma IEEE-929 (IEEE, 2000), o inversor deve fornecer à rede elétrica uma corrente com menos que 5% de THD_I quando está operando na potência nominal, o que acontece nas duas situações da Fig. 6.5 para potências superiores a 600 W. Porém, quando opera em baixa potência, esse tipo de inversor fornece correntes com THD_I bem maiores que 5%. Isso geralmente acontece quando estão associados a geradores fotovoltaicos subdimensionados (caso do inversor 1) ou em dias nublados. Contudo, isso pode ser minimizado com o uso de um gerador com potência superior à do inversor, como também mostra a Fig. 6.5.

Os valores medidos nesse dia de verão estão dentro das especificações fornecidas pelo fabricante do inversor, que garante uma THD_I inferior a 4% desde que a rede elétrica forneça uma tensão com uma THD_V inferior a 2%, e que a potência c.a. fornecida pelo inversor supere os 50% da capacidade nominal, situação que não ocorre no início da manhã e no final da tarde.

6.4.2 Fator de potência do SFCR (FP_s) e fator de potência da edificação (FP_e)

Desde que as tensões de saída dos inversores utilizados em SFCRs correspondam à tensão da rede elétrica, a qualidade da corrente fornecida à rede torna-se o foco das atenções. Para inversores que injetam somente potência ativa na rede, a corrente fornecida deve estar em fase e ter o mesmo formato da tensão da rede (fator de potência unitário). A diminuição do fator de potência torna-se importante para a descrição da qualidade da energia. Inversores modernos, específicos para a conexão à rede elétrica, trabalham com fator de potência

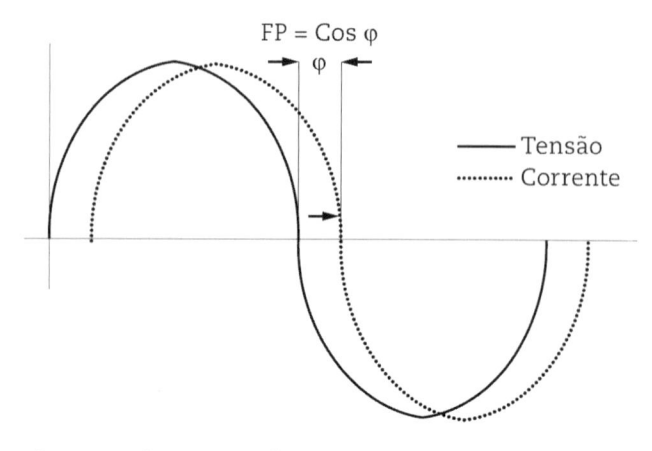

Fig. 6.7 Deslocamento do fator de potência para próximo da unidade à medida que a potência de operação do inversor aumenta. Formas de onda das componentes da tensão e da corrente na frequência fundamental

Fig. 6.8 Fator de potência como uma função da potência de saída para um inversor típico utilizado em SFCR
Fonte: Luque e Hegedus (2003).

Fig. 6.9 Circuito equivalente de um SFCR monofásico

próximo à unidade quando operam na potência nominal, com uma tendência em direção a valores menores quando submetidos à carga parcial, tal como ilustram as Figs. 6.7 e 6.8.

A Fig. 6.7 pode representar o caso típico, em que a tensão de alimentação da rede é senoidal; contudo, a corrente injetada pelo inversor nos momentos de operação com valores baixos de carregamento apresenta-se distorcida em relação a uma senoide, ocasionando assim, na frequência fundamental, o deslocamento entre tensão e corrente.

De acordo com as considerações contidas na normativa IEEE-929 (IEEE, 2000), a unidade de condicionamento de potência, ou inversor, deve operar com fator de potência superior a 0,85 sempre que sua saída exceda 10% da potência nominal. Contudo, com o consentimento da concessionária, ele poderá operar com um fator de potência inferior a 0,85, para efeito de compensação ou correção do fator de potência de uma dada edificação. Alguns inversores mais modernos possuem controles internos que permitem ajustar o fluxo de potência reativa de acordo com a necessidade da rede elétrica.

Segundo Ribeiro, Ferreira e Medeiros (2005), não é possível padronizar uma resposta sobre o efeito da geração distribuída sem uma análise mais detalhada do que ela realmente significa em termos da tecnologia empregada, da forma da conexão, do ponto de conexão na rede elétrica, da capacidade e topologia do sistema. A Fig. 6.9 representa o diagrama esquemático do SFCR de 11,07 kWp, com o objetivo de esclarecer os impactos que devem ser considerados ao se incluir esse tipo de sistema na matriz elétrica.

Como se pode observar na Fig. 6.9, representa-se a rede elétrica como uma fonte $V_{c.a.}$ que fornece uma tensão com uma forma de onda senoidal pura. Assumindo-se que a carga Z_L conectada à rede seja não linear, uma vez que ela representa a carga interna da edificação, composta por equipamentos eletroeletrônicos (p.ex., lâmpadas fluorescentes com reator eletrônico, microcomputadores, máquinas de reprografia etc.), origina-se uma corrente I_L diferente de uma senoide.

Por outro lado, a corrente fornecida pelo SFCR, I_{FV}, tem uma forma de onda puramente senoidal, quando o inversor opera próximo aos 50% de seu valor nominal, e sua magnitude pode suprir a potência ativa demandada pela carga em momentos com bons níveis de irradiância. Nessa situação, a corrente $I_{c.a.}$ não inclui a componente ativa na frequência fundamental, e FP_e e FP_s representam os fatores de potência da edificação, vistos do ponto de vista da concessionária e do SFCR, respectivamente.

Com base nessa linha de raciocínio, alguns valores numéricos representativos foram obtidos a partir de dados reais medidos e podem ser observados na Tab. 6.2, na qual ambos os parâmetros, tensão e corrente, são expressos como valores RMS.

TAB. 6.2 Valores numéricos para o casamento entre a produção do SFCR e a carga

Parâmetro	Produção do SFCR baixa	Produção do SFCR alta	Demanda da edificação nula[*]
$V_{c.a.}$	224 V	231 V	234 V
$I_{c.a.}$	33,1 A	5,7 A	0 A
I_{FV}	1,9 A	23,6 A	25,7 A
$P_{c.a.}$	7,35 kW	0,32 kW	-6,01 kW
$S_{c.a.}$	7,42 kVA	1,32 kVA	6,01 kVA
FP_e	0,99	0,25	-1,00

[*] Demanda da edificação nula corresponde a uma situação em que não havia nenhuma carga requerendo potência na edificação.

Constata-se que, dependendo do casamento entre demanda da edificação e geração do SFCR, há uma variação significativa do fator de potência da entrada da edificação (FP_e), que pode ser alto ou muito baixo. Caso não exista uma regulamentação específica para o uso de SFCR, é possível que a concessionária de energia elétrica penalize o proprietário da edificação, interpretando, de maneira errônea, que a carga da edificação possui um baixo fator de potência. Na verdade, o que ocorre é que toda a potência ativa consumida pela carga foi fornecida pelo sistema fotovoltaico.

A Fig. 6.10a-d mostra o comportamento do fator de potência referente tanto à corrente fornecida pelo SFCR, FP_s, quanto à corrente da entrada da edificação, FP_e, ao longo de três dias com diferentes perfis de produção e consumo de eletricidade. Como se pode observar, o fator de potência resultante na entrada da edificação, FP_e, pode atingir valores muito baixos quando há o casamento entre a potência suprida pelo SFCR e a carga, podendo chegar bem próximo de zero para valores elevados de potência fotovoltaica.

Dependendo do perfil da carga e do nível da produção solar fotovoltaica, há uma maior ou menor influência no fator de potência da edificação por parte do SFCR. Isso porque, à medida que o SFCR trabalha com valores mais elevados de potência, o que implica $FP_s \cong 1$,

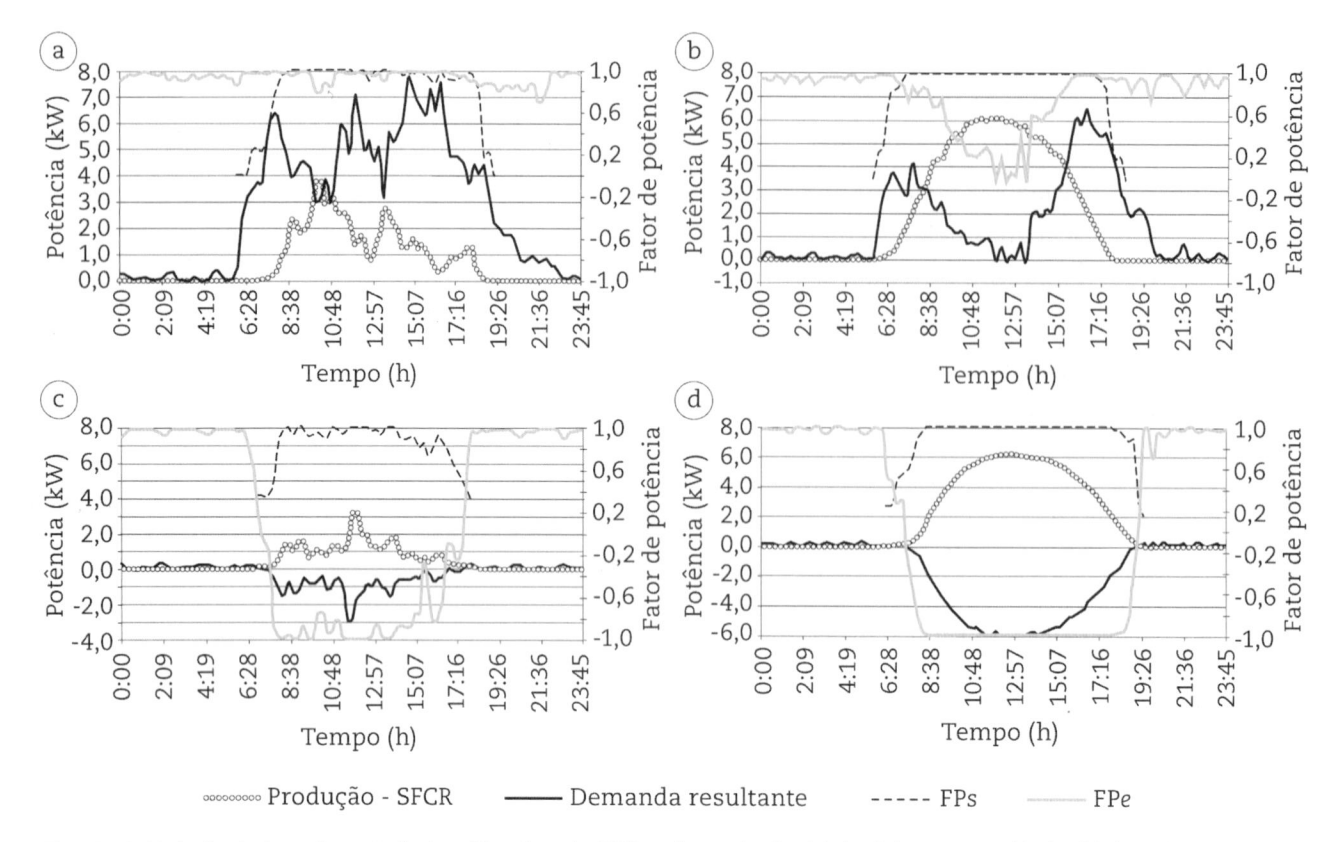

Fig. 6.10 Variação do fator de potência da edificação e do SFCR ao longo do dia: (a) dia útil com céu nublado; (b) dia útil com céu claro; (c) dia não útil com céu nublado; (d) dia não útil com céu claro

boa parte ou quase toda a potência ativa requerida pela edificação (P_L) é suprida pelo SFCR (P_{FV}), diminuindo a demanda de potência ativa da rede elétrica ($P_{c.a.}$), enquanto a potência reativa permanece a mesma (Q_L). Nessa condição, o fator de potência da edificação, como o observado pela concessionária local (FP_e), é deteriorado. A Fig. 6.11 ajuda a entender melhor esse processo.

Como pode ser visto na Fig. 6.11, se a carga c.a. está absorvendo uma potência ativa (P_L) e uma potência reativa (Q_L), e nenhuma potência é suprida pelo SFCR, a potência ativa ($P_{c.a.}$) e a potência reativa ($Q_{c.a.}$) supridas pela rede elétrica serão iguais às potências demandadas pela carga. Assim, o *FP* da carga é calculado pela relação entre a potência ativa fornecida pela rede ($P_{c.a.}$) e a potência aparente fornecida pela rede ($S_{c.a}$).

6.4.3 Variação de tensão

A Fig. 6.12 mostra a variação dos valores RMS da tensão entre as fases onde está conectado o SFCR constituído pelos oito inversores operando em paralelo. Percebe-se que, com a compensação proporcionada pelo SFCR, o valor da tensão no ponto de conexão chega a 234 V, que está 6,4% acima do valor nominal (220 V_{RMS}). Vale ressaltar que os valores apresentados na Fig. 6.12 foram obtidos em um dia não útil, no qual a carga do prédio era, em quase todo o dia, bem inferior à geração do sistema fotovoltaico.

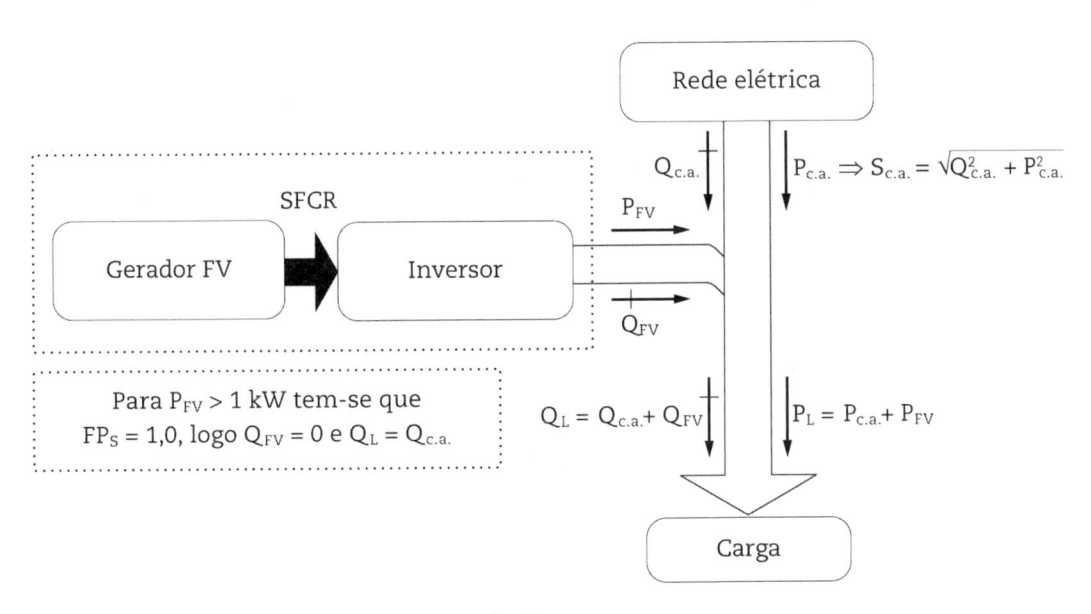

Fig. 6.11 Intercâmbio de potência entre SFCR, rede elétrica e carga

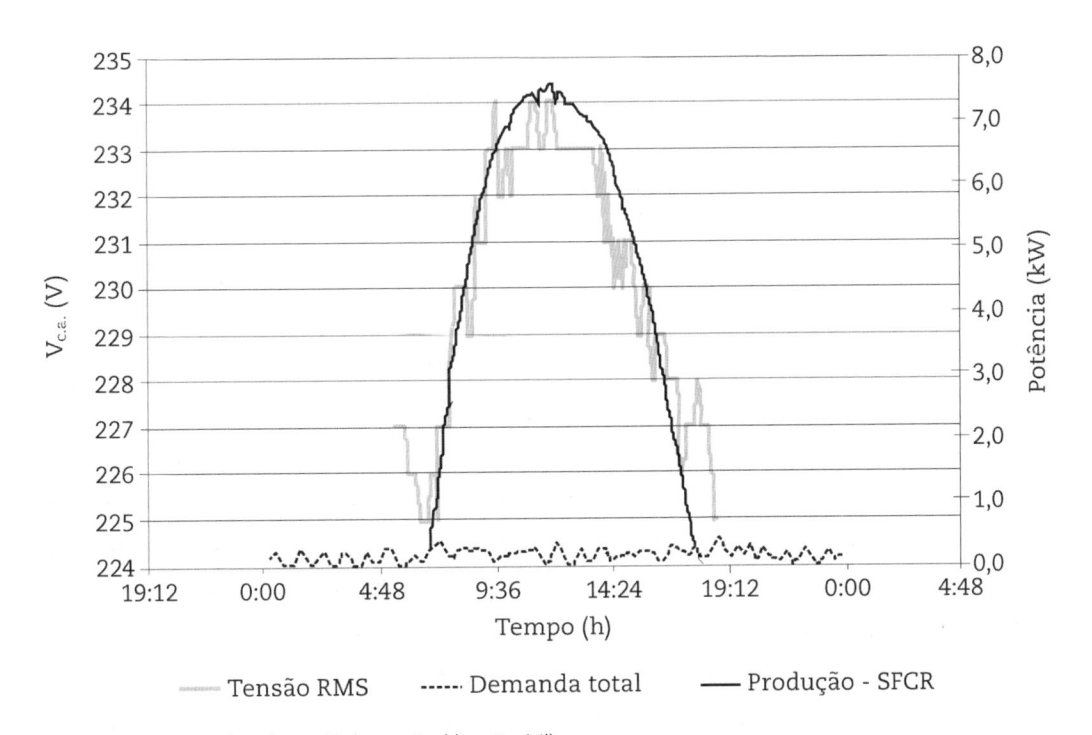

Fig. 6.12 Variação do valor RMS da tensão (dia não útil)

Pode-se dizer que, nessa situação (dias ensolarados e com baixa carga), a compensação de tensão proporcionada pela produção do SFCR faz com que a tensão atinja valores elevados. Contudo, na situação da Fig. 6.12, isso só aconteceu porque a tensão da rede no início da manhã já estava em um valor 2,3% superior ao valor nominal, e o limite máximo (231 V) nunca foi atingido antes, quando a capacidade instalada do SFCR era igual a 6,3 kWp (Macêdo; Zilles, 2003). Já em dias com consumo mais elevado, como é o caso da Fig. 6.13, que ilustra o comportamento da tensão em um dia útil, percebe-se que a tensão não ultrapassa os 229 V,

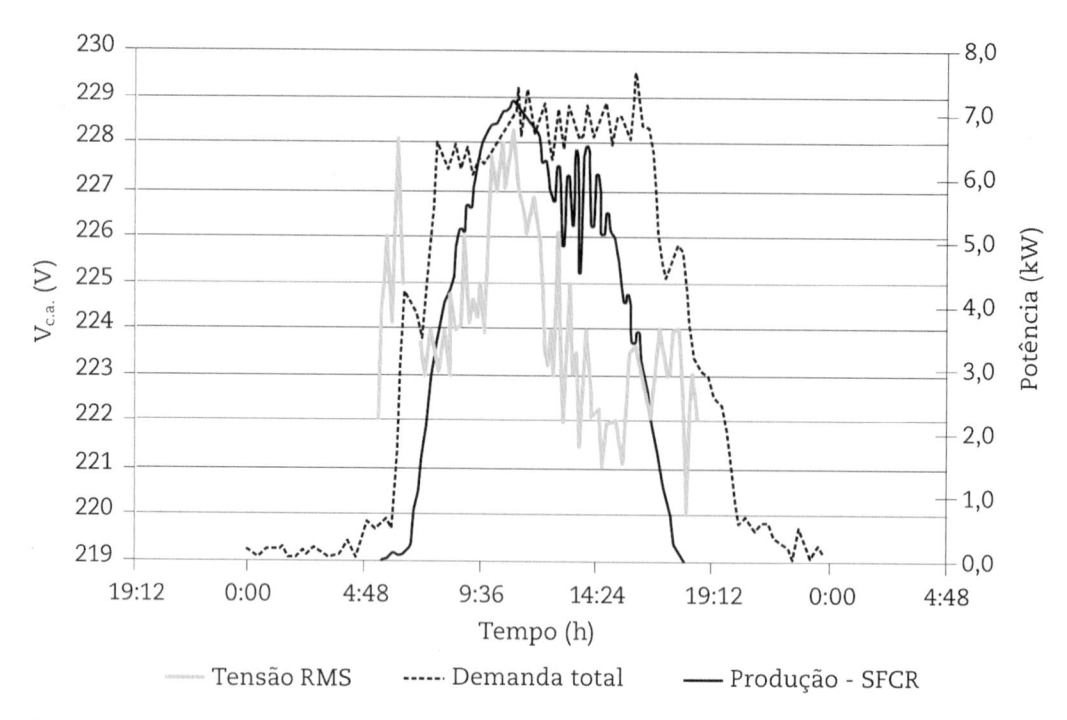

Fig. 6.13 Variação do valor RMS da tensão (dia útil)

ou seja, no máximo 4,1% acima do valor nominal e, portanto, está dentro do limite máximo permitido.

Percebe-se, então, que o casamento entre demanda e produção é um aspecto que influencia significativamente na qualidade da energia entregue pelos SFCRs.

Um consumidor residencial que possui uma capacidade de produção, proveniente de um SFCR, equivalente ao consumo anual da edificação proporcionará um maior descasamento entre geração e demanda. Nessa condição, a situação encontrada na Fig. 6.12 teria uma maior probabilidade de ocorrer, dependendo da capacidade instalada e do ponto de conexão. Isso se deve ao fato de o perfil da carga de um consumidor residencial ser constituído por picos durante o início da manhã e à noite, e carga leve durante o dia, ao passo que a produção do sistema fotovoltaico caracteriza-se por picos durante o período diurno.

Assim, se muitos sistemas fotovoltaicos são conectados ao sistema de distribuição, os fluxos reversos de potência provenientes desses sistemas podem proporcionar o crescimento da tensão de um dado alimentador e ultrapassar o limite superior permitido. Alguns estudos nesse sentido podem ser encontrados em Okada e Takigawa (2002), Ishikawa et al. (2002) e Conti et al. (2001).

6.5 Considerações sobre os resultados operacionais

Com base nos parâmetros de qualidade de energia aqui abordados, constata-se que a inserção dessa aplicação em larga escala pode levar a mudanças importantes com relação ao fluxo de potência da rede de distribuição, reduzindo a efetividade dos esquemas de proteção existentes e incrementando o desequilíbrio de tensão, o que certamente culminará na exigência de funções adicionais no inversor.

Nota-se que a elevação do perfil da tensão se dá pela redução da carga total da edificação. Essa elevação pode causar sobretensões e, com isso, ser um obstáculo para a penetração desse tipo de unidade de geração distribuída em países sem regulamentações específicas, como é o caso do Brasil. Experiências em países como Alemanha e Espanha demonstram que esse problema não representa um obstáculo para sistemas com potências inferiores a 100 kWp.

Resultados práticos demonstram existir um limite máximo para a potência a ser fornecida à rede de distribuição sem causar sobretensões. No caso do SFCR do IEE-USP, uma configuração trifásica ajudaria a evitar as sobretensões observadas, além de dar margem para o aumento da capacidade fotovoltaica instalada.

Mesmo considerando que os inversores instalados injetam uma THD_I considerável quando submetidos a níveis de potência muito abaixo de sua operação nominal, os resultados apresentados demonstram que sobredimensionar a potência do gerador fotovoltaico com relação à potência do inversor é um artifício interessante para minimizar esse problema.

Outro ponto importante é o fator de potência da edificação, que pode ser alterado de forma significativa, dependendo da capacidade de produção do sistema e do perfil da demanda da edificação. Este capítulo traz uma análise interessante a respeito da variação do fator de potência da edificação, nos casos em que a conexão é feita no quadro de distribuição da edificação, que corresponde à parte menos robusta do sistema de distribuição.

Referências Bibliográficas

ABELLA, M. A.; CHENLO, F. Choosing the right inverter for grid-connected PV systems. *Renewable Energy*, v. Mar.-abr., 2004.

AL-HASAN, A. Y.; GHONEIM A. A.; ABDULLAH, A. H. Optimizing electrical load pattern in Kuwait using grid connected photovoltaic systems. *Energy Conversion & Management*, n. 45, p. 483-494, 2004.

ANEEL – Agência Nacional de Energia Elétrica. *Procedimentos de Distribuição de Energia Elétrica no Sistema Elétrico Nacional*. Brasília: Aneel, 2011. Disponível em <http://www.aneel.gov.br/area.cfm?idArea=82>. Acesso em: 31 jan. 2012.

BARBOSA, E.; LOPES, L.; TIBA, C. Sistemas fotovoltaicos interligados à rede no Arquipélago Fernando de Noronha. In: CONGRESSO IBÉRICO, 12., E VII IBERO--AMERICANO DE ENERGIA SOLAR, 8., 2004, Vigo. Anais... Vigo: CIES, 2004. v. 2, p. 995-1000.

BARBOSA, E.; SILVA, D.; MELO, R. Sistema fotovoltaico conectado à rede com baterias - Sistema UFPE-BRASIL. *Avances em Energías Renovables y Meio Ambiente*, v.11, n.1, p. 77-83, 2007.

BARBOSA, E. et al. Grid-connected system of Lampião Restaurant – NE/Brazil. In: WREC - WORLD RENEWABLE ENERGY CONGRESS, 10., 2008, Glasgow. Anais... Glasgow: WREC, CD-ROM, 2008.

BENEDITO, R. S. *Caracterização da Geração Distribuída por meio de Sistemas Fotovoltaicos Conectados à Rede, no Brasil, sob os Aspectos Técnico, Econômico e Regulatório*. 2009. Dissertação (Mestrado) – Programa Interunidades de Pós-Graduação em Energia (EP/FEA/IEE/IF), Universidade de São Paulo, São Paulo, 2009.

CAAMAÑO MARTÍN, E. C. *Edificios Fotovoltaicos Conectados a la Red Eléctrica: Caracterización y Análisis*. 1998. 200 f. Tesis (Doctoral) – Escuela Técnica Superior de Ingenieros de Telecomunicación, Departamento de Electrónica Física, Universidad Politécnica de Madrid, Madrid, 1998.

CONTI, S.; RAITI, S.; TINA, G.; VAGLIASINDI, U. Study of the Impact of PV Generation on Voltage Profile in LV Distribution Networks. In: PORTO POWER TECH CONFERENCE, 2001, Porto, Portugal. *Proceedings*... Porto, 2001.

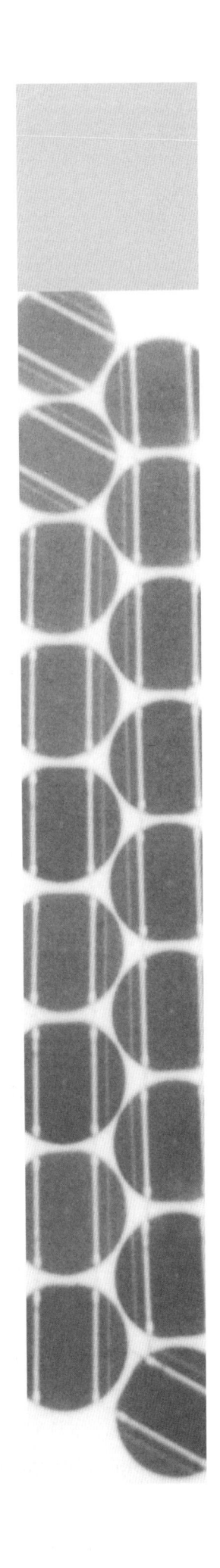

DIAS, J. B. *Instalação Fotovoltaica Conectada à Rede: Estudo Experimental para a Otimização do Fator de Dimensionamento*. 2006. 175p. Tese (Doutorado em Engenharia Mecânica) – Programa de Pós-Graduação em Engenharia Mecânica, Universidade Federal do Rio Grande do Sul, Porto Alegre, 2006.

DECKER, B.; JAHN, U.; RINDELHARDO, U.; WAABEN, W. The German 1000 – Roof-Photovoltaic-Programme, System Design and Energy Balance. In: E. C. PHOTOVOLTAIC SOLAR ENERGY CONFERENCE, 11., 1992, Montreux, Switzerland. *Proceedings*...Montreux, Switzerland, 1992.

FAABORG, A. Impacts of power penetration from photovoltaic power system in distribution networks. International Energy Agency. *Report IEA PVPS T5-10*, 2002.

GALDINO, M. A. A experiência de dois anos de operação do sistema fotovoltaico conectado à rede do Cepel. In: SNPTEE - SEMINÁRIO NACIONAL DE PRODUÇÃO E TRANSMISSÃO DE ENERGIA ELÉTRICA, 18., 2005, Curitiba. Anais... Curitiba, 2008.

GOETZBERGER, A.; HOFFMANN, V. U. *Photovoltaic Solar Energy Generation*. 1. ed. Berlin: Springer, 2005.

GERGAUD, O.; MULTON, B.; AHMED, H. B. Analysis and Experimental Validation of Various PV System Models. In: INTERNATIONAL ELETRIMACS CONGRESS, 7., 2002, Montreal, Canada. *Proceedings*...Montreal, 2002.

HAEBERLIN, H.; BEUTLER, C. Yield of Grid Connected PV Systems In Burgdorf, Considerably higher than average yield in Switzerland. In: EUROPEAN PHOTOVOLTAIC SOLAR ENERGY CONFERENCE, 14., 1997, Barcelona, Spain. *Proceedings*...Barcelona, 1997.

HAEBERLIN, H. A. New Approach for Semi-Automated Measurement of PV Inverters, Especially MPP Tracking Efficiency. In: EUROPEAN PHOTOVOLTAIC SOLAR ENERGY CONFERENCE, 19., 2004, Paris, France. *Proceedings*...Paris, 2004.

HAEBERLIN, H.; BORGNA, L.; KAEMPFER, M.; ZWAHLEN, U. Total Efficiency – A New Quantity for Better Characterisation of Grid-Connected PV Inverters. In: EUROPEAN PHOTOVOLTAIC SOLAR ENERGY CONFERENCE, 20., 2005, Barcelona, Spain. *Proceedings*...Barcelona, 2005.

HERING, G. Cell Production Survey 2011. *Photon International*, v. 3, mar. 2012.

HOHM, D. P.; ROPP, M. E. Comparative Study of Maximum Power Point Tracking Algorithms. *Progress Photovoltaics*, v. 11, n. 1, p. 47-62, 2003.

IEA - INTERNATIONAL ENERGY AGENCY. *Trends in photovoltaic applications*: Survey report of selected IEA countries between 1992 and 2009. Report IEA-PVPS T1-10, 2010.

IEEE - INSTITUTE OF ELECTRICAL AND ELECTRONICS ENGINEERS. *IEEE-519: IEEE Recommended Practices of Harmonic Control in Electric Power System*, 1992.

IEEE - INSTITUTE OF ELECTRICAL AND ELECTRONICS ENGINEERS. *IEEE-929: IEEE Recommended Practice For Utility Interface of Photovoltaic Systems*, 2000.

ISHIKAWA, T.; KUROKAWA, K.; OKADA, N.; TAKIGAWA, K. Evaluation of operation characteristics in multiple interconnection of PV system. SOLMAT, n. 2654, p. 1-8, 2002.

JIMENEZ, H.; CALLEJA H.; GONZÁLEZ, R. The impact of photovoltaic systems on distribution transformer: a case study. SOLMAT, n. 47, p. 311-321, 2006.

KING, D. L.; KRATOCHVIL, J. A.; BOYSON, W. E. Temperature coefficients for PV modules and arrays: measurements methods, difficulties, and results. In: IEEE PHOTOVOLTAIC SPECIALISTS CONFERENCE, 26., 1997, Anaheim, California. *Proceedings...* Anaheim, 1997.

KNAPP, K. E.; JESTER, T. L. An Empirical Perspective on the Energy Payback Time for Photovoltaic Modules. In: SOLAR CONFERENCE, 2000, Madison, Wisconsin. *Proceedings...* Madison, 2000.

KNOLL, B. Modules prices at the factory gate and on the Germany spot market. *Photon International*, v. 5, p. 124-127, 2011.

KRAUSE, M. A price for every market. *Photon International*, v. 5, p. 128-130, 2011.

KROPOSKI, B.; HANSEN, R. *Performance and Modeling of Amorphous Silicon Photovoltaics for Building-Integrated Applications*. NREL/CP-520-25851, 1999.

LASCHINSKI, J.; FENZL, C.; WACHENFELD, V. *Sunny Family*: The Future of Solar Technology. SMA Solar Technology AG, Niestetal, Germany, 2009/2010.

LASNIER, F.; ANG, T. G. *Photovoltaic Engineering Handbook*. Bristol and New York: Adam Hilger, 1990. p. 69-82; p. 171-197.

LISITA, O. *Sistemas fotovoltaicos conectados à rede*: estudo de caso – 3 kWp instalados no estacionamento do IEE - USP. 2005. 87 f. Dissertação (Mestrado em Energia) – Programa Interunidades de Pós-Graduação em Energia, Universidade de São Paulo, São Paulo, 2005.

LORENZO, E. *Eletricidad Solar - Ingenieria de Los Sistemas Fotovoltaicos*. 1. ed. Madri: Universidad Politécnica de Madrid – Instituto de Energía Solar, 1994.

LUQUE, A.; HEGEDUS, S. *Handbook of Photovoltaic Science and Engineering*. 1. ed. Nova York: John Wiley & Sons, 2003.

MACEDO, I. C. *Gasificação de biomassa para a geração de energia elétrica*, CENERGIA, Rio, 2002

MACÊDO, W. N.; ZILLES, R. Operational results of grid-connected photovoltaic system with different inverter's sizing factors (ISF). *Progress in Photovoltaics*, v. 15, p. 337-352, 2006.

MACÊDO, W. N. et al. The First Grid-Connected PV Application in the Amazon Region. In: EUROPEAN PHOTOVOLTAIC SOLAR ENERGY CONFERENCE, 23., 2008, Valencia. *Proceedings...* Valencia: EPSEC, 2008. v. 1, p. 3468-3471.

MACÊDO, W. N.; ZILLES, R. Qualidade de Energia da Geração Distribuída com Sistemas Fotovoltaicos Conectados à Rede na USP, Avaliação dos parâmetros de suprimento. In: CONGRESSO LATINO-AMERICANO DE GERAÇÃO E TRANSMISSÃO DE ENERGIA ELÉTRICA (CLAG-TEE), 5., 2003, São Pedro, São Paulo. *Anais...* São Pedro, 2003.

MACÊDO, W. N. *Análise do Fator de Dimensionamento do Inversor Aplicado a Sistemas Fotovoltaicos Conectados à Rede*. 2006. 201 f. Tese (Doutorado) – Programa Interunidades de Pós-Graduação em Energia (EP/FEA/IEE/IF), Universidade de São Paulo, São Paulo, 2006.

MARION, B.; ADELSTENS, J.; BOYLE, K. *Performance for Grid-Connected PV Systems*. NREL / CP-520-37358, 2005.

OKADA, N.; TAKIGAWA, K. A. Voltage regulation method for dispersed grid connected PV systems under high-density connection. *SOLMAT*, n. 2666, p. 1-10, 2002.

OTANI, K.; KATO, K.; TAKASHIMA, T.; YAMAGUCHI, T.; SAKUTA, K. Field Experience with Large-scale Implementation of Domestic PV Systems and with Large PV Systems on Buildings in Japan. *Progress in Photovoltaics*: Research and Applications, n. 12, p. 449-459, 2004.

PAATERO, J. V.; LUND, P. D. Effects of Large-scale photovoltaic power integration on electricity distribution networks. *Renewable Energy*, v. 32, p. 1-8, 2007.

PRIEB, C. W. M. *Desenvolvimento de um Sistema de Ensaio de Módulos Fotovoltaicos*. 2002. Dissertação (Mestrado) – Escola de Engenharia, Programa de Pós-Graduação em Engenharia Mecânica, Universidade Federal do Rio Grande do Sul, Porto Alegre, 2002.

RADZIEMSKA, E.; KLUGMANN, E. Thermally affected parameters of the current-voltage characteristics of silicon photocell. *Energy Conversion and Management*, Munich, Germany, n. 43, p. 1889-1900, 2002.

RIBEIRO, P.; FERREIRA, F.; MEDEIROS, F. 2005. Geração Distribuída e Impacto na Qualidade de Energia. In: Seminário Brasileiro Sobre Qualidade da Energia Elétrica, 6., 2005. *Anais...* Código: BEL 16 7670, 2005.

RODRIGUES, M.; TEIXEIRA, E. C.; BRAGA, H. A. C. Uma Visão Topológica Sobre Sistemas Fotovoltaicos Monofásicos Conectados à Rede de Energia Elétrica. In: LATIN-AMERICAN CONGRESS, ELECTRICITY GENERATION AND TRANSMISSION, 5., 2003, São Pedro, São Paulo. *Anais...* São Pedro: v. nov., 2003.

RÜTHER, R. et al. Avaliação do impacto da geração distribuída utilizando sistemas solares fotovoltaicos integrados à rede de distribuição. In: *Estudos Tecnológicos em Engenharia*. São Leopoldo: Universidade do Vale do Rio dos Sinos, 2005. Disponível em: <http://www.unisinos.br/_diversos/revistas/estudos_tecnologicos/index.php?e=1&s=9&a=34>. Acesso em: 18 maio 2009.

RÜTHER, R. et al. Performance of the First Grid-Connected, BIPV Installation in Brazil Over Eight Years of Continuous Operation. In: EUROPEAN PHOTOVOLTAIC SOLAR ENERGY CONFERENCE, 21., 2006, Dresden. *Proceedings...* Munich: WIP-München, 2006. v. 1, p. 119-122.

SCHMIDT, H.; JANTSCH, M.; SCHMID, J. Results of the concerted action on Power conditioning and control. In: EUROPEAN PHOTOVOLTAIC SOLAR ENERGY CONFERENCE, 1992, Montreux, Switzeland. *Proceedings...* Montreux, 1992.

SHAHEEN, S. E.; GINLEY, D. S.; JABBOUR, G. E. Organic-based photovoltaics: Toward low-cost power generation. *MRS Bulletin*, v. 30, p. 10-19, 2005. (doi: 10.1557/mrs2005.2). Publicada on-line pela Cambridge University Press: 31 jan. 2011.

SHELDON, K. Connecting Multiple Sunny Boy Inverters to a Three Phase. *Utility SMA America*, 2002. Disponível em: <www.sma.de>. Acesso: 18 out. 2011.

VIANA, T. S. et al. Centro de Eventos da UFSC: Integração de Sistemas Fotovoltaicos à Arquitetura. In: ENCONTRO NACIONAL, 10., E LATINO-AMERICANO DE CONFORTO NO AMBIENTE CONSTRUÍDO, 5., 2007, Ouro Preto-MG. *Anais...* Ouro Preto: ENCAC, 2007. p. 1998-2007.

VINAGRE, M. *Usina Solar Fotovoltaica em Minas Gerais*. In: INFORME CRESESB Nº21, 2005. Rio de Janeiro: CRESESB, 2005. Disponível em: <http://www.cresesb.cepel.br/publicacoes/download/informe10.pdf>. Acesso em: 20 abr. 2009.

WHITAKER, C. M.; TOWNSEND, T. U.; NEWMILLER, J. D.; KING, D. L.; BOYSON, W. E.; KRATOCHVIL, J. A.; COLLIER, D. E.; OSBORN, D. E. Application and Validation of a New PV Performance Characterization Method. In: IEEE PHOTOVOLTAIC SPECIALISTS CONFERENCE, 26., 1997, Anaheim, California. *Proceedings...* Anaheim, 1997.

XANTREX / TRACE. *Operation and Maintenance Manual for Model PV-10208 10KW Grid-Tied Photovoltaic Inverter*. Xantrex Technologies Inc. and Trace Technologies Corp., 2001.

ZILLES, R.; OLIVEIRA, S. H. F. O Preço do Wp e o custo do kWh fornecido por sistemas interligados à rede elétrica. *Anais do 8°Congresso Brasileiro de Energia*, 1999. p. 743-748.

ZILLES, R.; OLIVEIRA, S. H.; BURANI, F. G. F. *Distributed Power Generation With PV System at USP.* IEEE/T&D, Latin-American, 2002.

Anexo

Porcentagem de captação anual de irradiação solar, conforme os ângulos de inclinação e azimute, para capitais no Brasil e na América do Sul

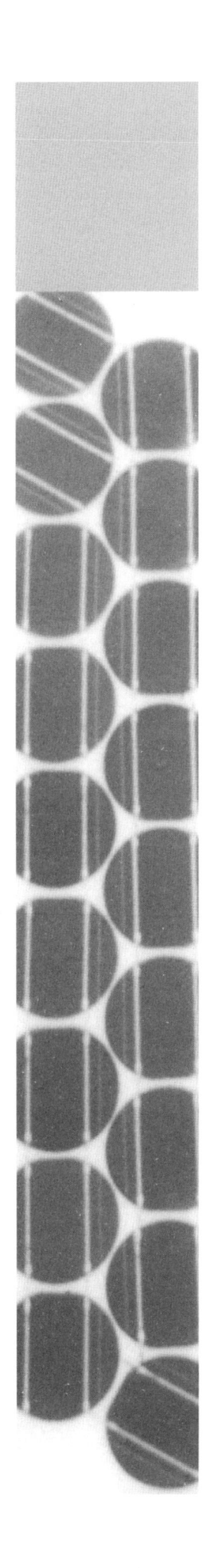

Aracaju
Latitude: -10,90°

Disponibilidade anual para Aracaju

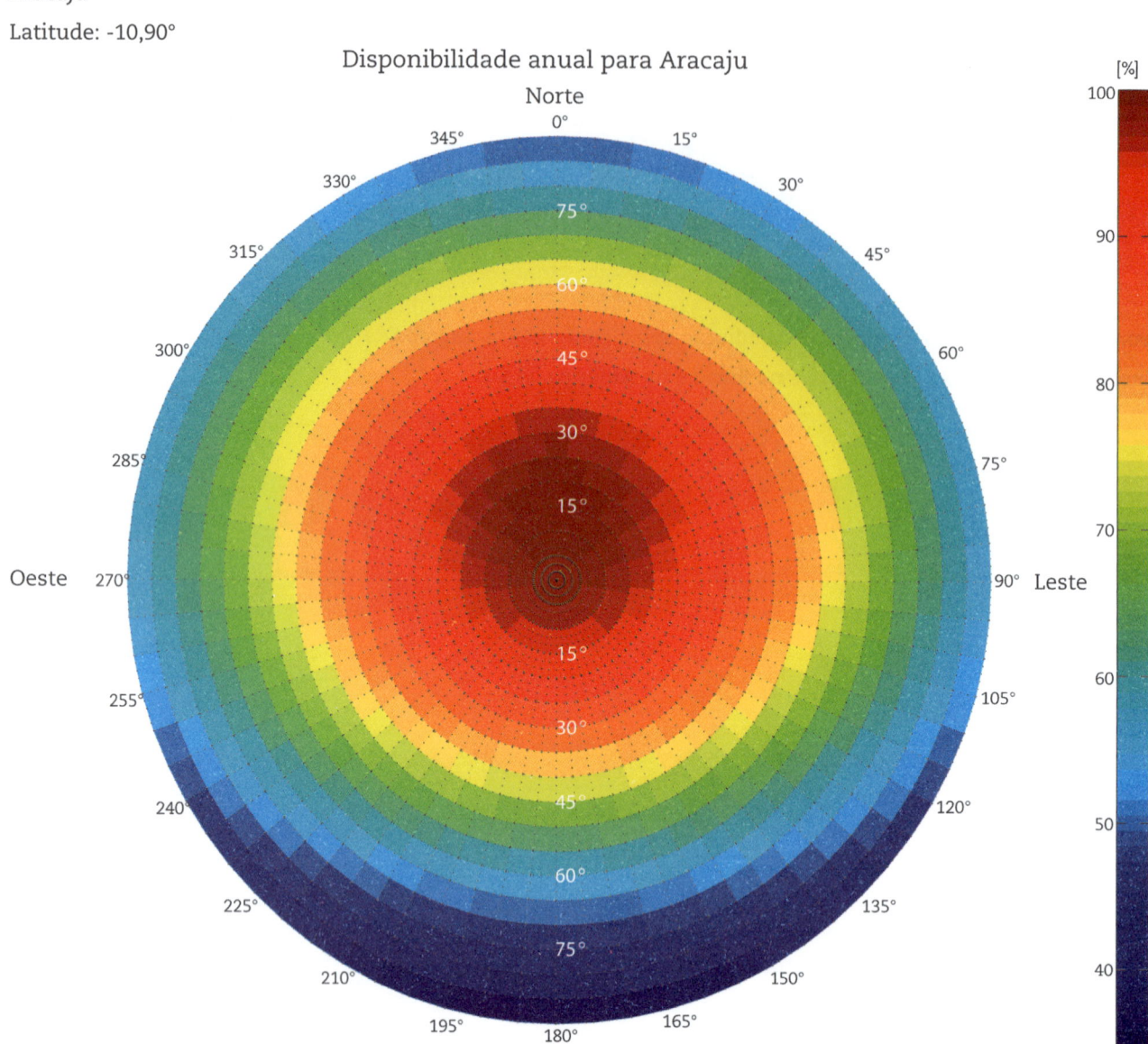

Disponibilidade anual ótima: 1.994 kWh/m²

Tab. 6.1 Relação de perdas (sobre o valor máximo teórico) segundo a orientação (γ) e inclinação (β) do gerador fotovoltaico para a cidade de Aracaju

FATORES DE CORREÇÃO SEGUNDO UMA INCLINAÇÃO E ORIENTAÇÃO DADAS (Disponibilidade anual ótima = 1.994 kWh/m²)										
γ \ β	0°	10°	20°	30°	40°	50°	60°	70°	80°	90°
0°	0,985	1,000	0,993	0,962	0,910	0,838	0,749	0,648	0,546	0,461
±25°	0,985	0,996	0,986	0,954	0,902	0,834	0,751	0,659	0,565	0,475
±50°	0,985	0,991	0,976	0,943	0,893	0,828	0,754	0,673	0,590	0,510
±90°	0,985	0,973	0,946	0,904	0,852	0,792	0,726	0,658	0,590	0,521

Belém
Latitude: -1,45°

Disponibilidade anual para Belém

Disponibilidade anual ótima: 1.844 kWh/m²

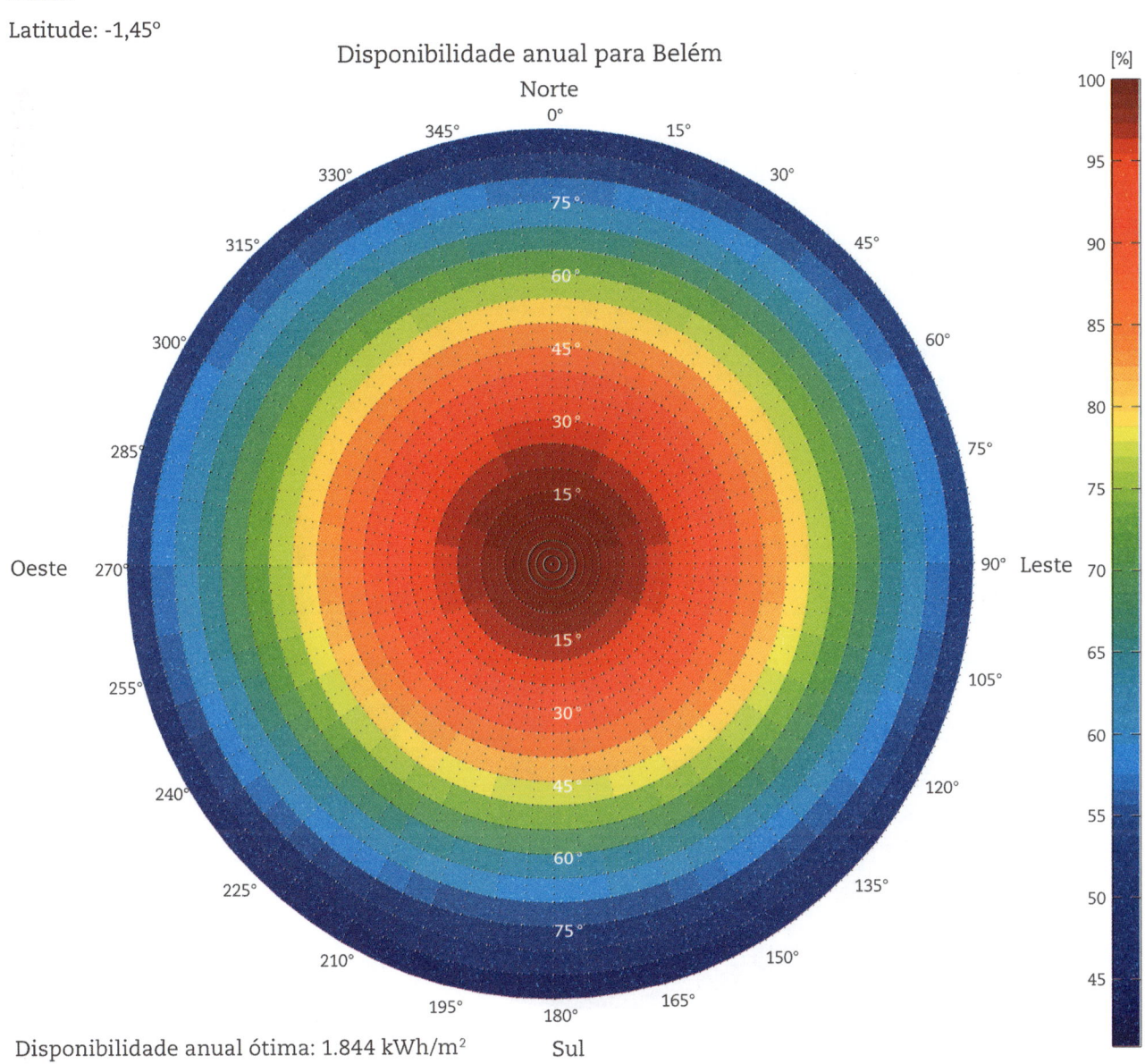

TAB. 6.2 Relação de perdas (sobre o valor máximo teórico) segundo a orientação (γ) e inclinação (β) do gerador fotovoltaico para a cidade de Belém

FATORES DE CORREÇÃO SEGUNDO UMA INCLINAÇÃO E ORIENTAÇÃO DADAS (Disponibilidade anual ótima = 1.844 kWh/m²)										
γ \ β	0°	10°	20°	30°	40°	50°	60°	70°	80°	90°
0°	0,998	0,996	0,973	0,932	0,873	0,797	0,709	0,616	0,530	0,452
±25°	0,998	0,996	0,972	0,931	0,872	0,799	0,716	0,627	0,539	0,458
±50°	0,998	0,994	0,970	0,928	0,871	0,802	0,724	0,642	0,559	0,482
±90°	0,998	0,989	0,961	0,918	0,862	0,797	0,726	0,651	0,576	0,504

Belo Horizonte
Latitude: -20,08°

Disponibilidade anual para Belo Horizonte

Disponibilidade anual ótima: 1.643 kWh/m²

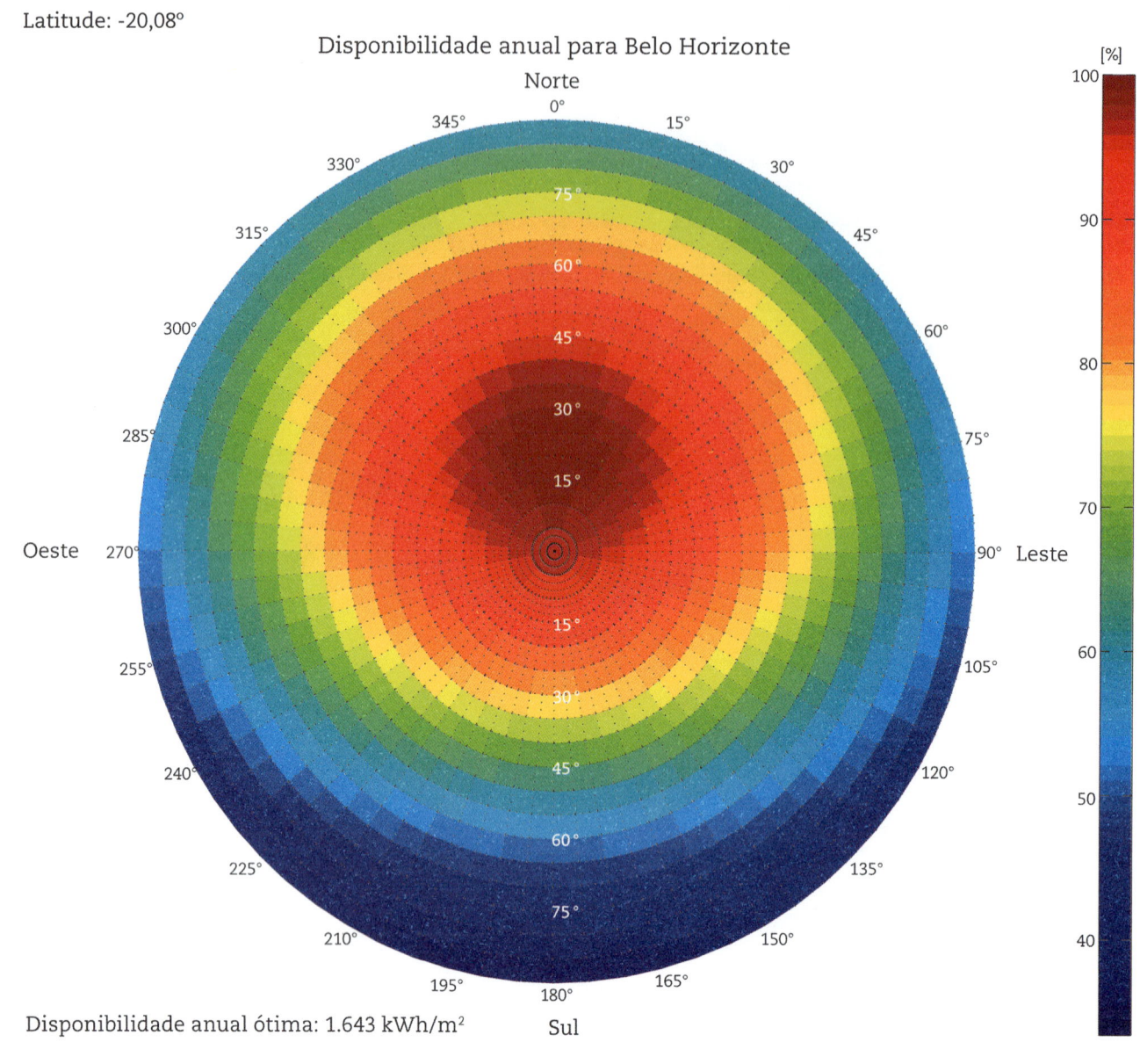

TAB. 6.3 Relação de perdas (sobre o valor máximo teórico) segundo a orientação (γ) e inclinação (β) do gerador fotovoltaico para a cidade de Belo Horizonte

FATORES DE CORREÇÃO SEGUNDO UMA INCLINAÇÃO E ORIENTAÇÃO DADAS (Disponibilidade anual ótima = 1.643 kWh/m²)										
γ \ β	0°	10°	20°	30°	40°	50°	60°	70°	80°	90°
0°	0,965	0,992	1,000	0,987	0,954	0,901	0,831	0,747	0,651	0,552
±25°	0,965	0,988	0,993	0,977	0,942	0,889	0,820	0,738	0,648	0,553
±50°	0,965	0,981	0,979	0,957	0,919	0,864	0,796	0,718	0,634	0,548
±90°	0,965	0,955	0,929	0,887	0,834	0,774	0,706	0,636	0,565	0,496

Boa Vista
Latitude: 2,85°

Disponibilidade anual para Boa Vista

Disponibilidade anual ótima: 1.706 kWh/m²

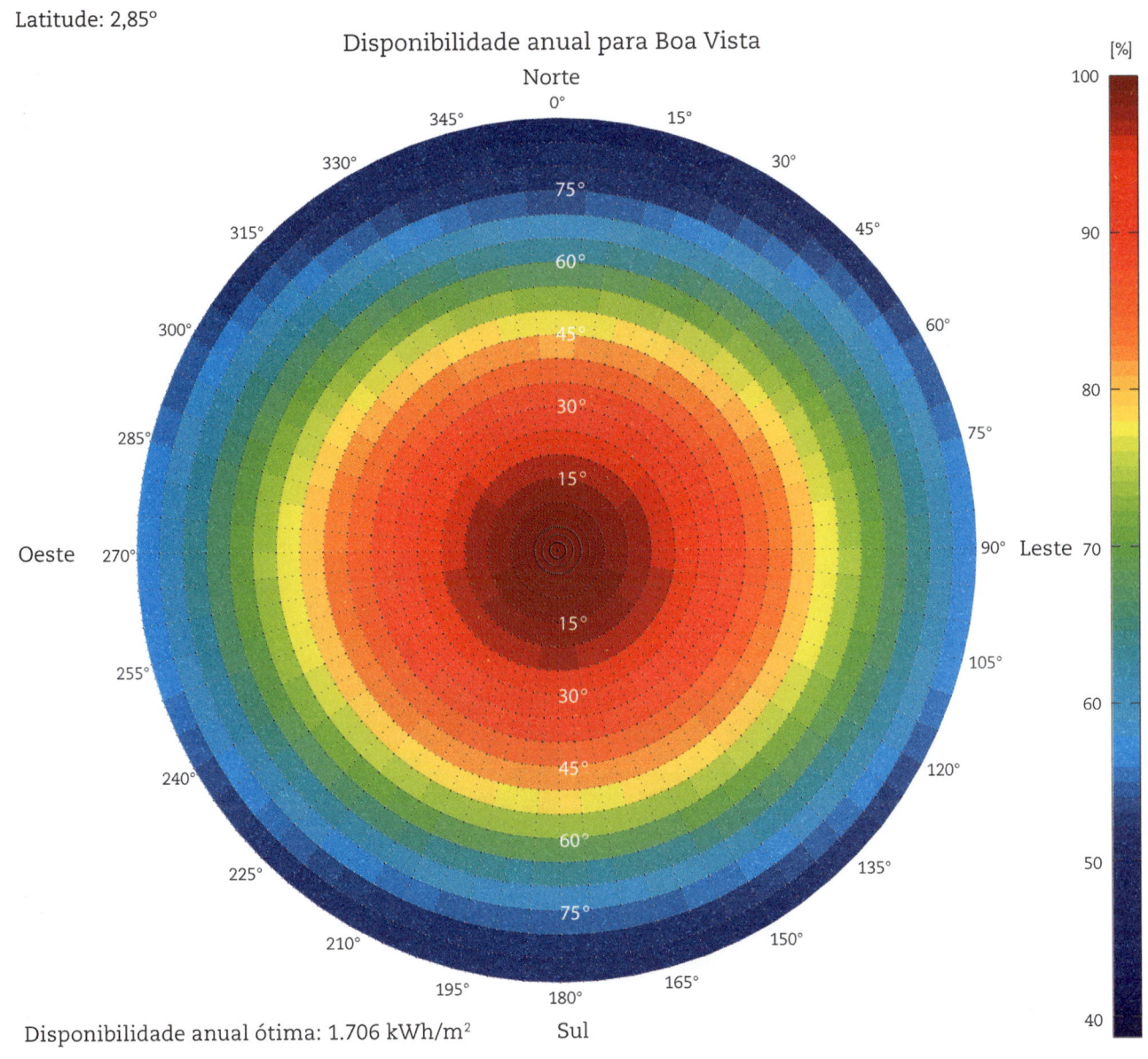

TAB. 6.4 Relação de perdas (sobre o valor máximo teórico) segundo a orientação (γ) e inclinação (β) do gerador fotovoltaico para a cidade de Boa Vista

FATORES DE CORREÇÃO SEGUNDO UMA INCLINAÇÃO E ORIENTAÇÃO DADAS (Disponibilidade anual ótima = 1.706 kWh/m²)										
γ \ β	0°	10°	20°	30°	40°	50°	60°	70°	80°	90°
0°	0,999	0,996	0,972	0,927	0,862	0,781	0,686	0,587	0,498	0,421
±25°	0,999	0,994	0,970	0,924	0,860	0,783	0,696	0,604	0,515	0,436
±50°	0,999	0,992	0,966	0,923	0,865	0,797	0,722	0,644	0,566	0,492
±90°	0,999	0,988	0,959	0,918	0,865	0,804	0,740	0,671	0,601	0,534

Campo Grande
Latitude: -20,42°

Disponibilidade anual para Campo Grande

Disponibilidade anual ótima: 1.918 kWh/m²

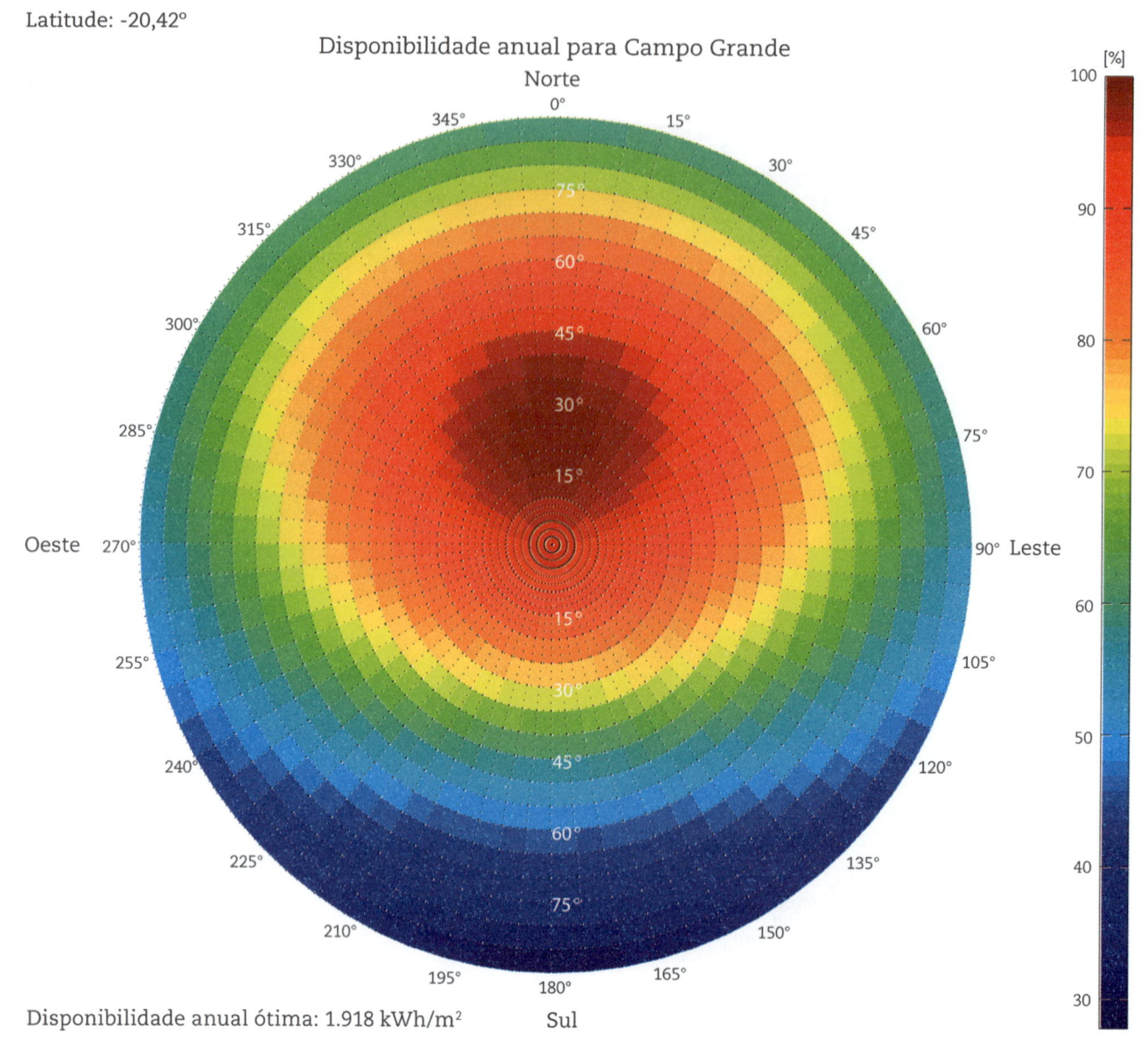

TAB. 6.5 Relação de perdas (sobre o valor máximo teórico) segundo a orientação (γ) e inclinação (β) do gerador fotovoltaico para a cidade de Campo Grande

FATORES DE CORREÇÃO SEGUNDO UMA INCLINAÇÃO E ORIENTAÇÃO DADAS										
(Disponibilidade anual ótima = 1.918 kWh/m²)										
γ \ β	0°	10°	20°	30°	40°	50°	60°	70°	80°	90°
0°	0,944	0,983	1,000	0,994	0,966	0,914	0,844	0,755	0,654	0,551
±25°	0,944	0,978	0,990	0,981	0,950	0,900	0,833	0,750	0,658	0,562
±50°	0,944	0,968	0,972	0,957	0,923	0,874	0,811	0,736	0,654	0,570
±90°	0,944	0,934	0,908	0,871	0,824	0,770	0,711	0,647	0,584	0,519

Sistemas Fotovoltaicos

Cuiabá
Latitude: -15,59°

Disponibilidade anual para Cuiabá

Oeste — Norte — Leste — Sul

Disponibilidade anual ótima: 1.896 kWh/m²

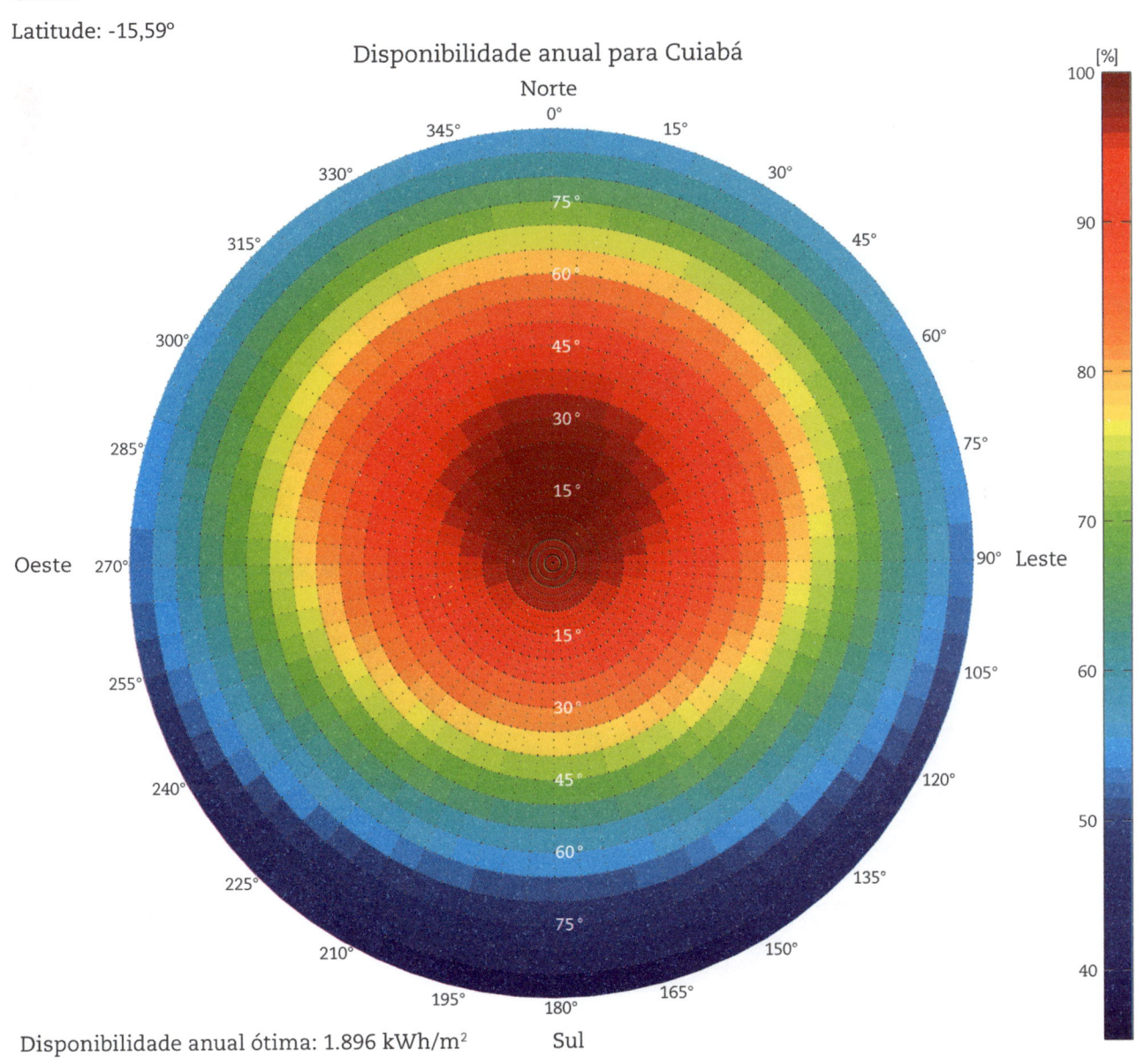

TAB. 6.6 Relação de perdas (sobre o valor máximo teórico) segundo a orientação (γ) e inclinação (β) do gerador fotovoltaico para a cidade de Cuiabá

FATORES DE CORREÇÃO SEGUNDO UMA INCLINAÇÃO E ORIENTAÇÃO DADAS (Disponibilidade anual ótima = 1.896 kWh/m²)										
γ \ β	0°	10°	20°	30°	40°	50°	60°	70°	80°	90°
0°	0,979	0,998	0,996	0,974	0,932	0,872	0,796	0,707	0,609	0,517
±25°	0,979	0,996	0,992	0,967	0,925	0,865	0,791	0,705	0,613	0,522
±50°	0,979	0,990	0,981	0,953	0,908	0,849	0,777	0,696	0,611	0,527
±90°	0,979	0,970	0,943	0,901	0,847	0,784	0,715	0,642	0,570	0,499

Anexo

Curitiba
Latitude: -25,32°

Disponibilidade anual para Curitiba

Disponibilidade anual ótima: 1.530 kWh/m²

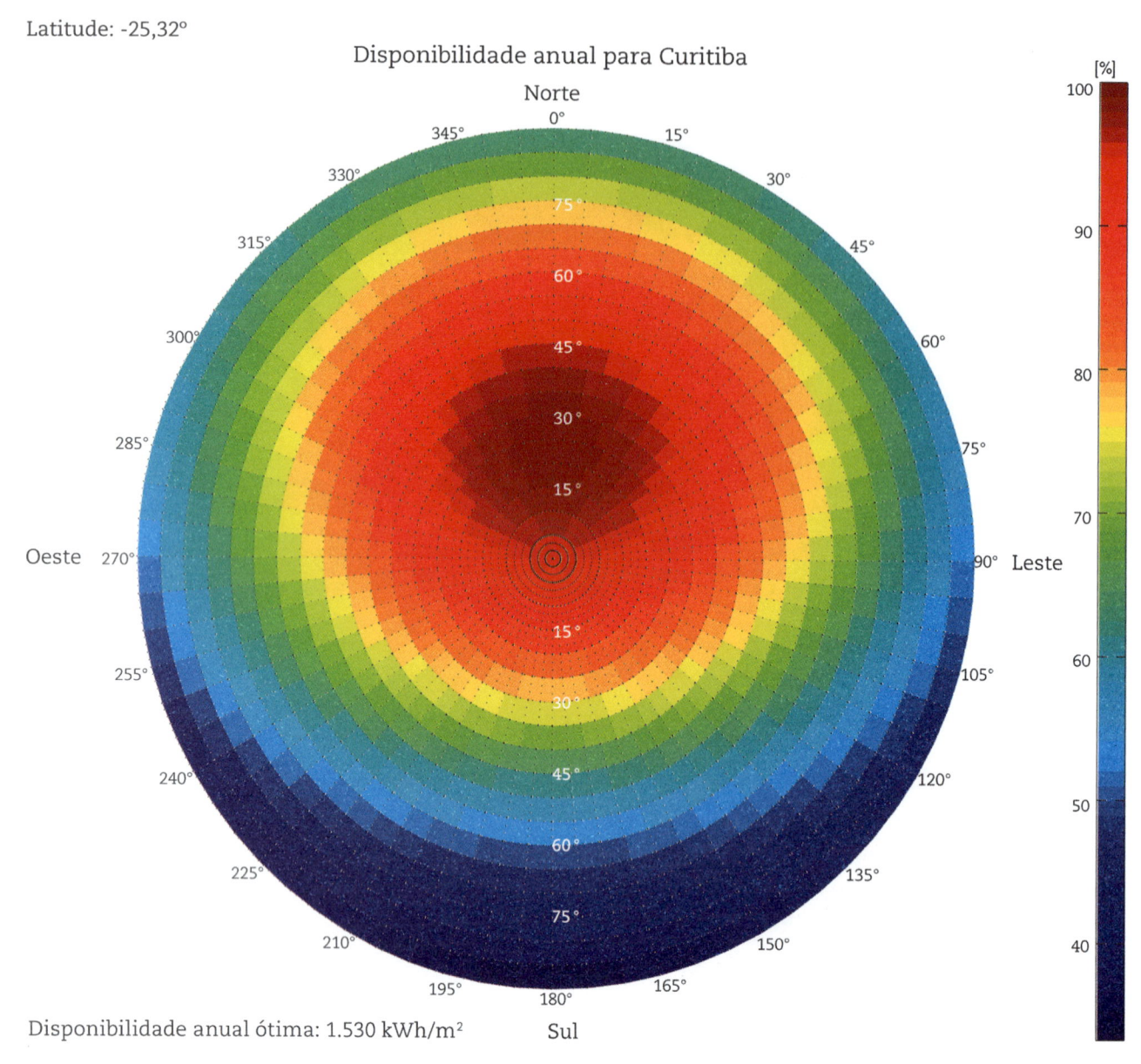

TAB. 6.7 Relação de perdas (sobre o valor máximo teórico) segundo a orientação (γ) e inclinação (β) do gerador fotovoltaico para a cidade de Curitiba

| | FATORES DE CORREÇÃO SEGUNDO UMA INCLINAÇÃO E ORIENTAÇÃO DADAS | | | | | | | | | |
| | (Disponibilidade anual ótima = 1.530 kWh/m²) | | | | | | | | | |
γ \ β	0°	10°	20°	30°	40°	50°	60°	70°	80°	90°
0°	0,956	0,986	1,000	0,993	0,967	0,920	0,856	0,776	0,684	0,584
±25°	0,956	0,982	0,992	0,982	0,954	0,906	0,842	0,765	0,676	0,582
±50°	0,955	0,973	0,975	0,959	0,925	0,876	0,812	0,737	0,655	0,569
±90°	0,952	0,942	0,917	0,877	0,827	0,767	0,703	0,635	0,566	0,498

Sistemas Fotovoltaicos

Florianópolis
Latitude: -27,50°

Disponibilidade anual para Florianópolis

Disponibilidade anual ótima: 1.690 kWh/m²

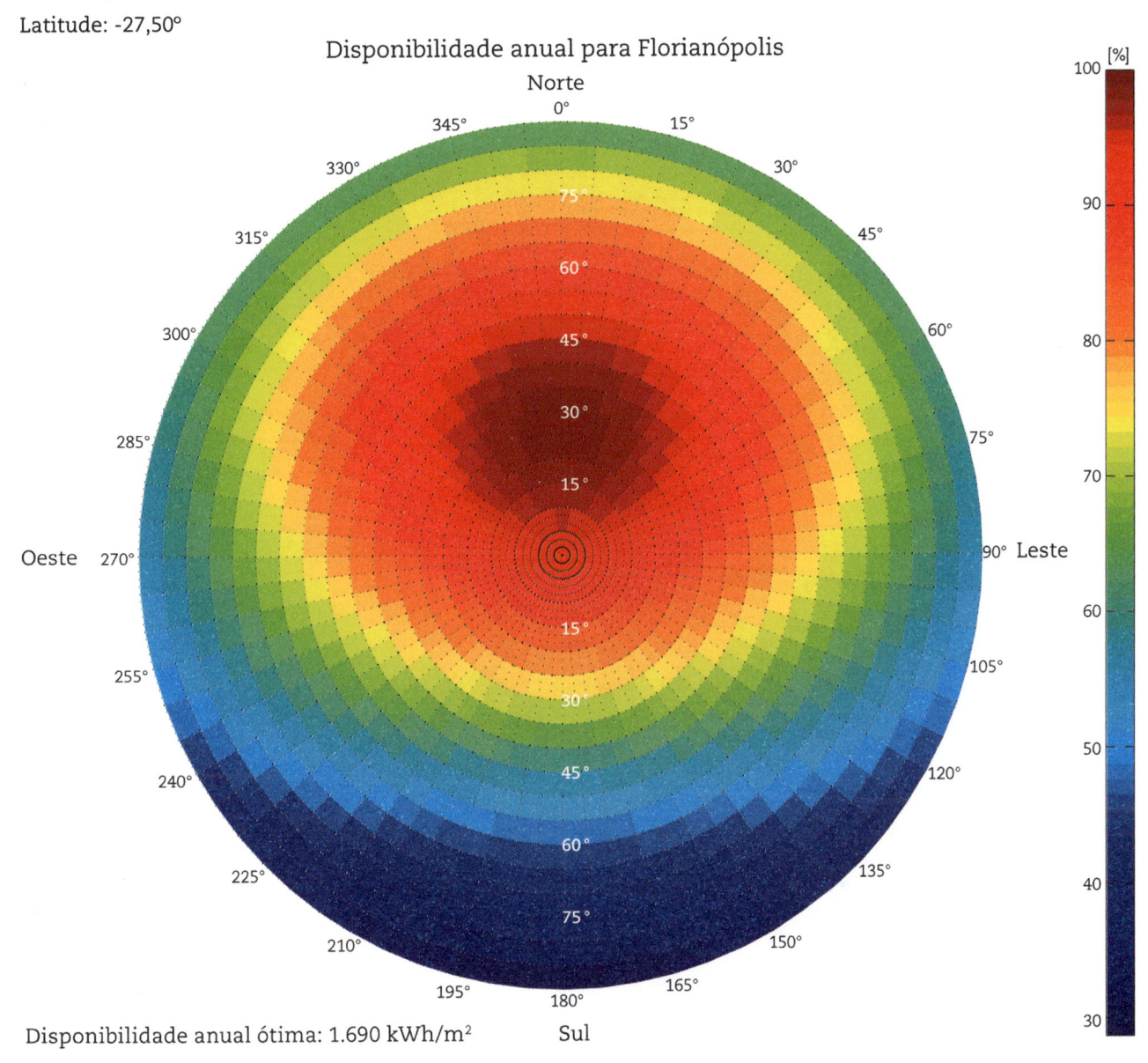

TAB. 6.8 Relação de perdas (sobre o valor máximo teórico) segundo a orientação (γ) e inclinação (β) do gerador fotovoltaico para a cidade de Florianópolis

FATORES DE CORREÇÃO SEGUNDO UMA INCLINAÇÃO E ORIENTAÇÃO DADAS (Disponibilidade anual ótima = 1.690 kWh/m²)										
γ \ β	0°	10°	20°	30°	40°	50°	60°	70°	80°	90°
0°	0,934	0,975	0,997	0,997	0,974	0,930	0,866	0,783	0,688	0,583
±25°	0,934	0,970	0,988	0,985	0,960	0,916	0,854	0,777	0,689	0,593
±50°	0,934	0,960	0,969	0,959	0,931	0,886	0,828	0,757	0,678	0,593
±90°	0,934	0,924	0,901	0,865	0,821	0,771	0,715	0,654	0,592	0,528

Fortaleza
Latitude: -3,34°

Disponibilidade anual para Fortaleza

Disponibilidade anual ótima: 2.032 kWh/m²

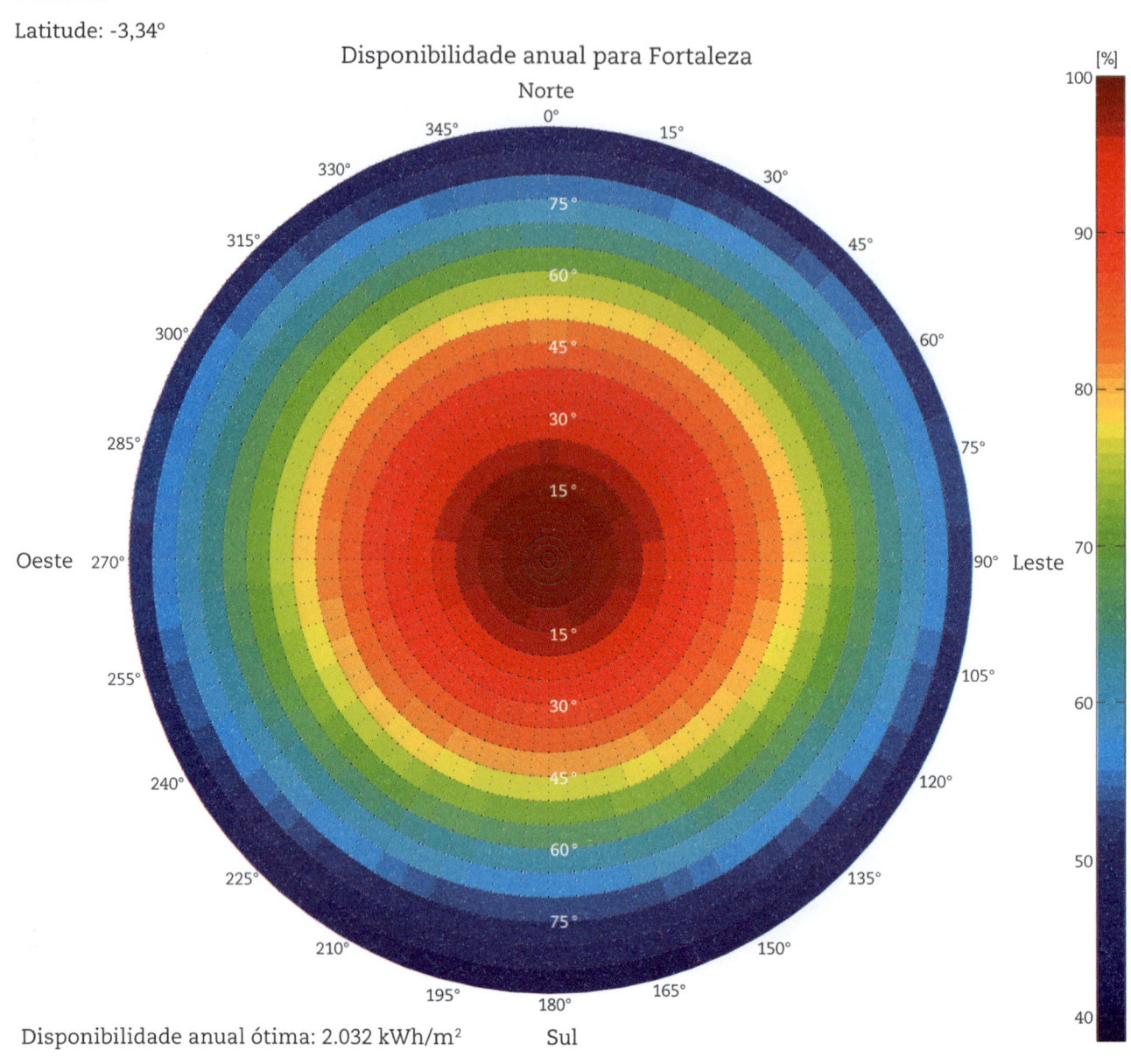

TAB. 6.9 Relação de perdas (sobre o valor máximo teórico) segundo a orientação (γ) e inclinação (β) do gerador fotovoltaico para a cidade de Fortaleza

	FATORES DE CORREÇÃO SEGUNDO UMA INCLINAÇÃO E ORIENTAÇÃO DADAS (Disponibilidade anual ótima = 2.032 kWh/m²)								
γ \ β	0°	10°	20°	30°	40°	50°	60°	70°	80°	90°
0°	0,999	0,996	0,971	0,927	0,864	0,784	0,692	0,593	0,505	0,428
±25°	0,999	0,995	0,970	0,926	0,865	0,788	0,701	0,608	0,518	0,437
±50°	0,999	0,994	0,968	0,924	0,865	0,792	0,711	0,626	0,542	0,464
±90°	0,999	0,988	0,959	0,914	0,856	0,789	0,716	0,640	0,564	0,492

Goiânia
Latitude: -16,72°

Disponibilidade anual para Goiânia

Disponibilidade anual ótima: 1.940 kWh/m²

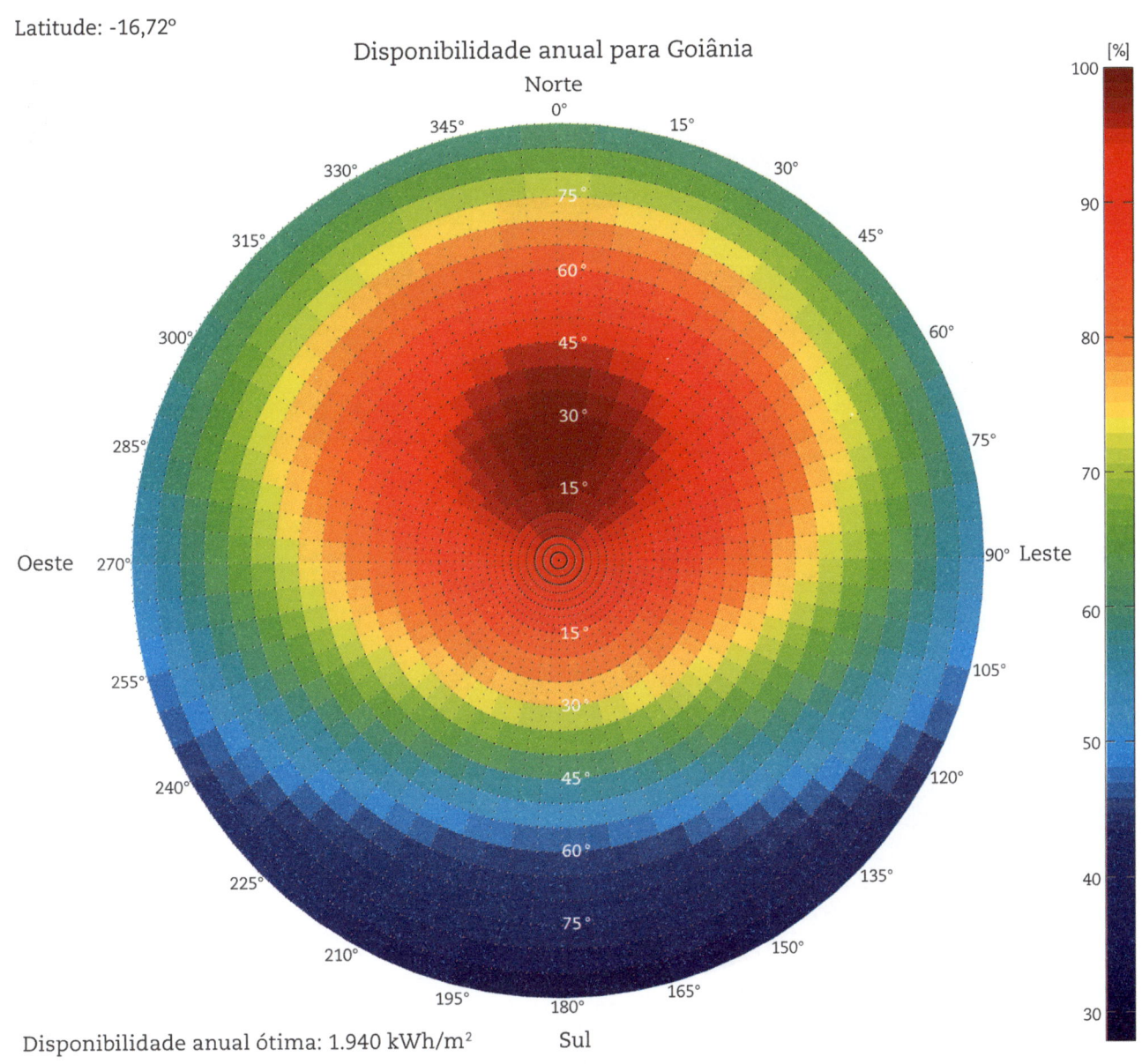

TAB. 6.10 Relação de perdas (sobre o valor máximo teórico) segundo a orientação (γ) e inclinação (β) do gerador fotovoltaico para a cidade de Goiânia

FATORES DE CORREÇÃO SEGUNDO UMA INCLINAÇÃO E ORIENTAÇÃO DADAS (Disponibilidade anual ótima = 1.940 kWh/m²)										
γ \ β	0°	10°	20°	30°	40°	50°	60°	70°	80°	90°
0°	0,942	0,981	0,999	0,994	0,966	0,916	0,845	0,758	0,658	0,559
±25°	0,942	0,975	0,987	0,977	0,946	0,894	0,826	0,743	0,651	0,555
±50°	0,942	0,963	0,966	0,948	0,914	0,863	0,798	0,724	0,642	0,558
±90°	0,942	0,928	0,901	0,861	0,812	0,758	0,697	0,636	0,570	0,506

João Pessoa
Latitude: -7,15°

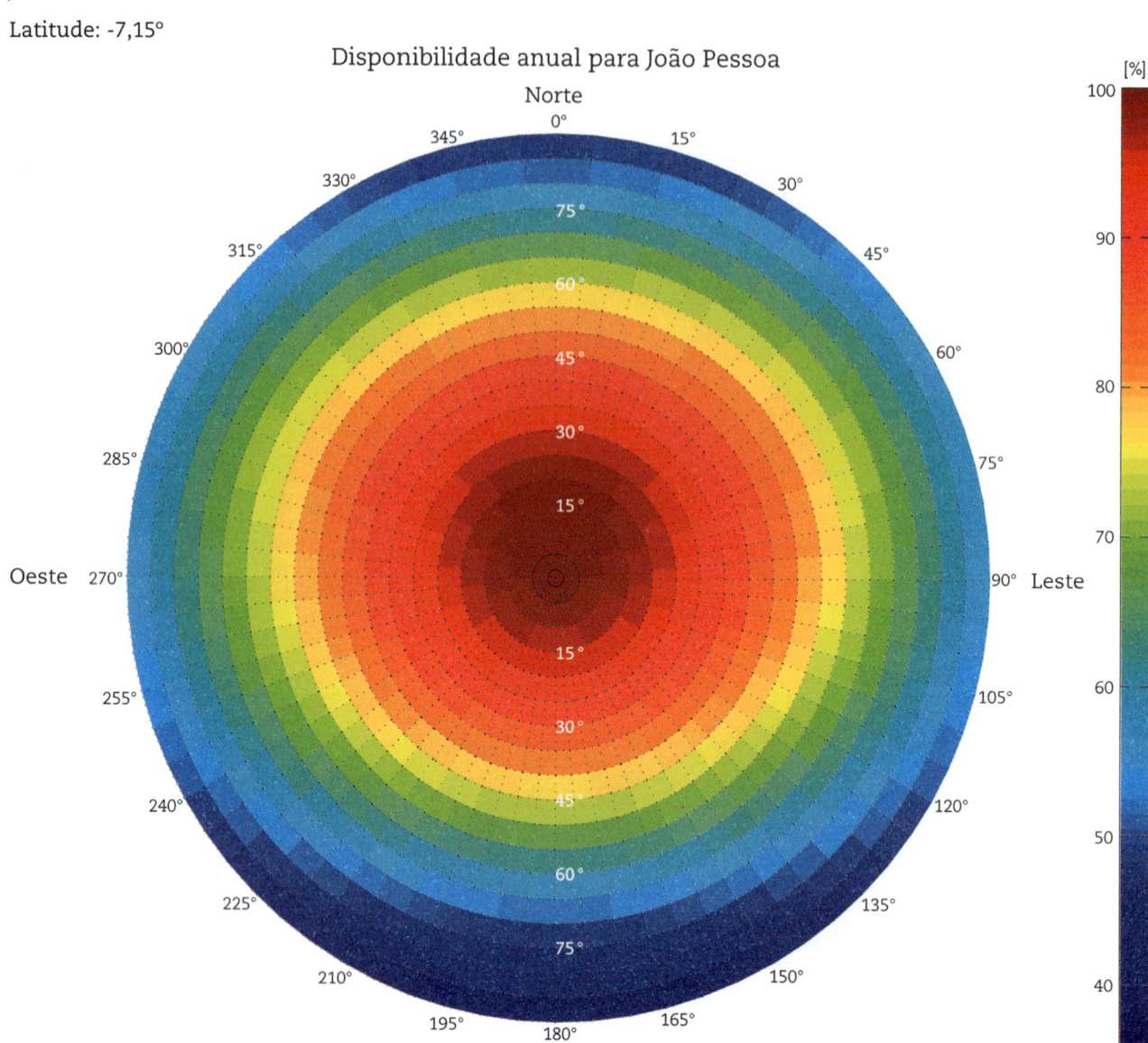

Disponibilidade anual para João Pessoa

Disponibilidade anual ótima: 2.096 kWh/m²

Tab. 6.11 Relação de perdas (sobre o valor máximo teórico) segundo a orientação (γ) e inclinação (β) do gerador fotovoltaico para a cidade de João Pessoa

FATORES DE CORREÇÃO SEGUNDO UMA INCLINAÇÃO E ORIENTAÇÃO DADAS (Disponibilidade anual ótima = 2.096 kWh/m²)										
γ \ β	0°	10°	20°	30°	40°	50°	60°	70°	80°	90°
0°	0,991	1,000	0,985	0,947	0,887	0,809	0,714	0,609	0,512	0,430
±25°	0,991	0,998	0,982	0,945	0,886	0,813	0,725	0,631	0,536	0,450
±50°	0,991	0,995	0,977	0,939	0,885	0,817	0,740	0,657	0,574	0,496
±90°	0,991	0,984	0,957	0,915	0,864	0,803	0,736	0,669	0,598	0,530

Macapá
Latitude: -0,01°

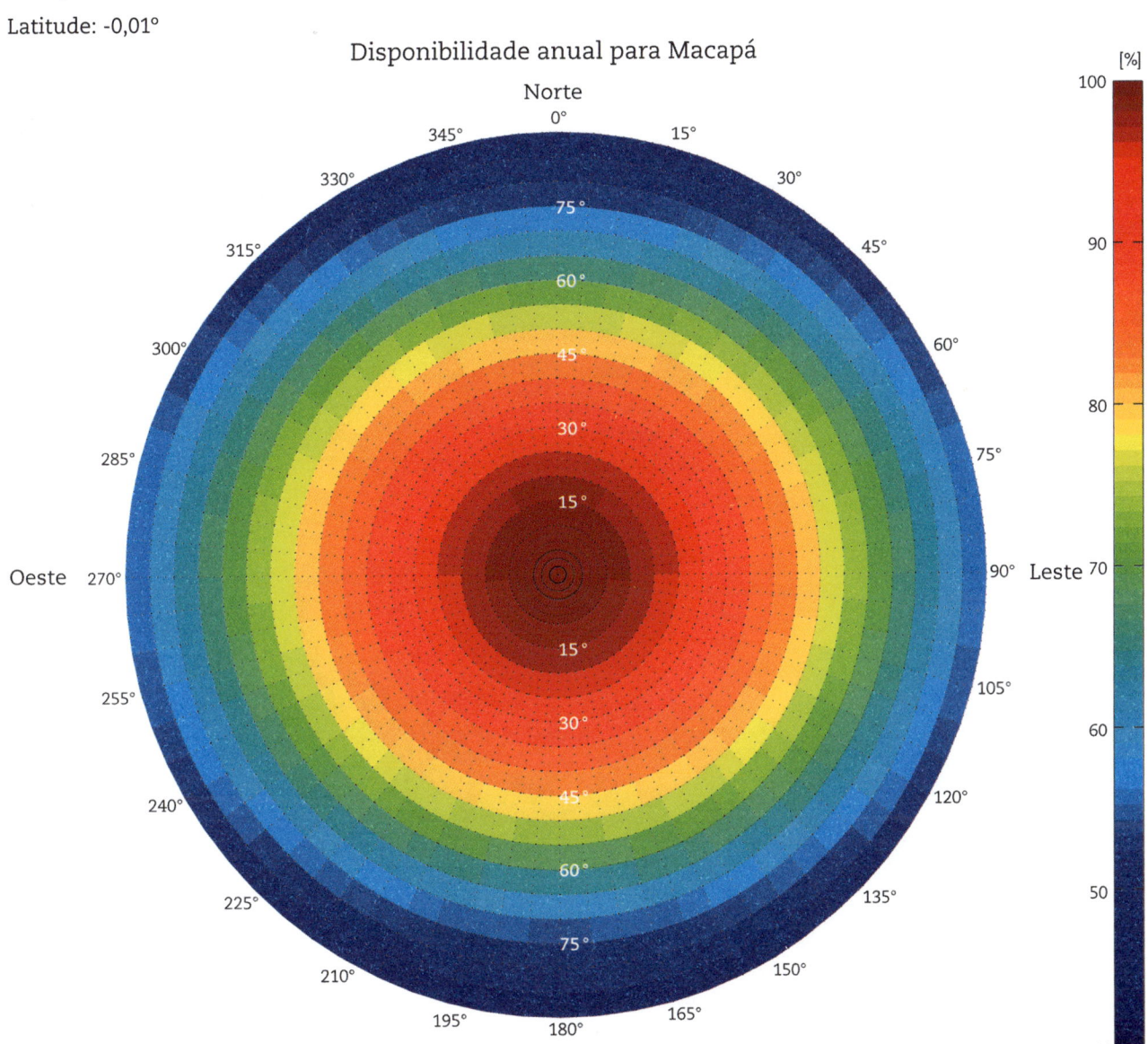

Disponibilidade anual para Macapá

Norte — Sul — Oeste — Leste

Disponibilidade anual ótima: 1.885 kWh/m²

TAB. 6.12 Relação de perdas (sobre o valor máximo teórico) segundo a orientação (γ) e inclinação (β) do gerador fotovoltaico para a cidade de Macapá

FATORES DE CORREÇÃO SEGUNDO UMA INCLINAÇÃO E ORIENTAÇÃO DADAS (Disponibilidade anual ótima = 1.885 kWh/m²)										
γ \ β	0°	10°	20°	30°	40°	50°	60°	70°	80°	90°
0°	1,000	0,994	0,966	0,916	0,846	0,760	0,661	0,563	0,478	0,402
±25°	1,000	0,993	0,964	0,915	0,848	0,767	0,676	0,582	0,494	0,417
±50°	1,000	0,993	0,963	0,916	0,855	0,781	0,701	0,619	0,540	0,466
±90°	1,000	0,991	0,962	0,918	0,866	0,803	0,735	0,667	0,595	0,525

Maceió
Latitude: -9,66°

Disponibilidade anual para Maceió

Disponibilidade anual ótima: 1.992 kWh/m²

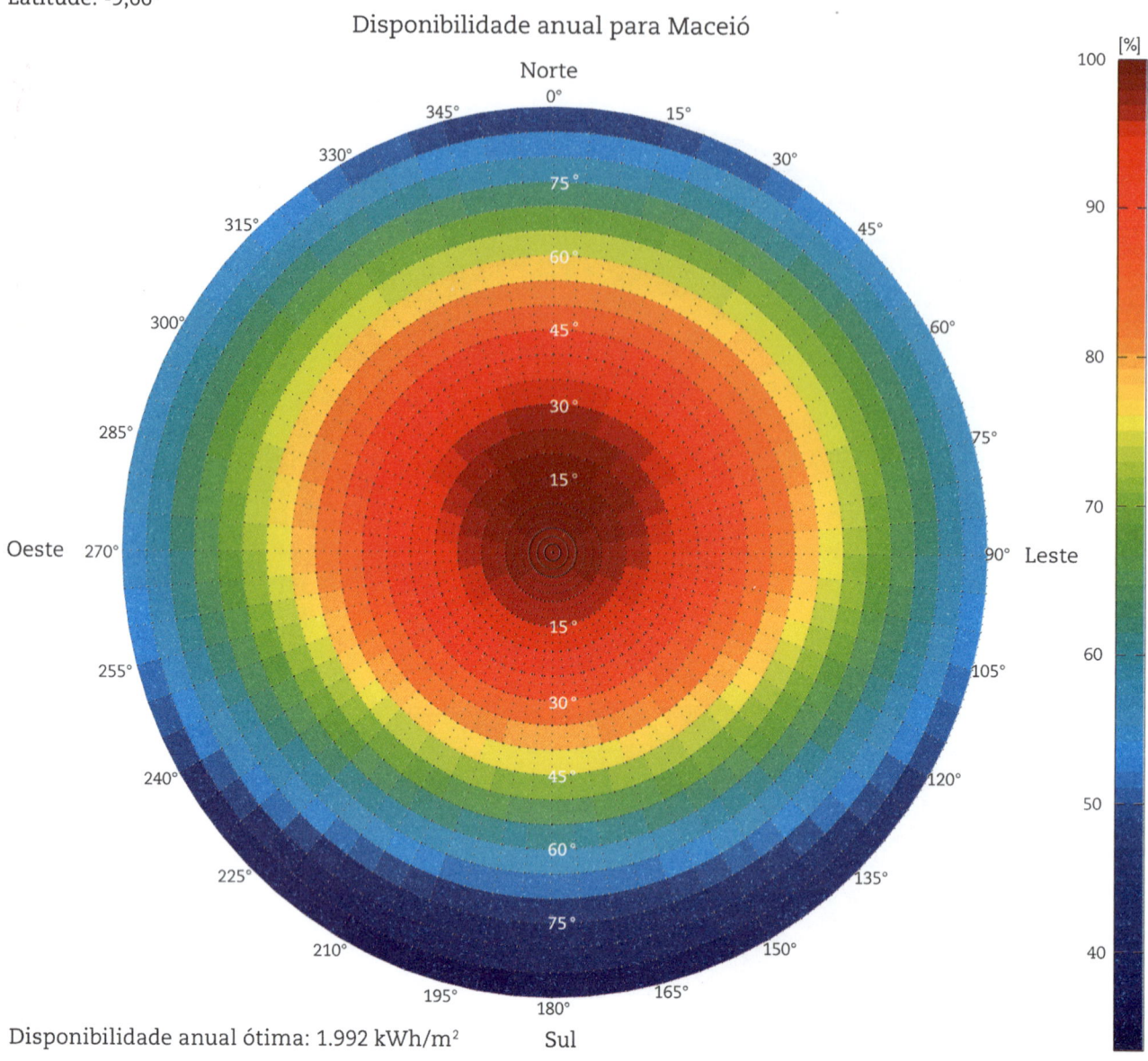

TAB. 6.13 Relação de perdas (sobre o valor máximo teórico) segundo a orientação (γ) e inclinação (β) do gerador fotovoltaico para a cidade de Maceió

FATORES DE CORREÇÃO SEGUNDO UMA INCLINAÇÃO E ORIENTAÇÃO DADAS (Disponibilidade anual ótima = 1.992 kWh/m²)										
γ \ β	0°	10°	20°	30°	40°	50°	60°	70°	80°	90°
0°	0,989	1,000	0,988	0,954	0,899	0,823	0,732	0,629	0,528	0,444
±25°	0,989	0,996	0,983	0,948	0,893	0,821	0,736	0,643	0,548	0,459
±50°	0,989	0,991	0,975	0,938	0,885	0,819	0,743	0,660	0,577	0,497
±90°	0,989	0,977	0,948	0,906	0,851	0,790	0,725	0,655	0,586	0,520

Manaus
Latitude: -3,07°

Disponibilidade anual para Manaus

Disponibilidade anual ótima: 1.800 kWh/m²

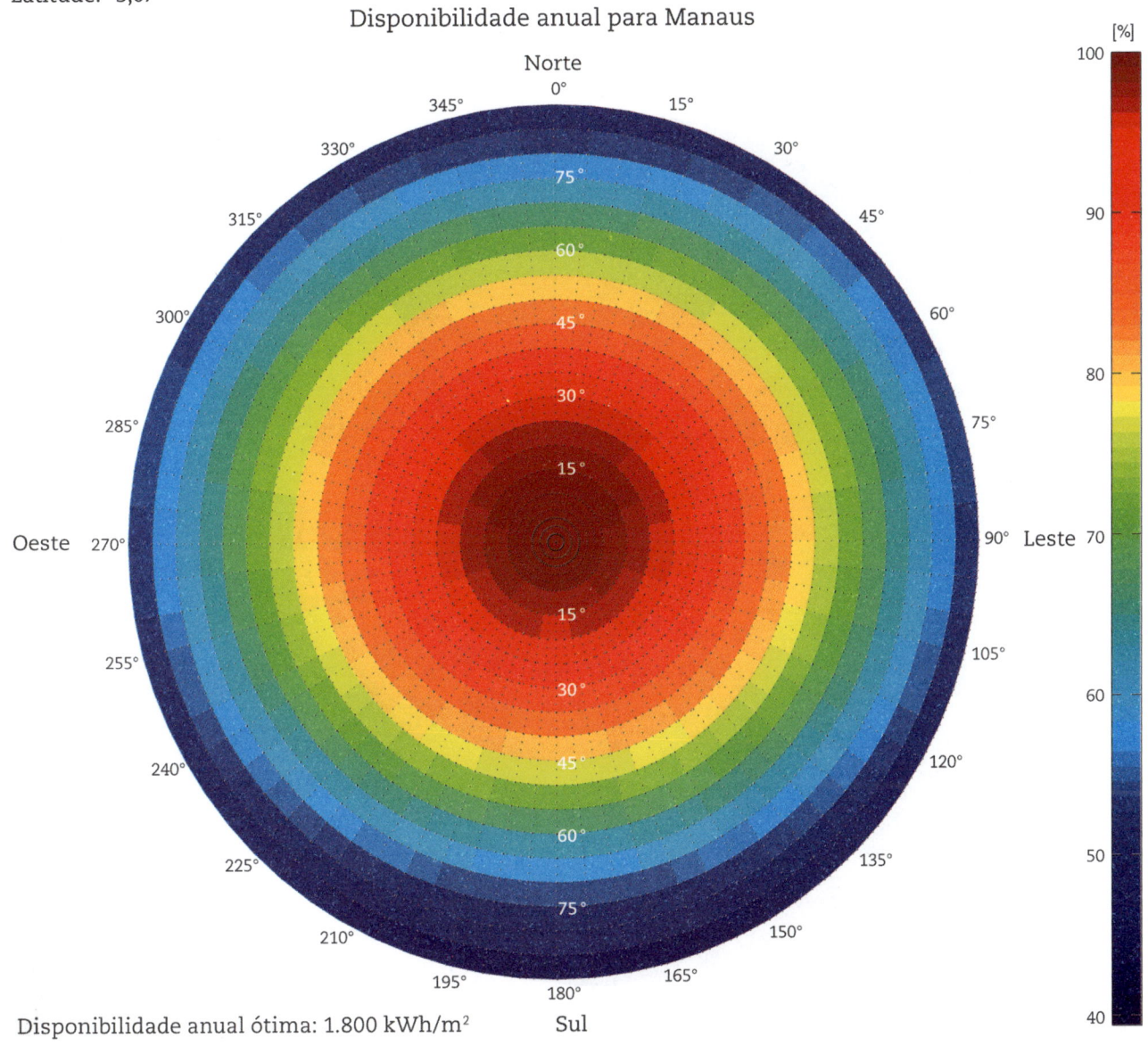

TAB. 6.14 Relação de perdas (sobre o valor máximo teórico) segundo a orientação (γ) e inclinação (β) do gerador fotovoltaico para a cidade de Manaus

FATORES DE CORREÇÃO SEGUNDO UMA INCLINAÇÃO E ORIENTAÇÃO DADAS (Disponibilidade anual ótima = 1.800 kWh/m²)										
γ \ β	0°	10°	20°	30°	40°	50°	60°	70°	80°	90°
0°	0,999	0,997	0,976	0,934	0,875	0,799	0,711	0,614	0,526	0,446
±25°	0,999	0,996	0,974	0,933	0,874	0,801	0,717	0,626	0,536	0,454
±50°	0,998	0,994	0,971	0,930	0,873	0,803	0,724	0,641	0,557	0,479
±90°	0,998	0,988	0,960	0,916	0,860	0,794	0,722	0,647	0,572	0,500

Natal
Latitude: -5,78°

Disponibilidade anual para Natal

Disponibilidade anual ótima: 2.112 kWh/m²

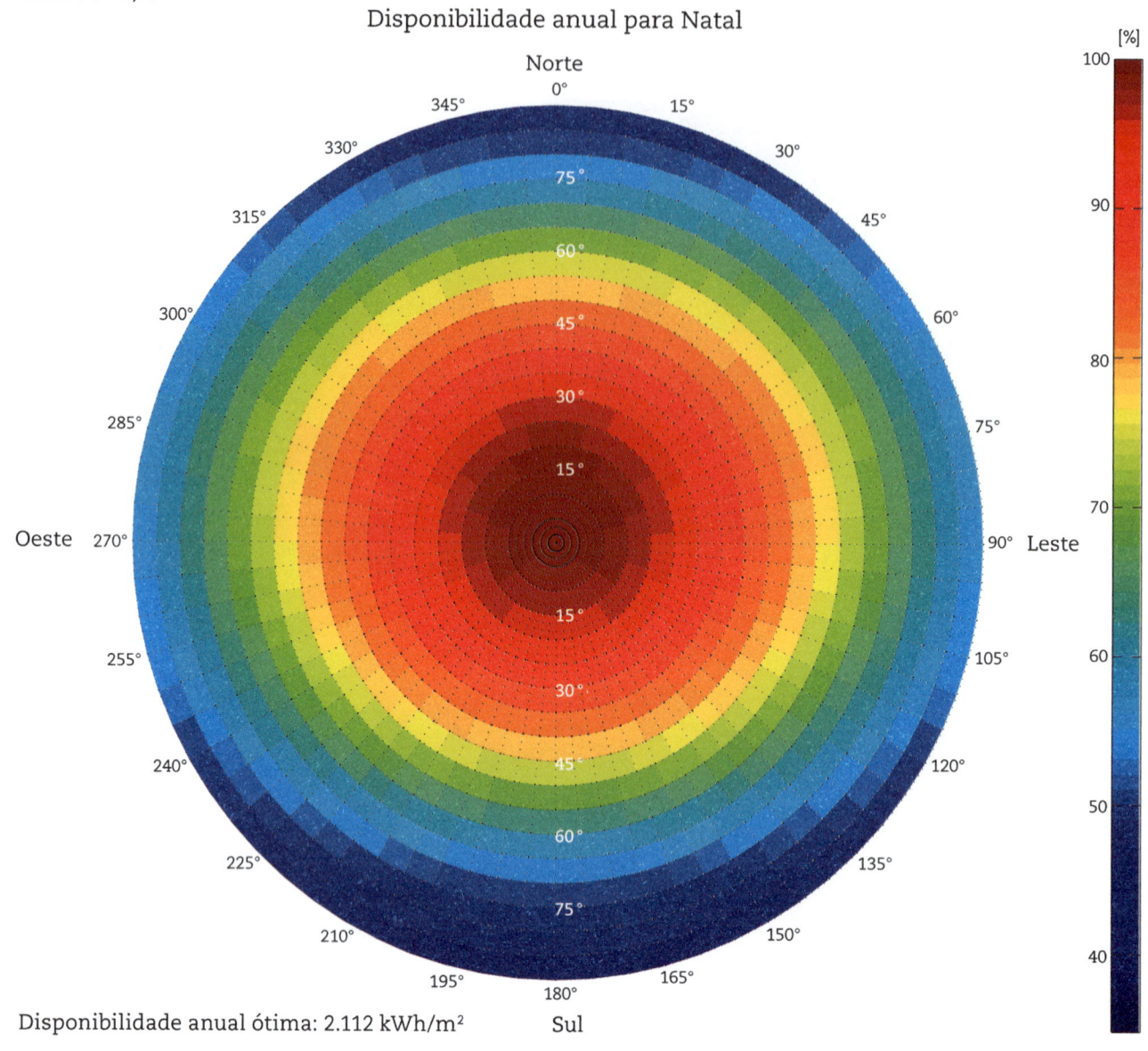

Tab. 6.15 Relação de perdas (sobre o valor máximo teórico) segundo a orientação (γ) e inclinação (β) do gerador fotovoltaico para a cidade de Natal

FATORES DE CORREÇÃO SEGUNDO UMA INCLINAÇÃO E ORIENTAÇÃO DADAS									
(Disponibilidade anual ótima = 2.112 kWh/m²)									
γ \ β	0°	10°	20°	30°	40°	50°	60°	70°	80°	90°
0°	0,994	1,000	0,981	0,939	0,876	0,794	0,697	0,591	0,497	0,417
±25°	0,994	0,998	0,978	0,937	0,875	0,798	0,708	0,613	0,519	0,435
±50°	0,994	0,995	0,973	0,933	0,876	0,805	0,726	0,643	0,560	0,483
±90°	0,994	0,987	0,959	0,916	0,864	0,802	0,734	0,666	0,595	0,526

Palmas
Latitude: -10,20°

Disponibilidade anual para Palmas

Disponibilidade anual ótima: 2.005 kWh/m²

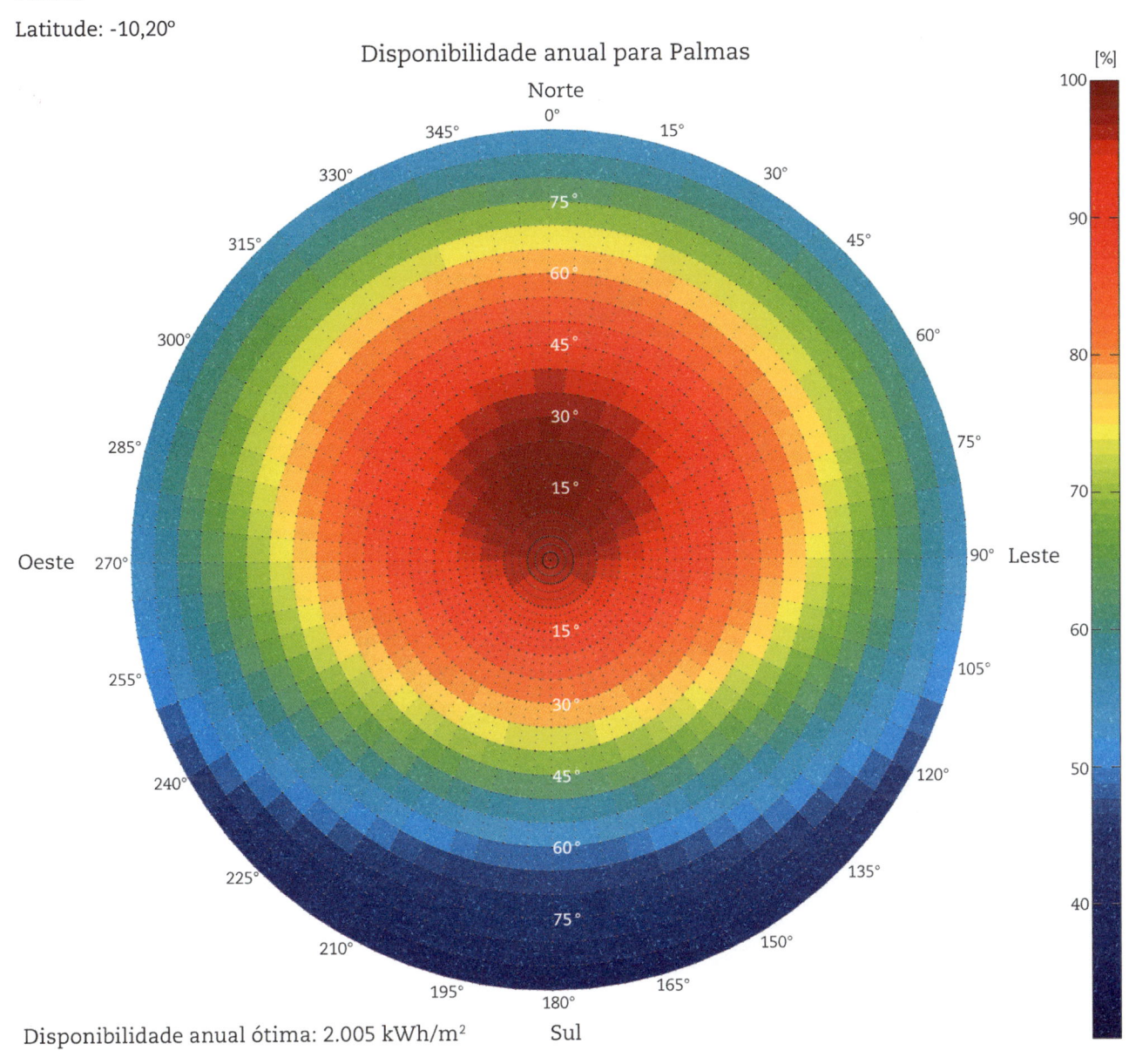

Tab. 6.16 Relação de perdas (sobre o valor máximo teórico) segundo a orientação (γ) e inclinação (β) do gerador fotovoltaico para a cidade de Palmas

FATORES DE CORREÇÃO SEGUNDO UMA INCLINAÇÃO E ORIENTAÇÃO DADAS (Disponibilidade anual ótima = 2.005 kWh/m²)										
$\gamma \backslash \beta$	0°	10°	20°	30°	40°	50°	60°	70°	80°	90°
0°	0,973	0,996	0,998	0,978	0,934	0,870	0,788	0,690	0,590	0,497
±25°	0,972	0,991	0,991	0,967	0,923	0,860	0,782	0,692	0,597	0,503
±50°	0,972	0,984	0,977	0,949	0,904	0,844	0,773	0,693	0,609	0,527
±90°	0,969	0,959	0,931	0,888	0,838	0,779	0,716	0,651	0,583	0,518

Porto Alegre
Latitude: -30,09°

Disponibilidade anual para Porto Alegre

Disponibilidade anual ótima: 1.581 kWh/m²

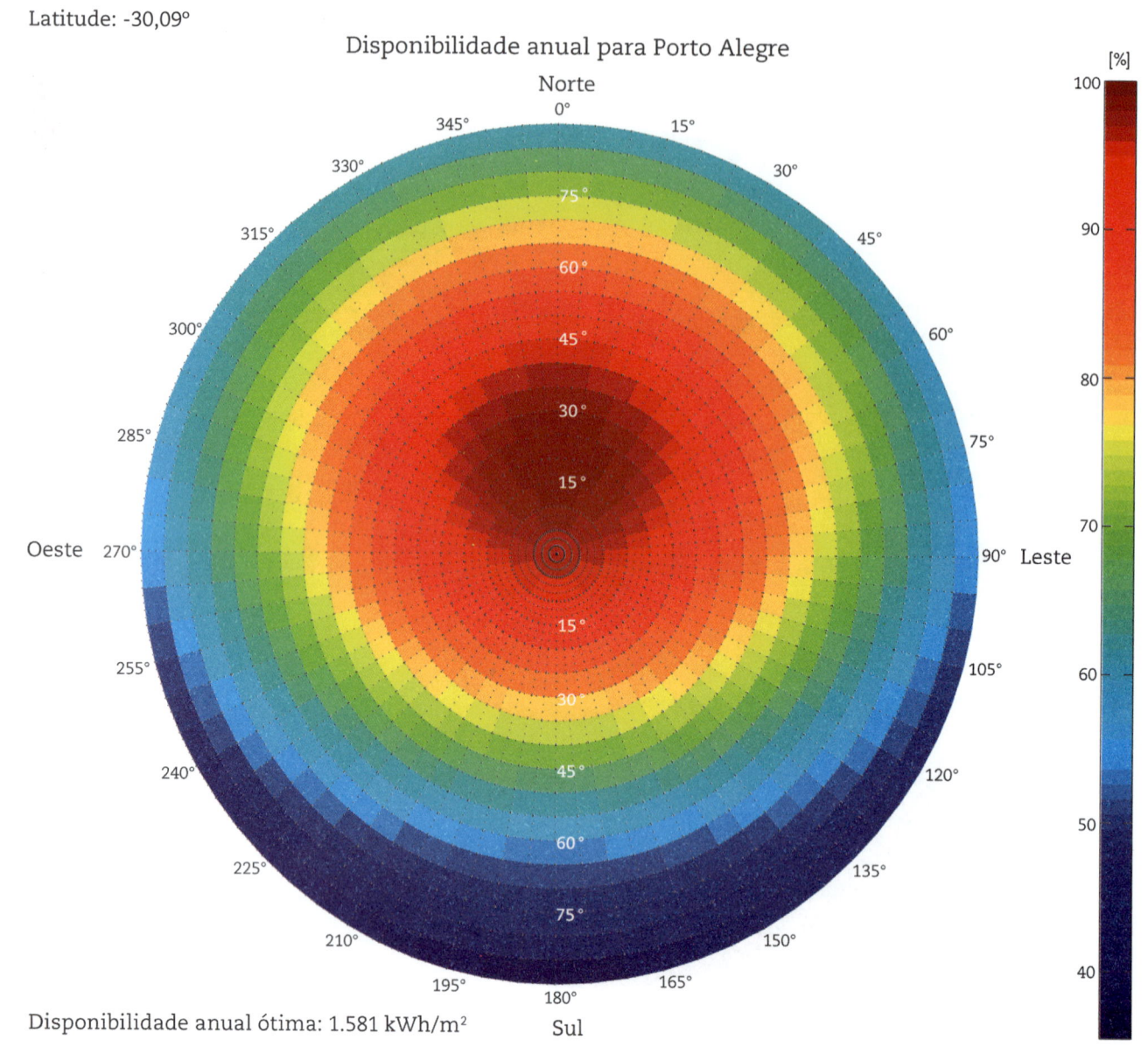

Tab. 6.17 Relação de perdas (sobre o valor máximo teórico) segundo a orientação (γ) e inclinação (β) do gerador fotovoltaico para a cidade de Porto Alegre

FATORES DE CORREÇÃO SEGUNDO UMA INCLINAÇÃO E ORIENTAÇÃO DADAS										
(Disponibilidade anual ótima = 1.581 kWh/m²)										
γ \ β	0°	10°	20°	30°	40°	50°	60°	70°	80°	90°
0°	0,967	0,994	1,000	0,987	0,954	0,903	0,836	0,753	0,660	0,560
±25°	0,967	0,990	0,994	0,978	0,944	0,892	0,826	0,747	0,658	0,565
±50°	0,967	0,983	0,980	0,960	0,923	0,870	0,805	0,729	0,647	0,562
±90°	0,967	0,958	0,932	0,893	0,843	0,784	0,719	0,651	0,581	0,512

Porto Velho
Latitude: -8,75°

Disponibilidade anual para Porto Velho

Norte (0°) — Leste (90°) — Sul (180°) — Oeste (270°)

Disponibilidade anual ótima: 1.869 kWh/m²

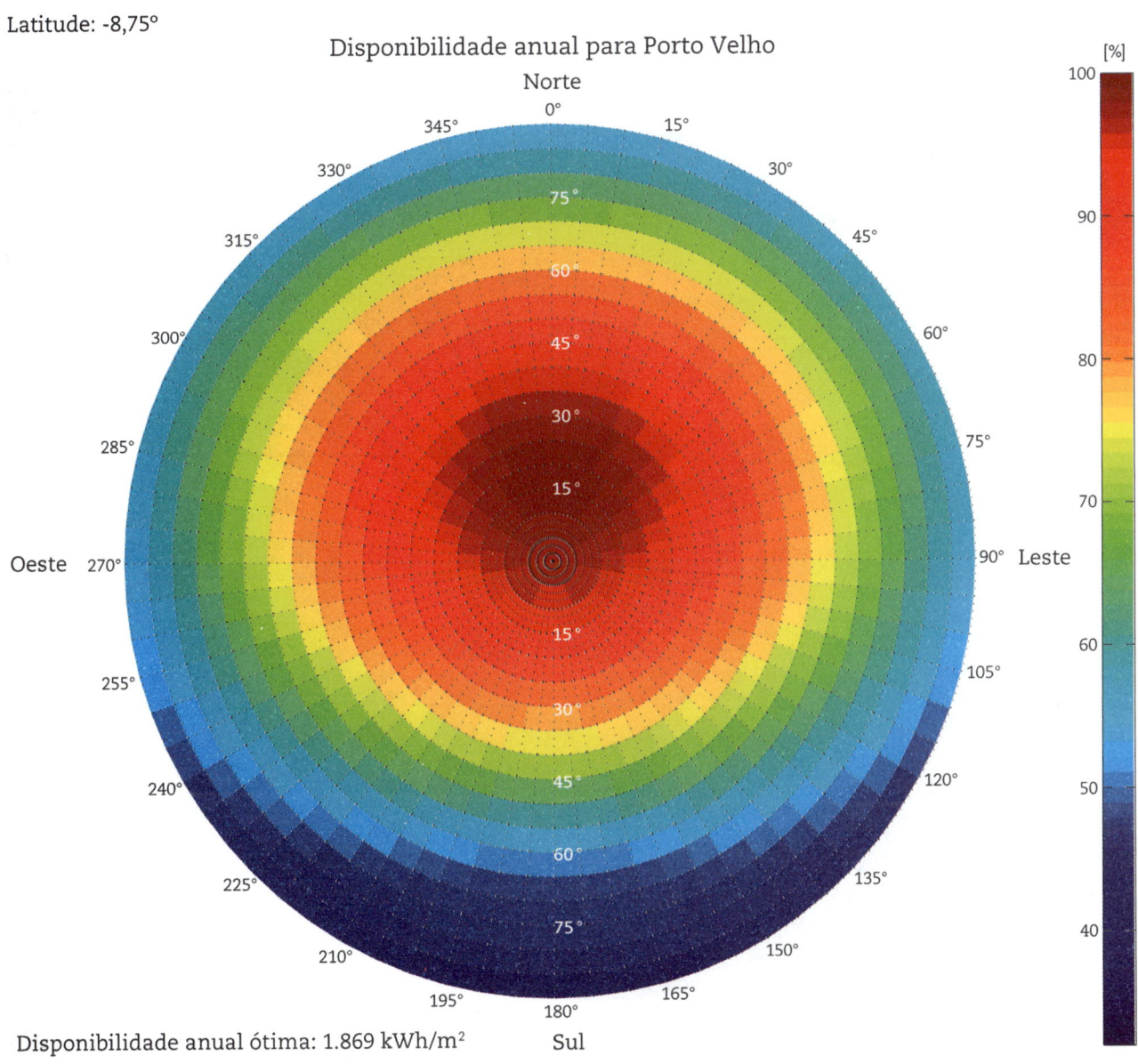

TAB. 6.18 Relação de perdas (sobre o valor máximo teórico) segundo a orientação (γ) e inclinação (β) do gerador fotovoltaico para a cidade de Porto Velho

FATORES DE CORREÇÃO SEGUNDO UMA INCLINAÇÃO E ORIENTAÇÃO DADAS (Disponibilidade anual ótima = 1.869 kWh/m²)										
$\gamma \setminus \beta$	0°	10°	20°	30°	40°	50°	60°	70°	80°	90°
0°	0,976	0,997	0,997	0,975	0,932	0,867	0,785	0,690	0,591	0,499
±25°	0,976	0,994	0,992	0,968	0,924	0,861	0,783	0,694	0,600	0,507
±50°	0,975	0,987	0,980	0,953	0,909	0,849	0,776	0,697	0,613	0,531
±90°	0,973	0,965	0,940	0,898	0,849	0,790	0,726	0,660	0,591	0,524

Recife
Latitude: -8,05°

Disponibilidade anual para Recife

Disponibilidade anual ótima: 1.980 kWh/m²

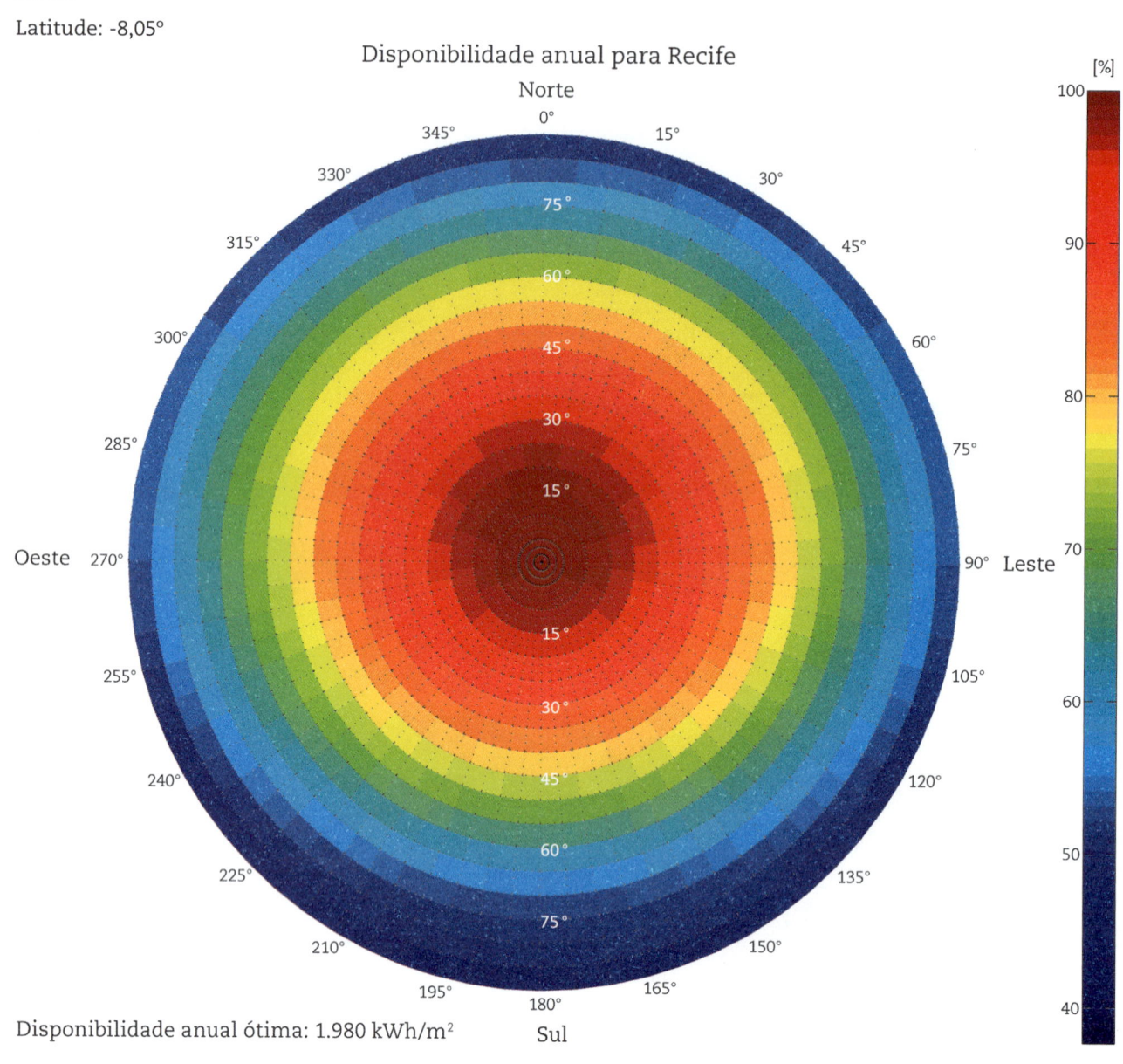

Tab. 6.19 Relação de perdas (sobre o valor máximo teórico) segundo a orientação (γ) e inclinação (β) do gerador fotovoltaico para a cidade de Recife

	FATORES DE CORREÇÃO SEGUNDO UMA INCLINAÇÃO E ORIENTAÇÃO DADAS (Disponibilidade anual ótima = 1.980 kWh/m²)									
$\gamma \backslash \beta$	0°	10°	20°	30°	40°	50°	60°	70°	80°	90°
0°	0,996	0,999	0,981	0,943	0,886	0,812	0,724	0,626	0,532	0,451
±25°	0,996	0,998	0,979	0,940	0,884	0,812	0,728	0,637	0,545	0,460
±50°	0,996	0,995	0,974	0,935	0,880	0,811	0,732	0,648	0,564	0,483
±90°	0,996	0,986	0,958	0,914	0,857	0,790	0,718	0,643	0,569	0,496

Rio Branco
Latitude: -9,98°

Disponibilidade anual para Rio Branco

Norte

Oeste

Leste

Sul

Disponibilidade anual ótima: 1.816 kWh/m²

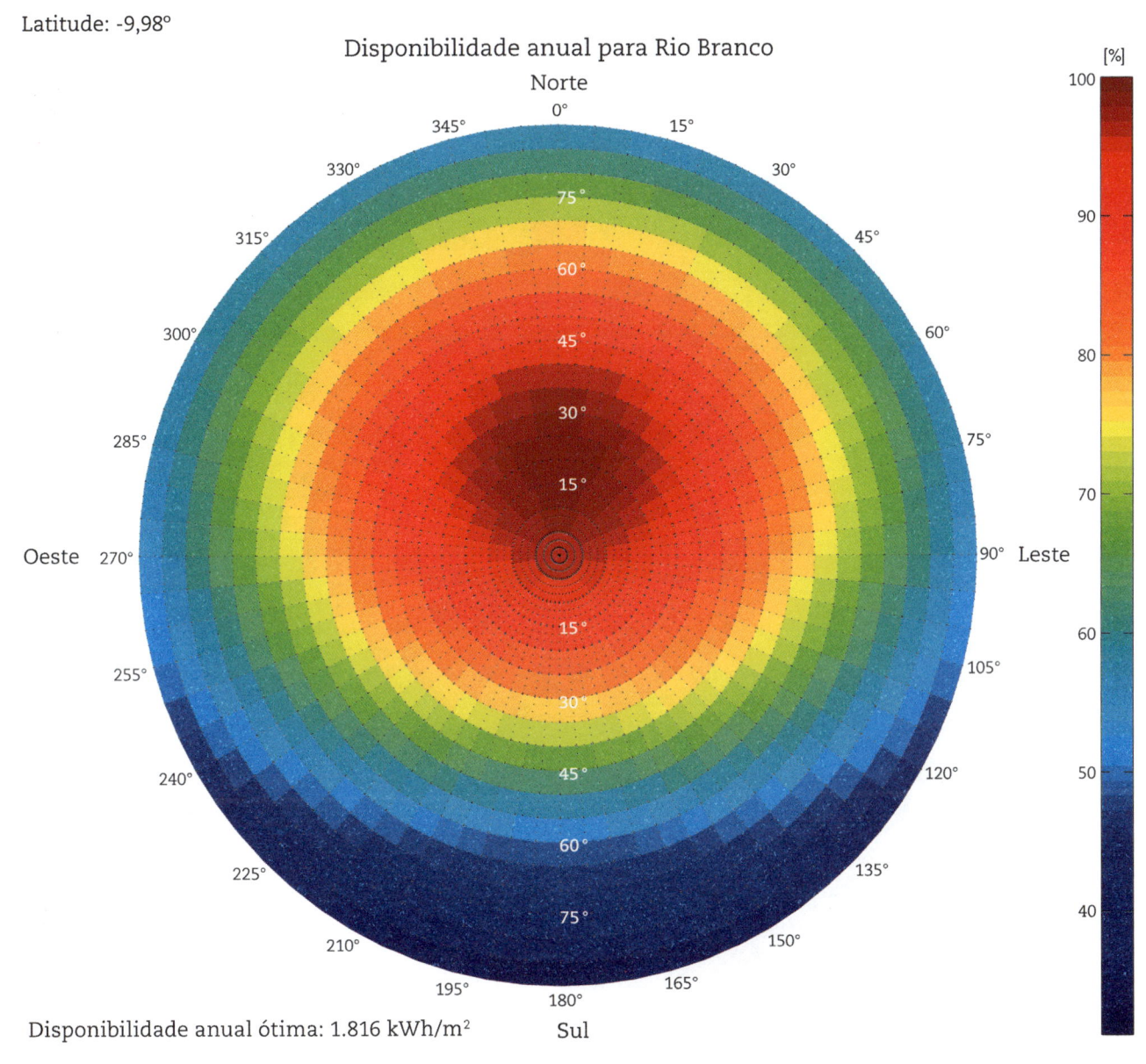

TAB. 6.20 Relação de perdas (sobre o valor máximo teórico) segundo a orientação (γ) e inclinação (β) do gerador fotovoltaico para a cidade de Rio Branco

FATORES DE CORREÇÃO SEGUNDO UMA INCLINAÇÃO E ORIENTAÇÃO DADAS									
(Disponibilidade anual ótima = 1.816 kWh/m²)									
γ \ β	0°	10°	20°	30°	40°	50°	60°	70°	80°	90°
0°	0,968	0,993	1,000	0,984	0,946	0,888	0,811	0,719	0,621	0,526
±25°	0,967	0,988	0,990	0,970	0,930	0,872	0,797	0,711	0,617	0,523
±50°	0,966	0,979	0,974	0,949	0,907	0,850	0,781	0,703	0,621	0,537
±90°	0,963	0,952	0,925	0,884	0,833	0,776	0,713	0,647	0,580	0,512

Rio de Janeiro
Latitude: -22,50°

Disponibilidade anual para Rio de Janeiro

Disponibilidade anual ótima: 1.758 kWh/m²

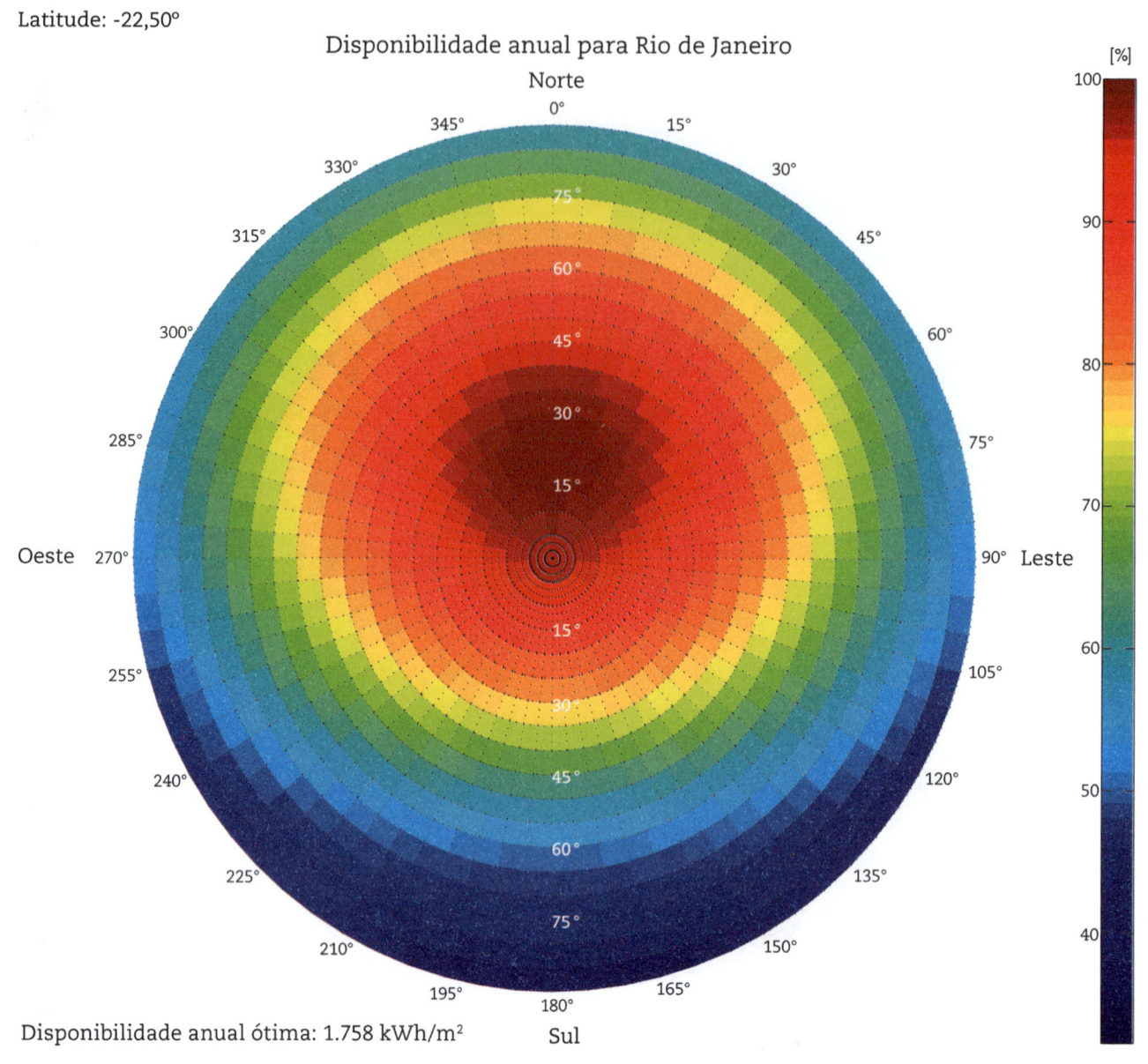

TAB. 6.21 Relação de perdas (sobre o valor máximo teórico) segundo a orientação (γ) e inclinação (β) do gerador fotovoltaico para a cidade de Rio de Janeiro

FATORES DE CORREÇÃO SEGUNDO UMA INCLINAÇÃO E ORIENTAÇÃO DADAS (Disponibilidade anual ótima = 1.758 kWh/m²)										
γ \ β	0°	10°	20°	30°	40°	50°	60°	70°	80°	90°
0°	0,962	0,991	1,000	0,988	0,956	0,903	0,834	0,749	0,652	0,549
±25°	0,962	0,988	0,993	0,978	0,944	0,891	0,823	0,740	0,649	0,553
±50°	0,962	0,980	0,978	0,958	0,920	0,866	0,798	0,720	0,635	0,549
±90°	0,962	0,952	0,925	0,884	0,832	0,770	0,703	0,633	0,562	0,493

Sistemas Fotovoltaicos

Salvador
Latitude: -12,41°

Disponibilidade anual para Salvador

Disponibilidade anual ótima: 1.935 kWh/m²

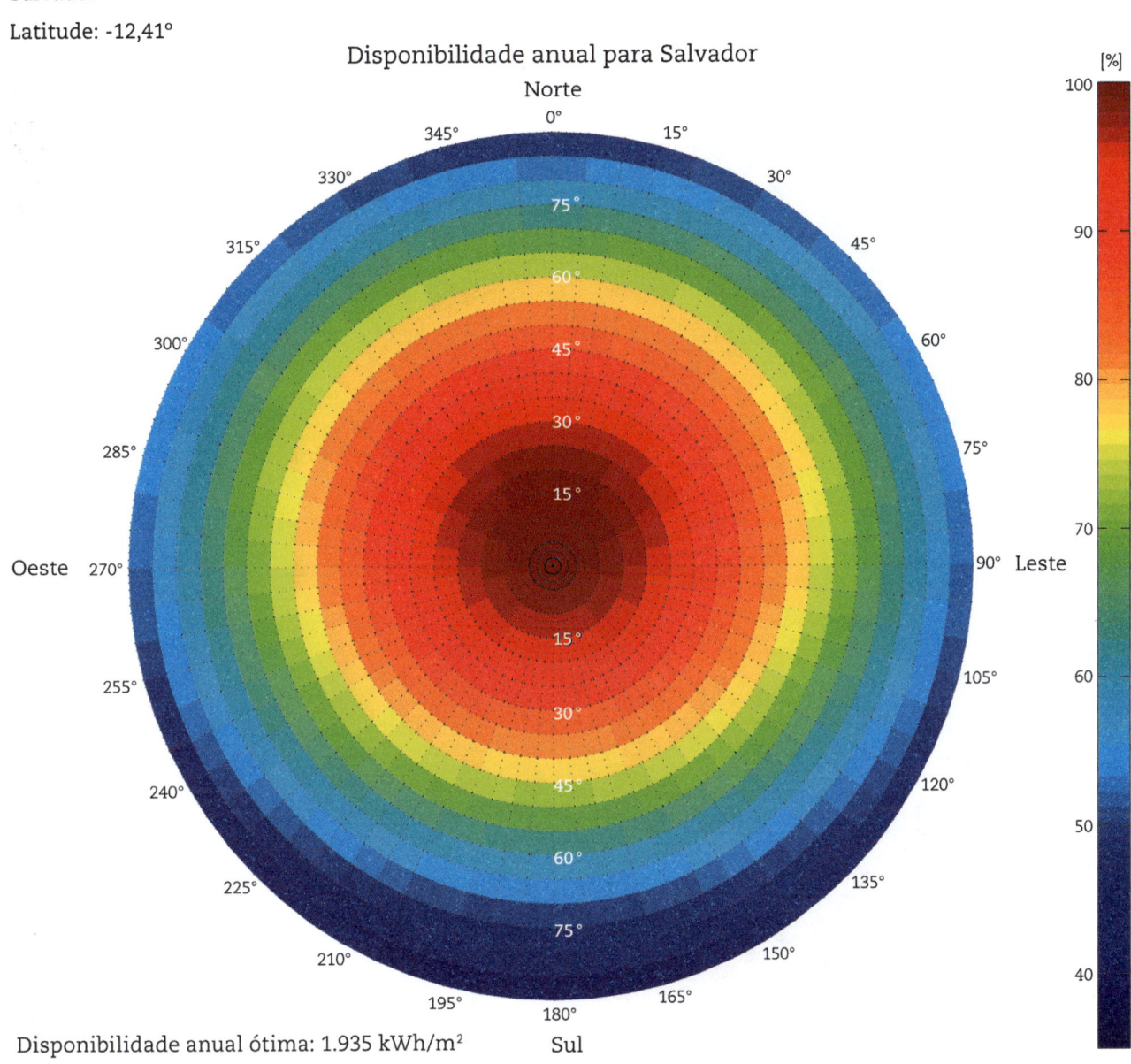

TAB. 6.22 Relação de perdas (sobre o valor máximo teórico) segundo a orientação (γ) e inclinação (β) do gerador fotovoltaico para a cidade de Salvador

FATORES DE CORREÇÃO SEGUNDO UMA INCLINAÇÃO E ORIENTAÇÃO DADAS										
(Disponibilidade anual ótima = 1.935 kWh/m²)										
γ \ β	0°	10°	20°	30°	40°	50°	60°	70°	80°	90°
0°	0,996	1,000	0,984	0,949	0,894	0,821	0,732	0,633	0,531	0,447
±25°	0,996	0,998	0,982	0,946	0,891	0,820	0,736	0,643	0,549	0,460
±50°	0,996	0,995	0,976	0,939	0,884	0,816	0,737	0,653	0,566	0,484
±90°	0,996	0,983	0,955	0,910	0,852	0,786	0,713	0,638	0,563	0,491

São Luís
Latitude: -2,52°

Disponibilidade anual para São Luís

Disponibilidade anual ótima: 1.797 kWh/m²

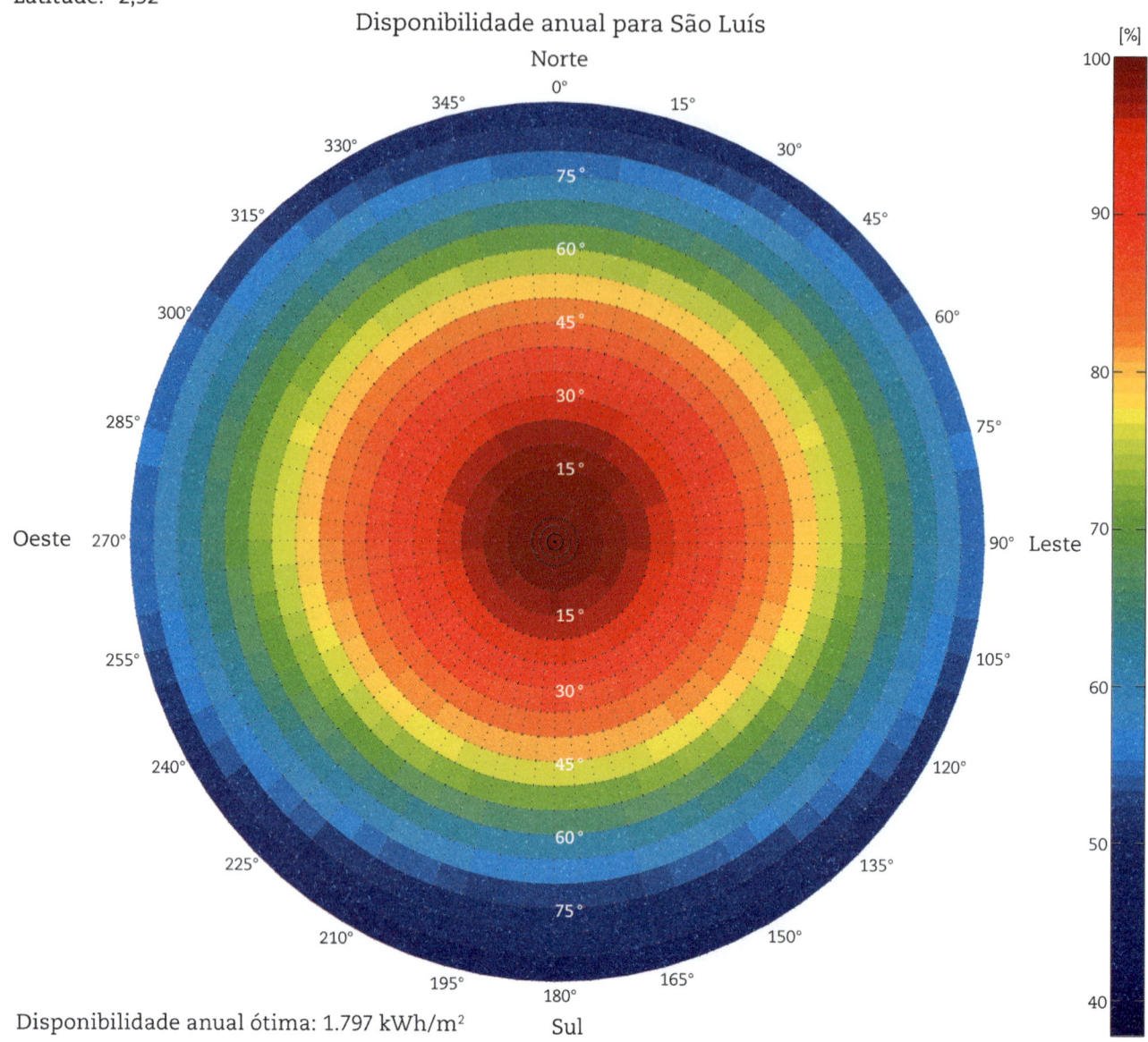

Tab. 6.23 Relação de perdas (sobre o valor máximo teórico) segundo a orientação (γ) e inclinação (β) do gerador fotovoltaico para a cidade de São Luís

FATORES DE CORREÇÃO SEGUNDO UMA INCLINAÇÃO E ORIENTAÇÃO DADAS										
(Disponibilidade anual ótima = 1.797 kWh/m²)										
γ \ β	0°	10°	20°	30°	40°	50°	60°	70°	80°	90°
0°	0,996	0,998	0,976	0,933	0,870	0,789	0,694	0,595	0,507	0,427
±25°	0,996	0,995	0,972	0,928	0,866	0,790	0,703	0,611	0,521	0,439
±50°	0,996	0,992	0,968	0,924	0,866	0,795	0,717	0,636	0,555	0,479
±90°	0,996	0,986	0,955	0,912	0,857	0,795	0,728	0,657	0,587	0,518

São Paulo
Latitude: -23,43°

Disponibilidade anual para São Paulo

Disponibilidade anual ótima: 1.506 kWh/m²

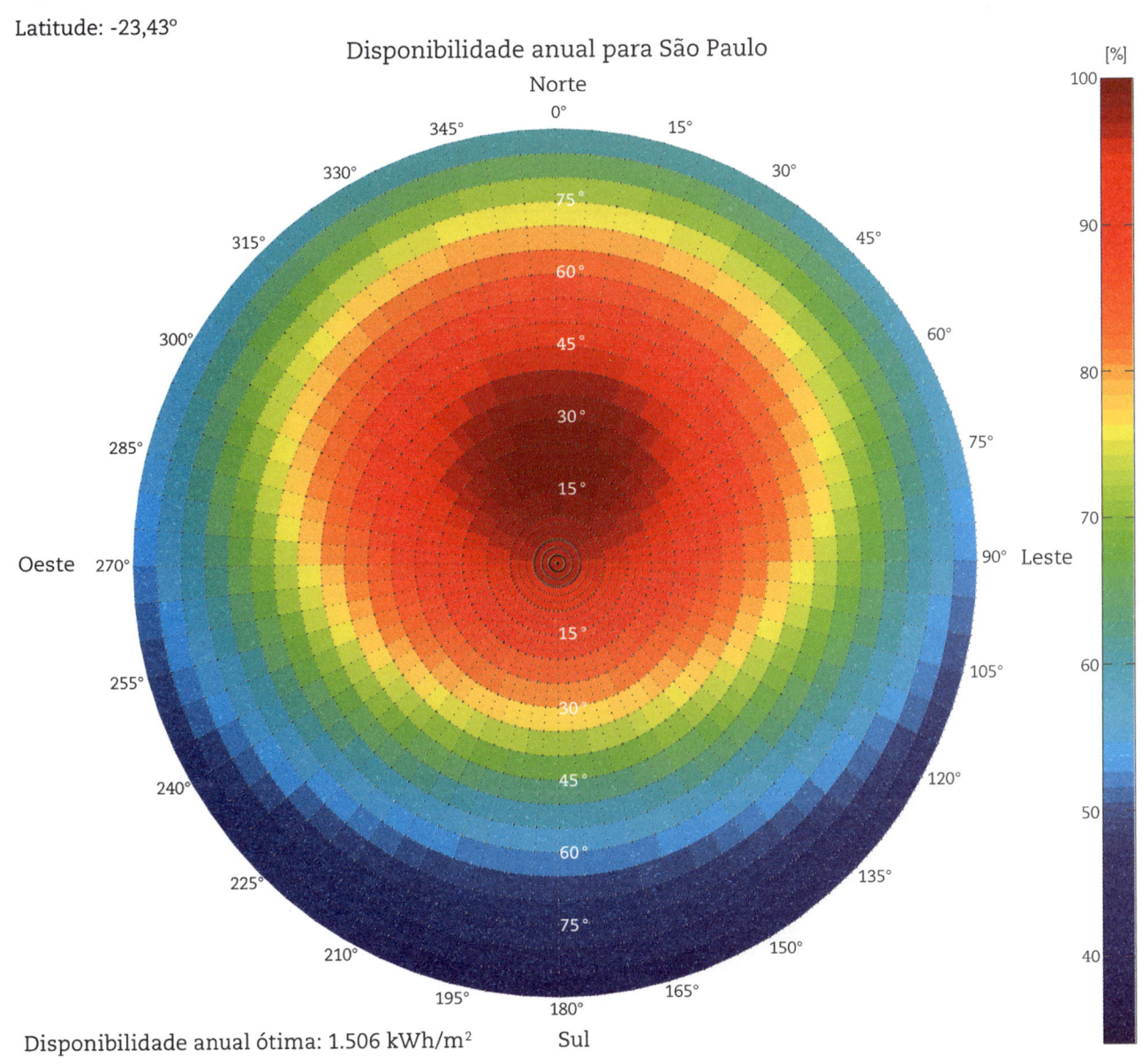

Tab. 6.24 Relação de perdas (sobre o valor máximo teórico) segundo a orientação (γ) e inclinação (β) do gerador fotovoltaico para a cidade de São Paulo

FATORES DE CORREÇÃO SEGUNDO UMA INCLINAÇÃO E ORIENTAÇÃO DADAS										
(Disponibilidade anual ótima = 1.506 kWh/m²)										
γ \ β	0°	10°	20°	30°	40°	50°	60°	70°	80°	90°
0°	0,961	0,990	1,000	0,989	0,959	0,909	0,842	0,760	0,667	0,566
±25°	0,961	0,987	0,993	0,979	0,947	0,896	0,830	0,750	0,661	0,568
±50°	0,959	0,978	0,977	0,958	0,921	0,869	0,802	0,726	0,643	0,558
±90°	0,959	0,951	0,925	0,885	0,833	0,774	0,708	0,639	0,569	0,501

Teresina
Latitude: -5,84°

Disponibilidade anual para Teresina

Disponibilidade anual ótima: 2.056 kWh/m²

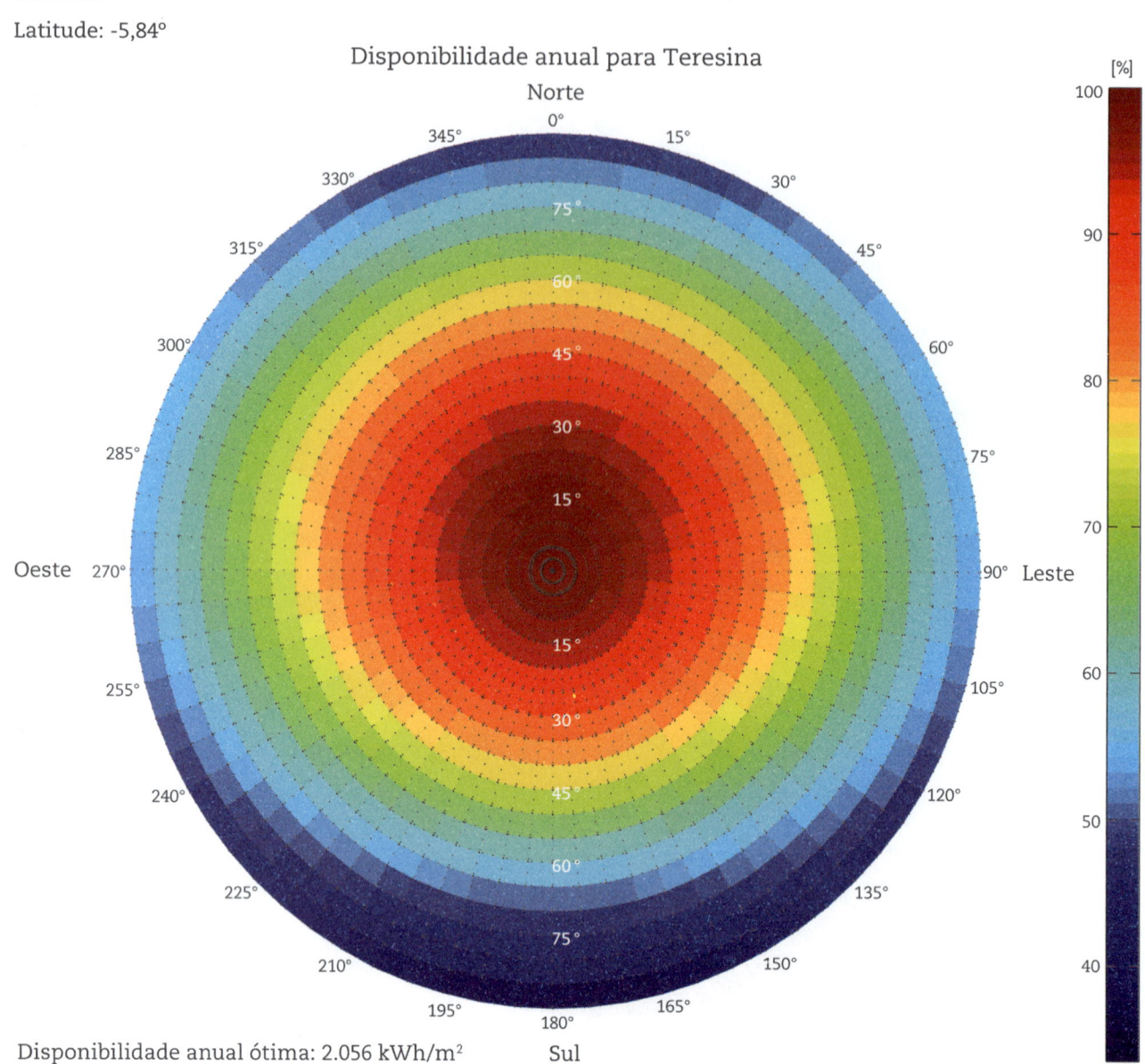

TAB. 6.25 Relação de perdas (sobre o valor máximo teórico) segundo a orientação (γ) e inclinação (β) do gerador fotovoltaico para a cidade de Teresina

FATORES DE CORREÇÃO SEGUNDO UMA INCLINAÇÃO E ORIENTAÇÃO DADAS (Disponibilidade anual ótima = 2.056 kWh/m²)										
γ \ β	0°	10°	20°	30°	40°	50°	60°	70°	80°	90°
0°	0,992	1,000	0,986	0,950	0,892	0,814	0,720	0,617	0,522	0,436
±25°	0,991	0,995	0,978	0,938	0,880	0,805	0,718	0,625	0,532	0,446
±50°	0,991	0,989	0,968	0,928	0,871	0,802	0,724	0,642	0,560	0,482
±90°	0,989	0,975	0,943	0,897	0,841	0,779	0,712	0,642	0,574	0,507

Vitória
Latitude: -20,32°

Disponibilidade anual para Vitória

Disponibilidade anual ótima: 1.774 kWh/m²

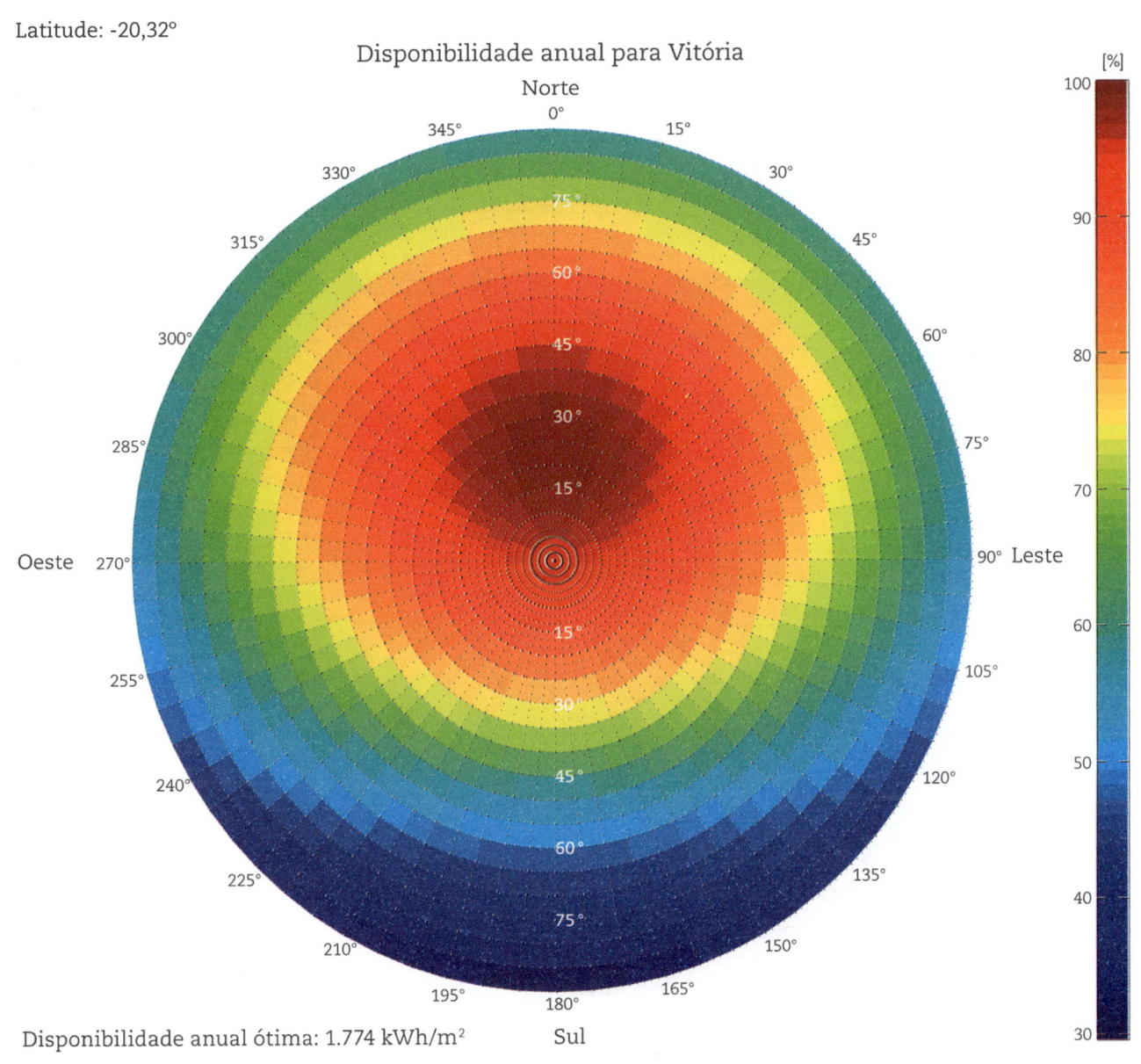

TAB. 6.26 Relação de perdas (sobre o valor máximo teórico) segundo a orientação (γ) e inclinação (β) do gerador fotovoltaico para a cidade de Vitória

FATORES DE CORREÇÃO SEGUNDO UMA INCLINAÇÃO E ORIENTAÇÃO DADAS (Disponibilidade anual ótima = 1.774 kWh/m²)										
γ \ β	0°	10°	20°	30°	40°	50°	60°	70°	80°	90°
0°	0,952	0,986	1,000	0,992	0,960	0,908	0,837	0,749	0,649	0,548
±25°	0,952	0,981	0,991	0,979	0,947	0,896	0,827	0,745	0,653	0,559
±50°	0,952	0,972	0,974	0,957	0,922	0,870	0,807	0,732	0,649	0,566
±90°	0,952	0,941	0,915	0,877	0,829	0,773	0,714	0,649	0,585	0,518

Capitais de Países Sul-Americanos

Assunção (Paraguai)

Latitude: -25,05°

Disponibilidade anual para Assunção

Disponibilidade anual ótima: 1.675 kWh/m²

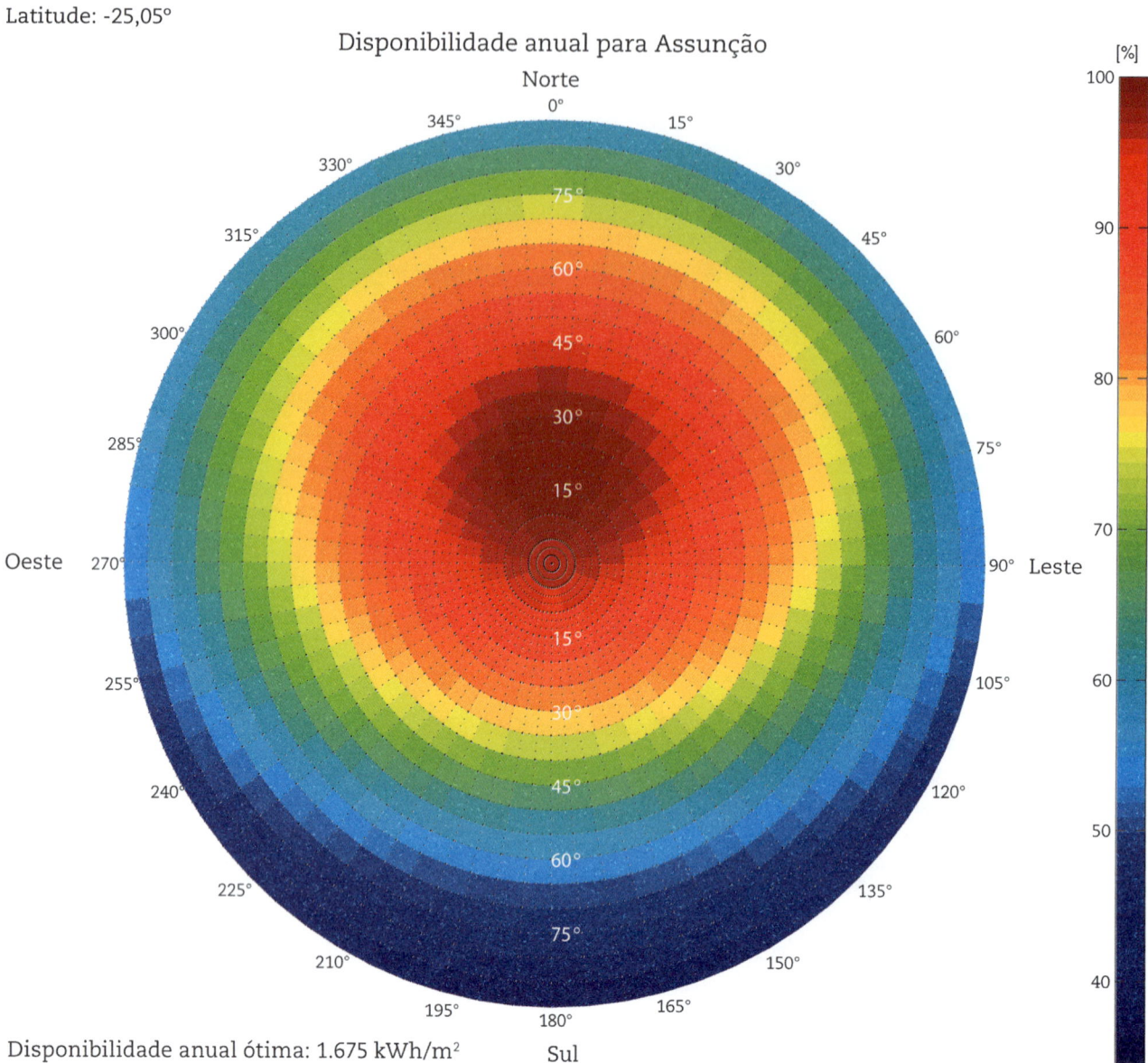

Tab. 6.27 Relação de perdas (sobre o valor máximo teórico) segundo a orientação (γ) e inclinação (β) do gerador fotovoltaico para a cidade de Assunção

	FATORES DE CORREÇÃO SEGUNDO UMA INCLINAÇÃO E ORIENTAÇÃO DADAS (Disponibilidade anual ótima = 1.675 kWh/m²)								
$\gamma \backslash \beta$	0°	10°	20°	30°	40°	50°	60°	70°	80°	90°
0°	0,968	0,994	1,000	0,985	0,951	0,899	0,829	0,744	0,650	0,548
±25°	0,968	0,991	0,993	0,977	0,941	0,888	0,819	0,738	0,648	0,555
±50°	0,968	0,984	0,980	0,959	0,920	0,866	0,798	0,721	0,638	0,553
±90°	0,968	0,959	0,933	0,893	0,841	0,781	0,715	0,645	0,574	0,505

Bogotá (Colômbia)
Latitude: 4,23°

Disponibilidade anual para Bogotá

Disponibilidade anual ótima: 1.772 kWh/m²

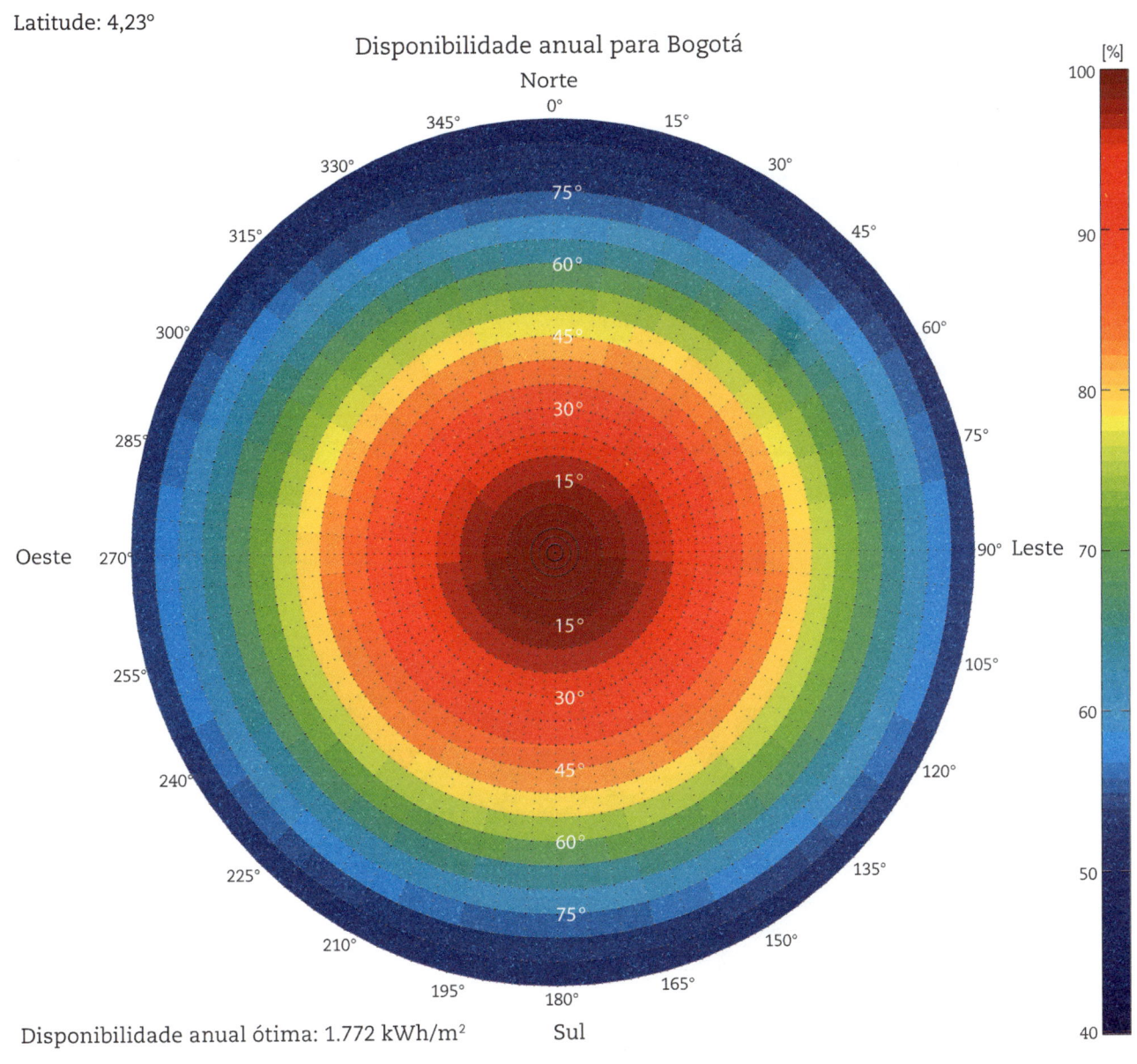

TAB. 6.28 Relação de perdas (sobre o valor máximo teórico) segundo a orientação (γ) e inclinação (β) do gerador fotovoltaico para a cidade de Bogotá

FATORES DE CORREÇÃO SEGUNDO UMA INCLINAÇÃO E ORIENTAÇÃO DADAS										
(Disponibilidade anual ótima = 1.772 kWh/m²)										
$\gamma \backslash \beta$	0°	10°	20°	30°	40°	50°	60°	70°	80°	90°
0°	0,999	0,995	0,972	0,928	0,866	0,788	0,698	0,600	0,513	0,435
±25°	0,999	0,995	0,971	0,927	0,867	0,792	0,706	0,615	0,526	0,446
±50°	0,999	0,994	0,968	0,926	0,867	0,797	0,720	0,637	0,556	0,480
±90°	0,999	0,990	0,961	0,918	0,861	0,795	0,722	0,647	0,572	0,500

Brasília (Brasil)
Latitude: -15,43°

Disponibilidade anual para Brasília

Disponibilidade anual ótima: 1.855 kWh/m²

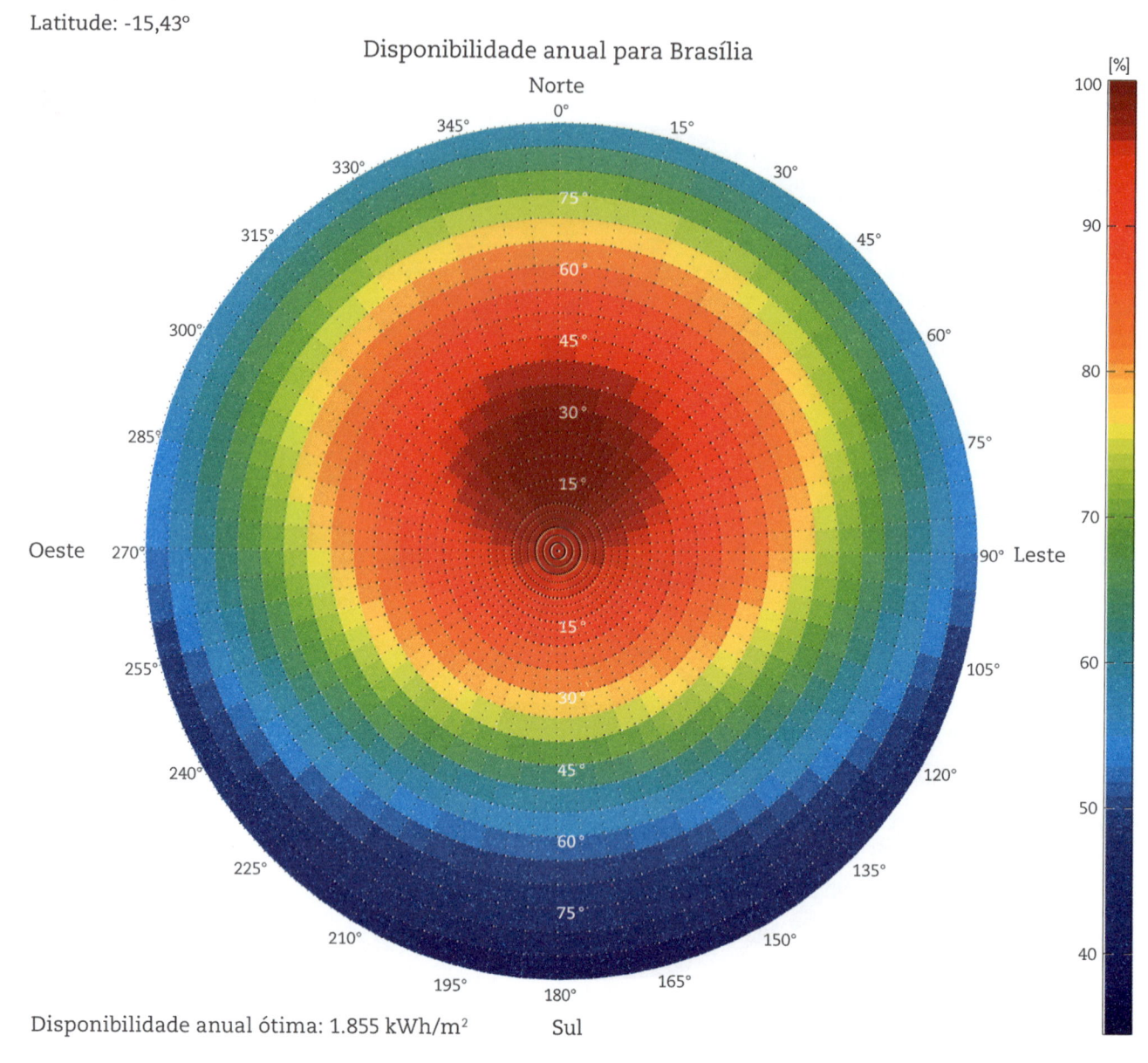

Tab. 6.29 Relação de perdas (sobre o valor máximo teórico) segundo a orientação (γ) e inclinação (β) do gerador fotovoltaico para a cidade de Brasília

	FATORES DE CORREÇÃO SEGUNDO UMA INCLINAÇÃO E ORIENTAÇÃO DADAS (Disponibilidade anual ótima = 1.855 kWh/m²)									
γ \ β	0°	10°	20°	30°	40°	50°	60°	70°	80°	90°
0°	0,968	0,994	1,000	0,985	0,950	0,896	0,825	0,740	0,645	0,550
±25°	0,968	0,991	0,994	0,976	0,939	0,885	0,815	0,732	0,641	0,547
±50°	0,968	0,984	0,980	0,957	0,917	0,861	0,792	0,714	0,629	0,543
±90°	0,968	0,959	0,932	0,891	0,838	0,776	0,708	0,637	0,565	0,496

Buenos Aires (Argentina)
Latitude: -34,45°

Disponibilidade anual para Buenos Aires

Disponibilidade anual ótima: 1.848 kWh/m²

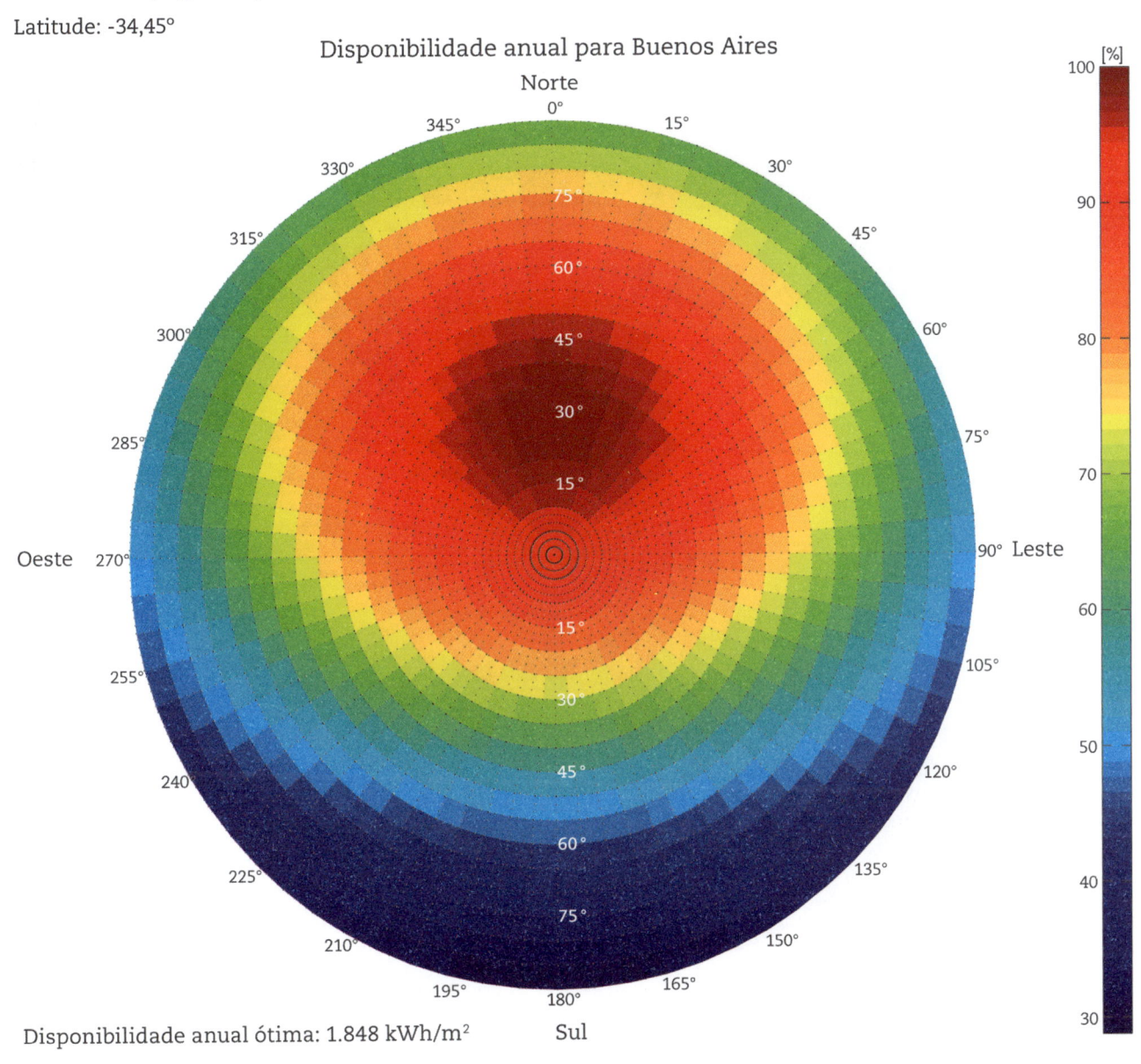

TAB. 6.30 Relação de perdas (sobre o valor máximo teórico) segundo a orientação (γ) e inclinação (β) do gerador fotovoltaico para a cidade de Buenos Aires

FATORES DE CORREÇÃO SEGUNDO UMA INCLINAÇÃO E ORIENTAÇÃO DADAS										
(Disponibilidade anual ótima = 1.848 kWh/m²)										
γ \ β	0°	10°	20°	30°	40°	50°	60°	70°	80°	90°
0°	0,924	0,972	0,996	0,998	0,979	0,939	0,879	0,802	0,709	0,606
±25°	0,924	0,966	0,986	0,985	0,963	0,922	0,861	0,786	0,698	0,601
±50°	0,924	0,956	0,965	0,956	0,929	0,884	0,824	0,751	0,669	0,582
±90°	0,924	0,917	0,891	0,852	0,803	0,746	0,684	0,619	0,552	0,486

Caiena (Guiana Francesa)
Latitude: 4,59°

Disponibilidade anual para Caiena

Disponibilidade anual ótima: 1.783 kWh/m²

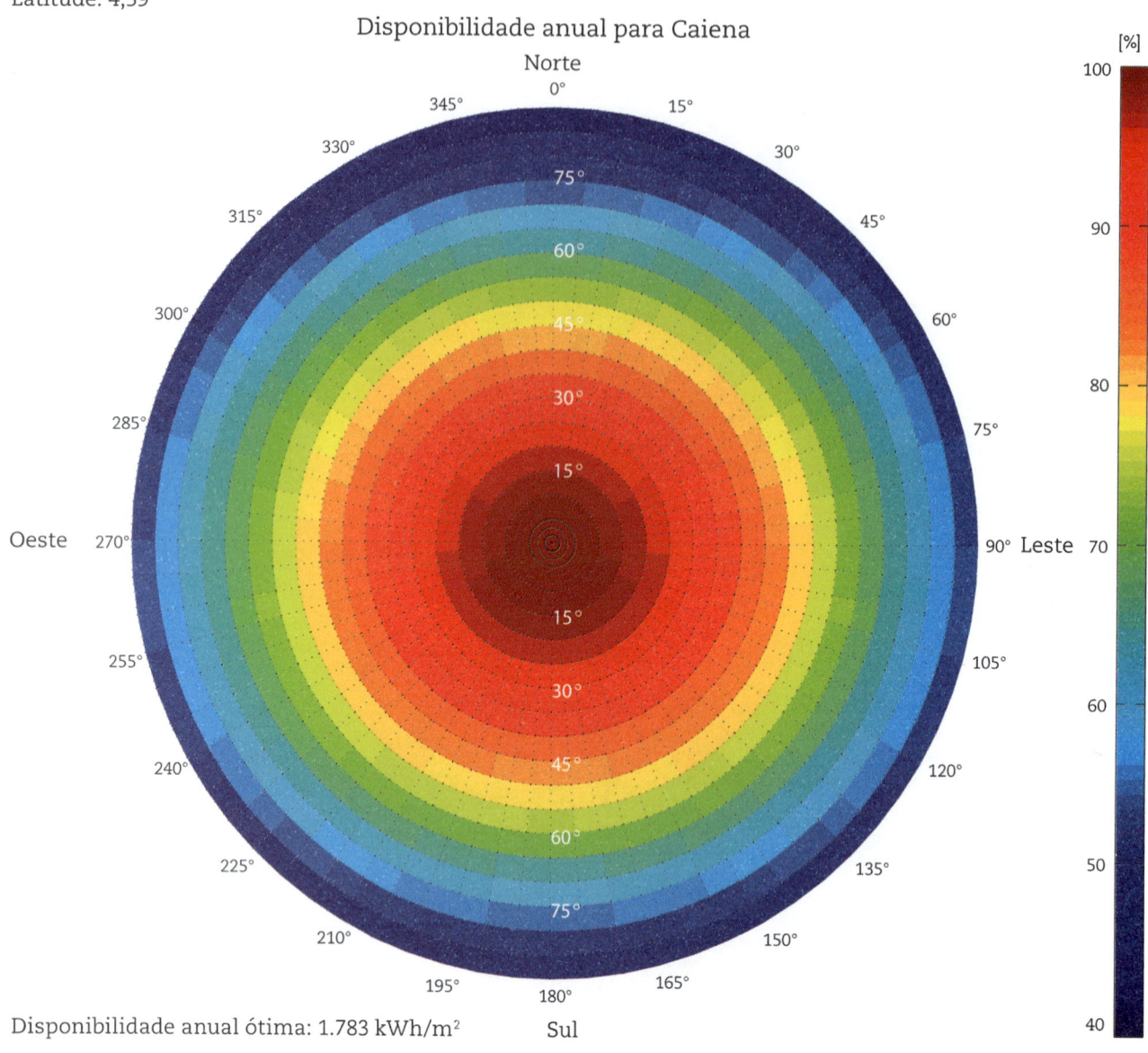

TAB. 6.31 Relação de perdas (sobre o valor máximo teórico) segundo a orientação (γ) e inclinação (β) do gerador fotovoltaico para a cidade de Caiena

FATORES DE CORREÇÃO SEGUNDO UMA INCLINAÇÃO E ORIENTAÇÃO DADAS										
(Disponibilidade anual ótima = 1.783 kWh/m²)										
γ \ β	0°	10°	20°	30°	40°	50°	60°	70°	80°	90°
0°	0,999	0,996	0,971	0,928	0,865	0,787	0,696	0,598	0,508	0,430
±25°	0,999	0,995	0,970	0,927	0,866	0,791	0,704	0,613	0,523	0,442
±50°	0,999	0,993	0,968	0,925	0,867	0,796	0,718	0,635	0,554	0,477
±90°	0,999	0,989	0,961	0,916	0,859	0,793	0,721	0,646	0,570	0,499

Caracas (Venezuela)
Latitude: 10,34°

Disponibilidade anual para Caracas

Disponibilidade anual ótima: 1.839 kWh/m²

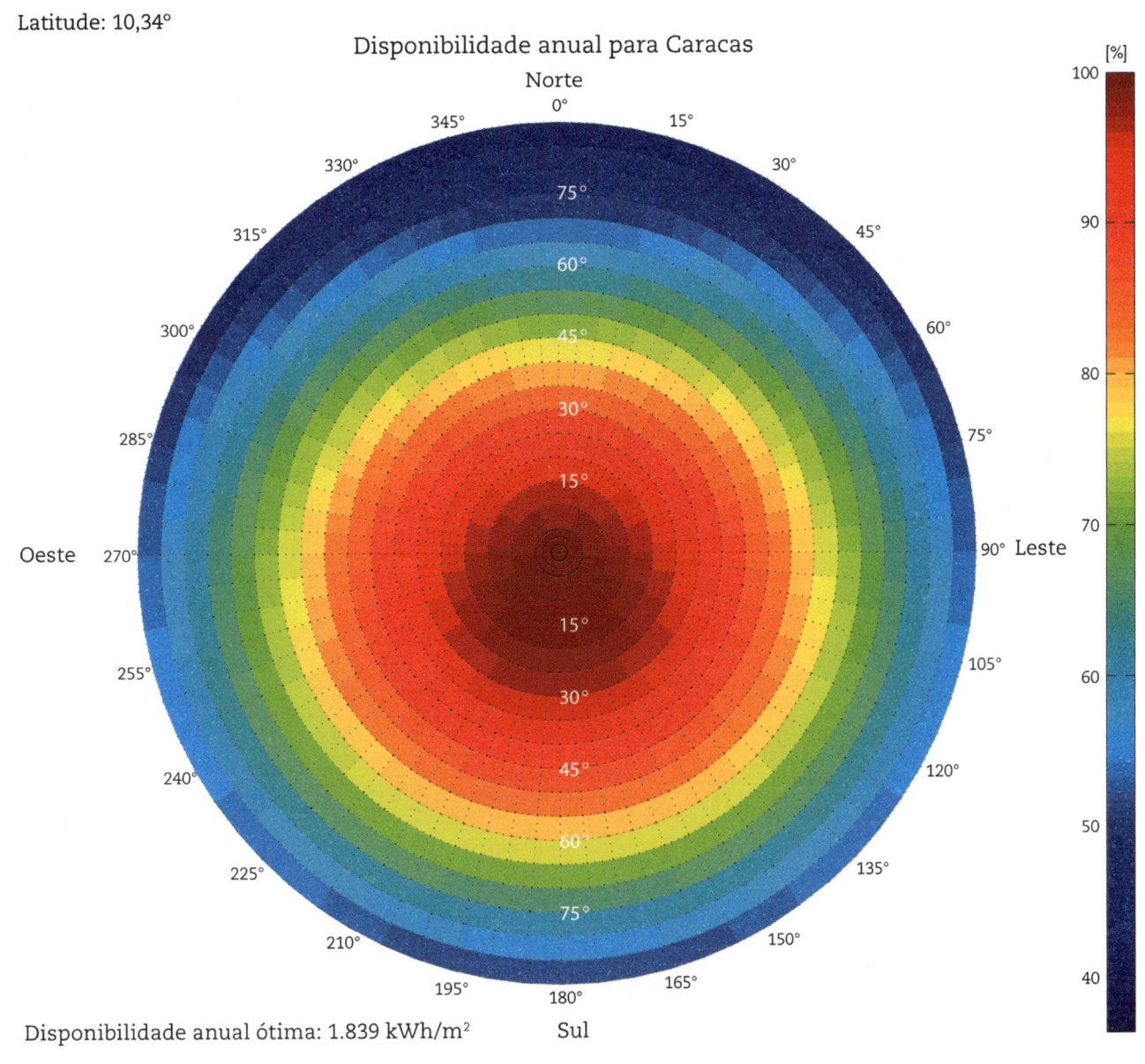

Tab. 6.32 Relação de perdas (sobre o valor máximo teórico) segundo a orientação (γ) e inclinação (β) do gerador fotovoltaico para a cidade de Caracas

FATORES DE CORREÇÃO SEGUNDO UMA INCLINAÇÃO E ORIENTAÇÃO DADAS (Disponibilidade anual ótima = 1.839 kWh/m²)										
γ \ β	0°	10°	20°	30°	40°	50°	60°	70°	80°	90°
0°	0,991	1,000	0,989	0,956	0,905	0,837	0,753	0,658	0,561	0,475
±25°	0,991	0,998	0,985	0,953	0,901	0,834	0,753	0,663	0,571	0,482
±50°	0,991	0,993	0,976	0,941	0,889	0,824	0,749	0,667	0,583	0,502
±90°	0,991	0,982	0,953	0,910	0,854	0,788	0,717	0,643	0,569	0,498

Georgetown (Guiana)
Latitude: 6,44°

Disponibilidade anual para Georgetown

Disponibilidade anual ótima: 1.738 kWh/m²

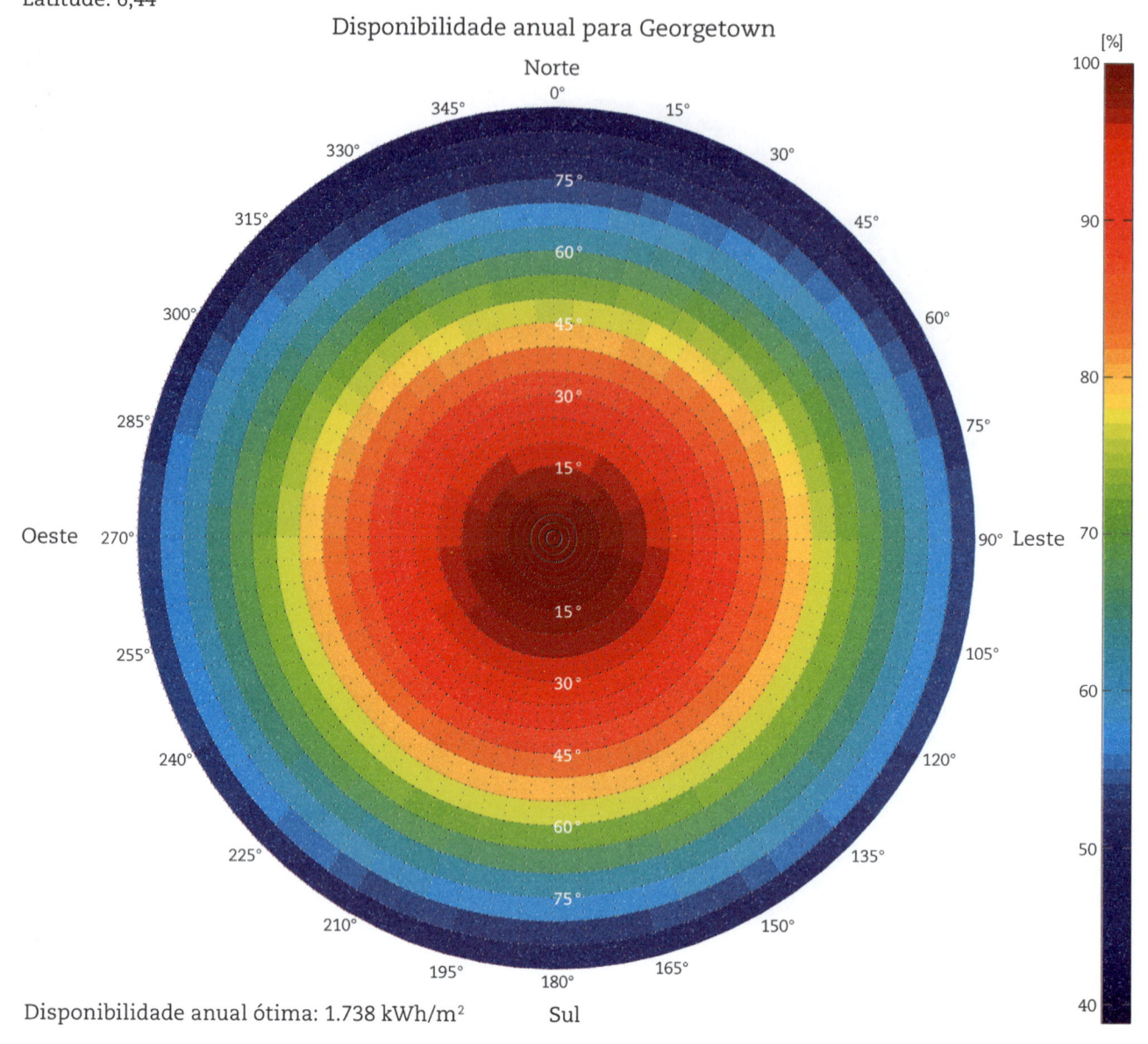

TAB. 6.33 Relação de perdas (sobre o valor máximo teórico) segundo a orientação (γ) e inclinação (β) do gerador fotovoltaico para a cidade de Georgetown

	FATORES DE CORREÇÃO SEGUNDO UMA INCLINAÇÃO E ORIENTAÇÃO DADAS (Disponibilidade anual ótima = 1.738 kWh/m²)									
$\gamma \backslash \beta$	0°	10°	20°	30°	40°	50°	60°	70°	80°	90°
0°	0,998	0,998	0,978	0,938	0,880	0,805	0,717	0,620	0,528	0,448
±25°	0,998	0,997	0,976	0,936	0,879	0,806	0,722	0,632	0,541	0,457
±50°	0,998	0,994	0,971	0,931	0,875	0,807	0,730	0,648	0,566	0,488
±90°	0,998	0,988	0,960	0,916	0,860	0,794	0,722	0,647	0,572	0,501

La Paz (Bolívia)
Latitude: -16,24°

Disponibilidade anual para La Paz

Disponibilidade anual ótima: 2.579 kWh/m²

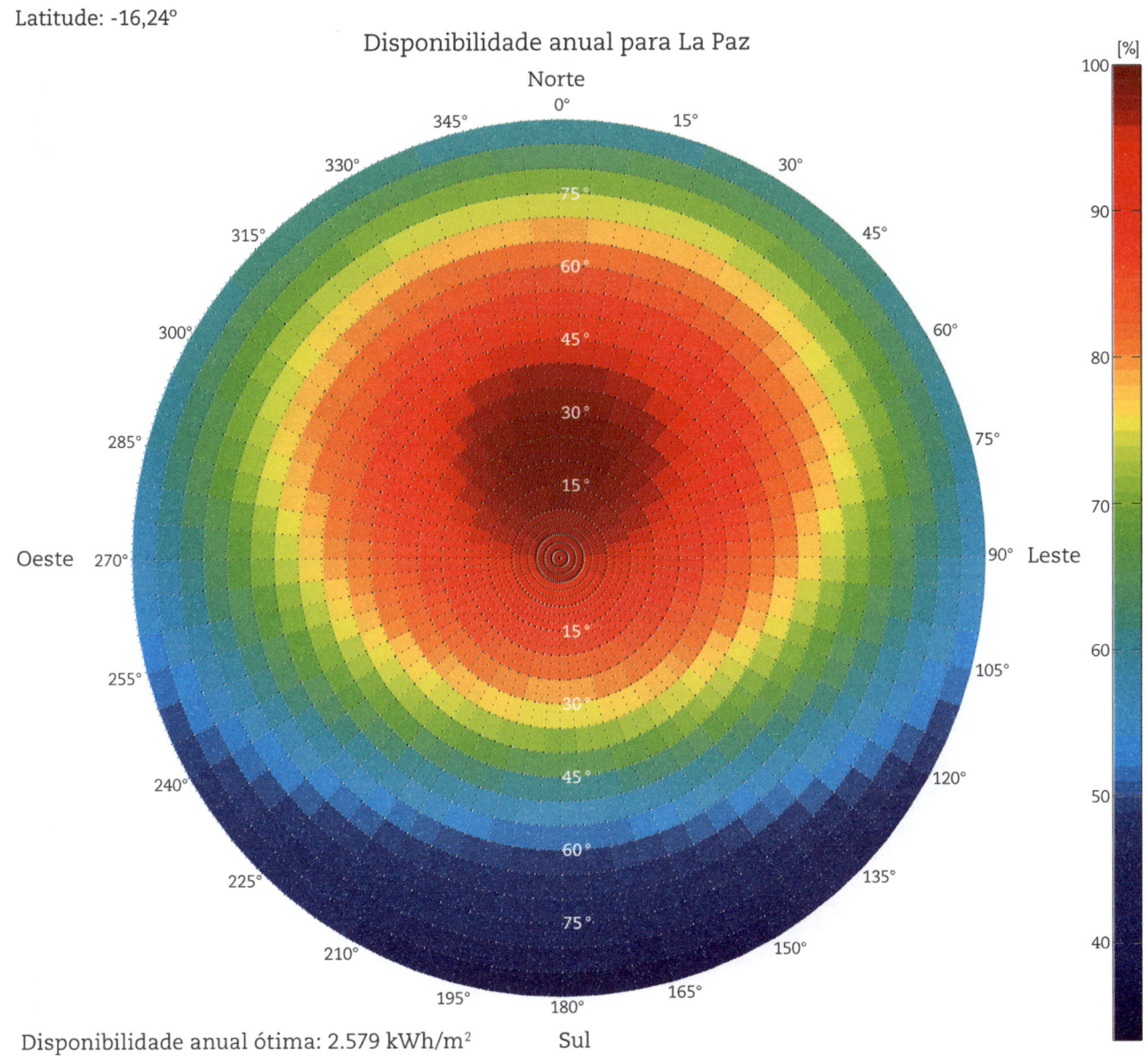

TAB. 6.34 Relação de perdas (sobre o valor máximo teórico) segundo a orientação (γ) e inclinação (β) do gerador fotovoltaico para a cidade de La Paz

FATORES DE CORREÇÃO SEGUNDO UMA INCLINAÇÃO E ORIENTAÇÃO DADAS (Disponibilidade anual ótima = 2.579 kWh/m²)										
γ \ β	0°	10°	20°	30°	40°	50°	60°	70°	80°	90°
0°	0,960	0,991	1,000	0,988	0,955	0,903	0,833	0,748	0,653	0,566
±25°	0,960	0,987	0,993	0,979	0,945	0,892	0,824	0,745	0,658	0,572
±50°	0,960	0,979	0,978	0,958	0,921	0,869	0,804	0,731	0,655	0,580
±90°	0,960	0,950	0,924	0,883	0,833	0,775	0,715	0,653	0,594	0,539

Lima (Peru)
Latitude: -12,09°

Disponibilidade anual para Lima

Disponibilidade anual ótima: 2.175 kWh/m²

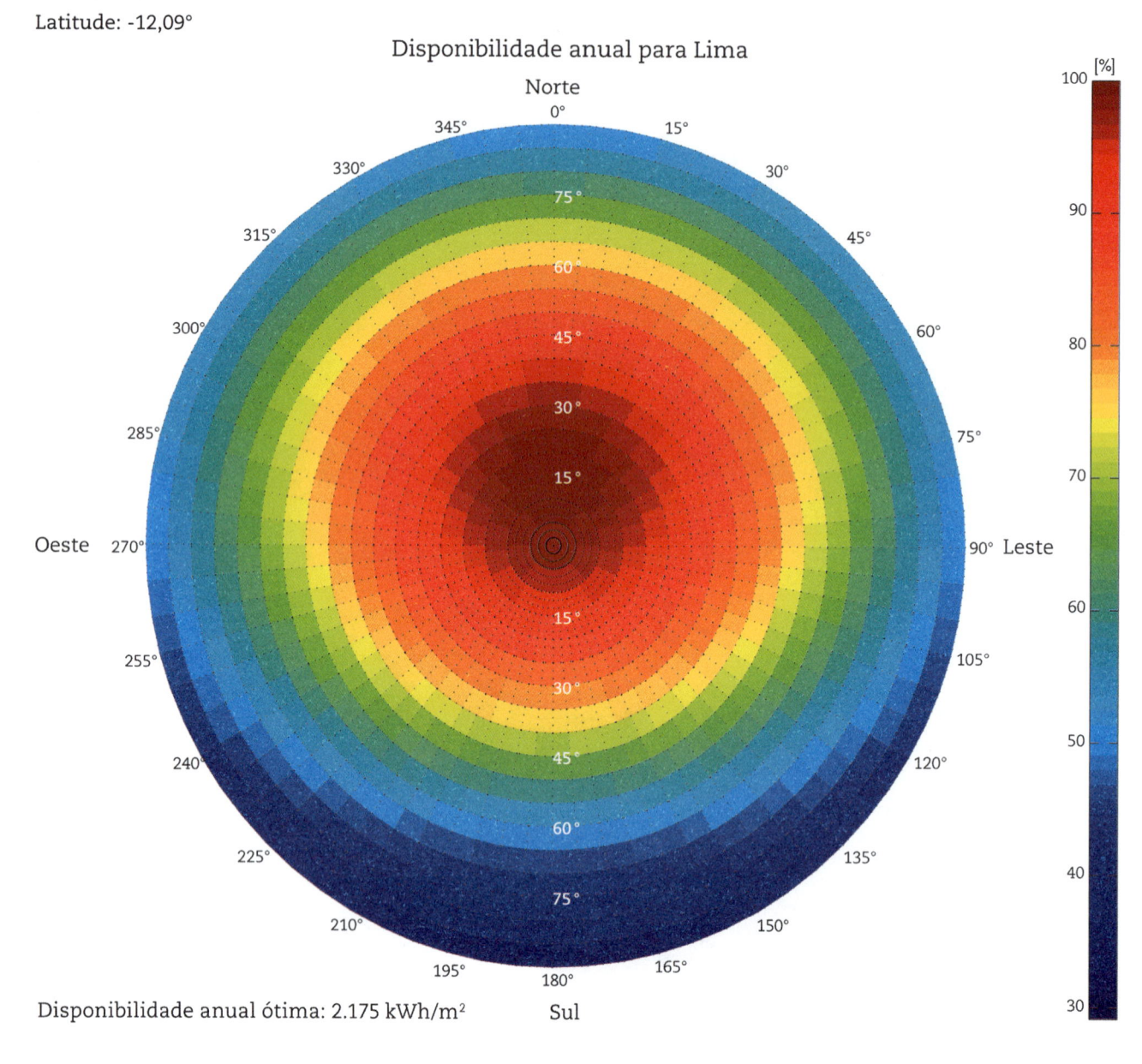

Tab. 6.35 Relação de perdas (sobre o valor máximo teórico) segundo a orientação (γ) e inclinação (β) do gerador fotovoltaico para a cidade de Lima

FATORES DE CORREÇÃO SEGUNDO UMA INCLINAÇÃO E ORIENTAÇÃO DADAS (Disponibilidade anual ótima = 2.175 kWh/m²)										
γ \ β	0°	10°	20°	30°	40°	50°	60°	70°	80°	90°
0°	0,981	1,000	0,995	0,969	0,920	0,852	0,766	0,665	0,559	0,464
±25°	0,981	0,997	0,990	0,962	0,913	0,845	0,762	0,667	0,568	0,472
±50°	0,981	0,991	0,979	0,947	0,897	0,830	0,751	0,664	0,574	0,487
±90°	0,981	0,970	0,940	0,893	0,834	0,766	0,692	0,616	0,541	0,470

Montevidéu (Uruguai)
Latitude: -34,44°

Disponibilidade anual para Montevidéu

Disponibilidade anual ótima: 1.637 kWh/m²

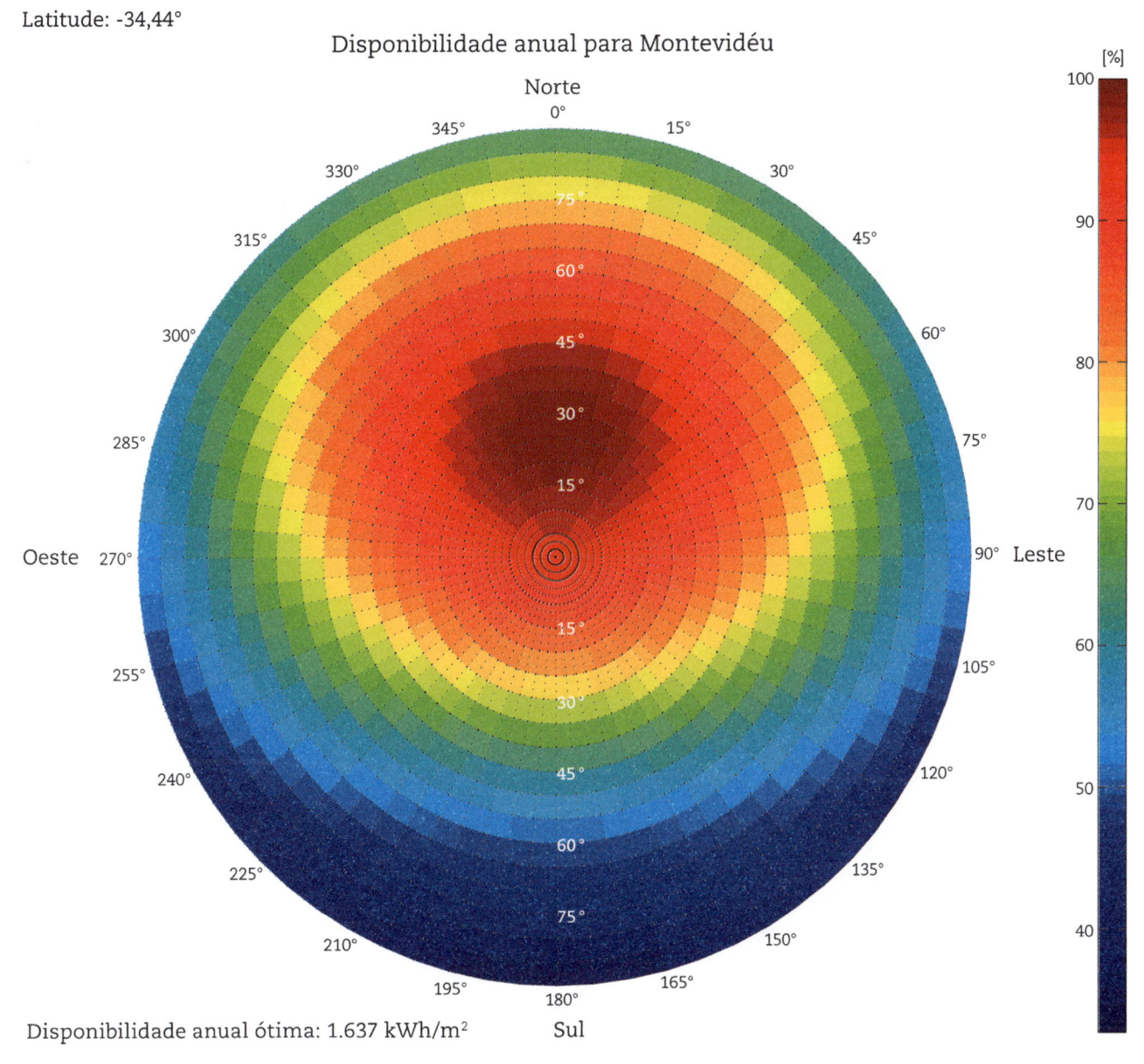

TAB. 6.36 Relação de perdas (sobre o valor máximo teórico) segundo a orientação (γ) e inclinação (β) do gerador fotovoltaico para a cidade de Montevidéu

FATORES DE CORREÇÃO SEGUNDO UMA INCLINAÇÃO E ORIENTAÇÃO DADAS (Disponibilidade anual ótima = 1.637 kWh/m²)										
γ \ β	0°	10°	20°	30°	40°	50°	60°	70°	80°	90°
0°	0,940	0,979	0,998	0,996	0,975	0,933	0,874	0,797	0,707	0,607
±25°	0,940	0,974	0,990	0,985	0,960	0,918	0,858	0,783	0,697	0,603
±50°	0,940	0,965	0,971	0,959	0,930	0,884	0,824	0,753	0,672	0,586
±90°	0,940	0,930	0,905	0,867	0,819	0,763	0,701	0,636	0,569	0,502

Paramaribo (Suriname)
Latitude: 5,57°

Disponibilidade anual para Paramaribo

Disponibilidade anual ótima: 1.780 kWh/m²

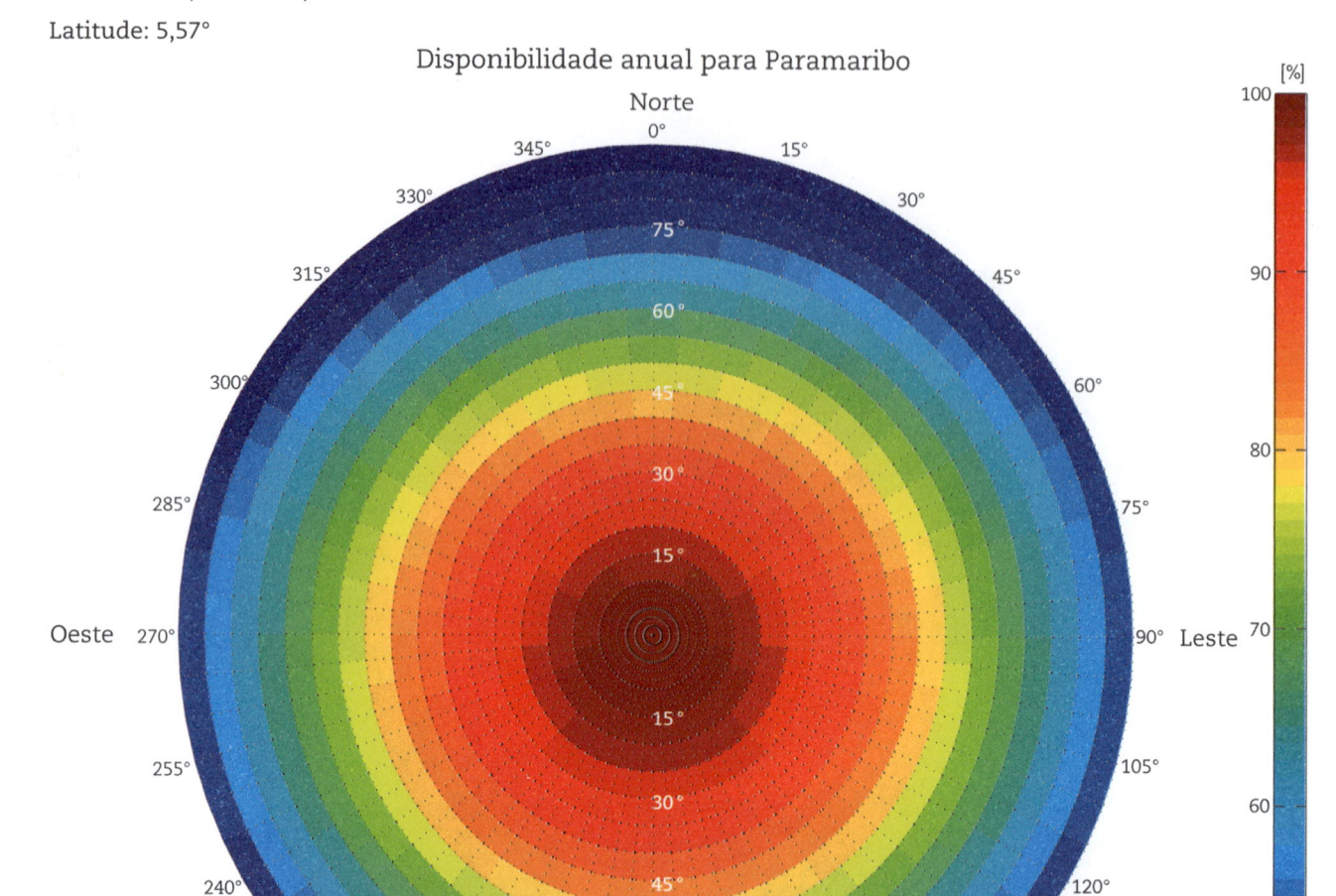

TAB. 6.37 Relação de perdas (sobre o valor máximo teórico) segundo a orientação (γ) e inclinação (β) do gerador fotovoltaico para a cidade de Paramaribo

FATORES DE CORREÇÃO SEGUNDO UMA INCLINAÇÃO E ORIENTAÇÃO DADAS										
(Disponibilidade anual ótima = 1.780 kWh/m²)										
γ \ β	0°	10°	20°	30°	40°	50°	60°	70°	80°	90°
0°	0,998	0,997	0,975	0,933	0,872	0,796	0,706	0,608	0,517	0,437
±25°	0,998	0,996	0,973	0,931	0,872	0,798	0,713	0,621	0,531	0,448
±50°	0,998	0,994	0,970	0,928	0,871	0,801	0,724	0,641	0,559	0,481
±90°	0,998	0,988	0,960	0,916	0,859	0,793	0,721	0,646	0,571	0,498

Quito (Equador)
Latitude: -0,11°

Disponibilidade anual para Quito

Disponibilidade anual ótima: 2.127 kWh/m²

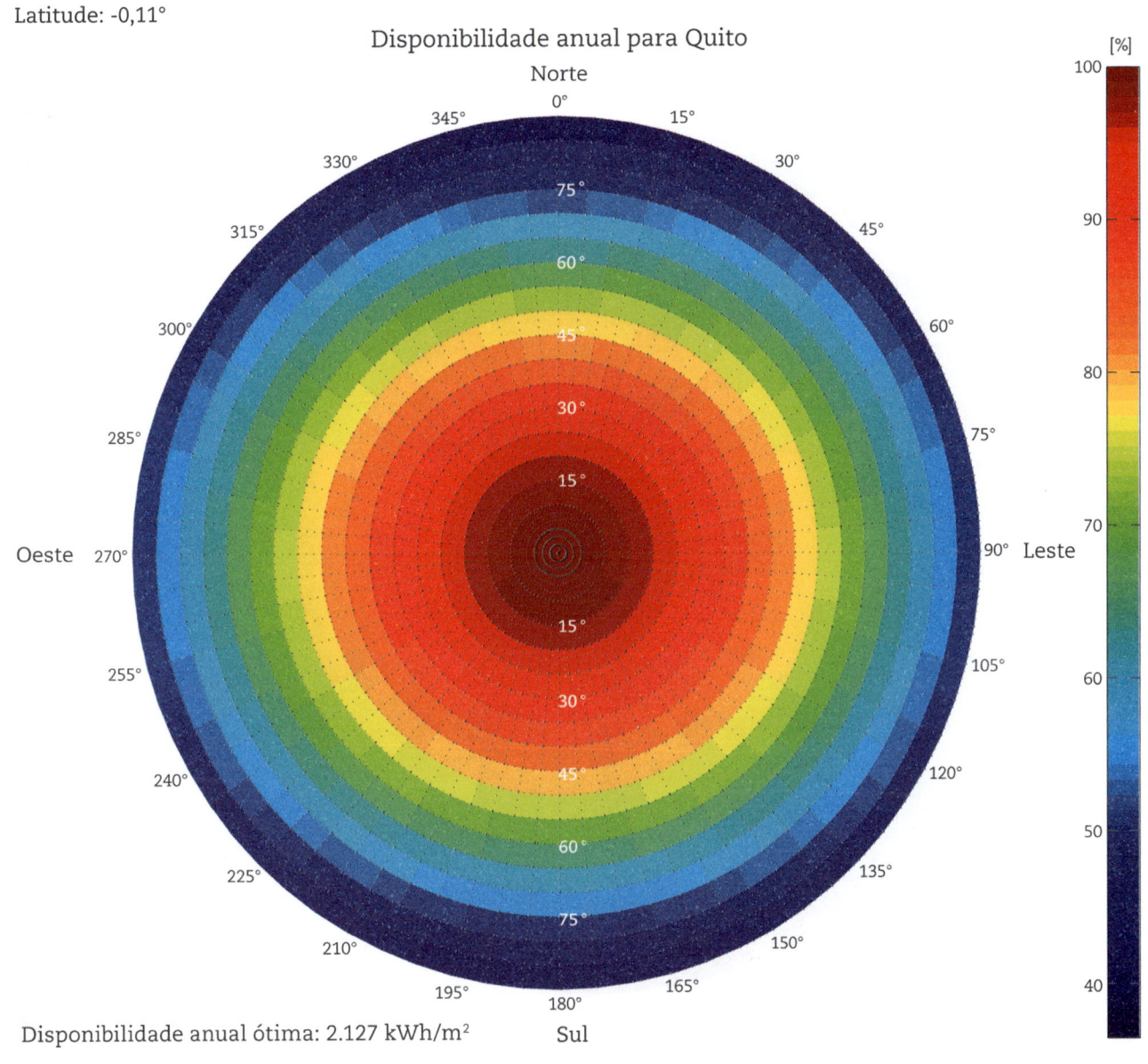

Tab. 6.38 Relação de perdas (sobre o valor máximo teórico) segundo a orientação (γ) e inclinação (β) do gerador fotovoltaico para a cidade de Quito

FATORES DE CORREÇÃO SEGUNDO UMA INCLINAÇÃO E ORIENTAÇÃO DADAS (Disponibilidade anual ótima = 2.127 kWh/m²)										
$\gamma \backslash \beta$	0°	10°	20°	30°	40°	50°	60°	70°	80°	90°
0°	1,000	0,986	0,951	0,895	0,819	0,728	0,625	0,522	0,437	0,364
±25°	1,000	0,986	0,952	0,897	0,825	0,738	0,643	0,546	0,457	0,381
±50°	1,000	0,987	0,953	0,901	0,833	0,754	0,667	0,579	0,496	0,422
±90°	1,000	0,989	0,958	0,911	0,850	0,780	0,704	0,626	0,550	0,477

Santiago (Chile)
Latitude: -33,22°

Disponibilidade anual para Santiago

Disponibilidade anual ótima: 1.438 kWh/m²

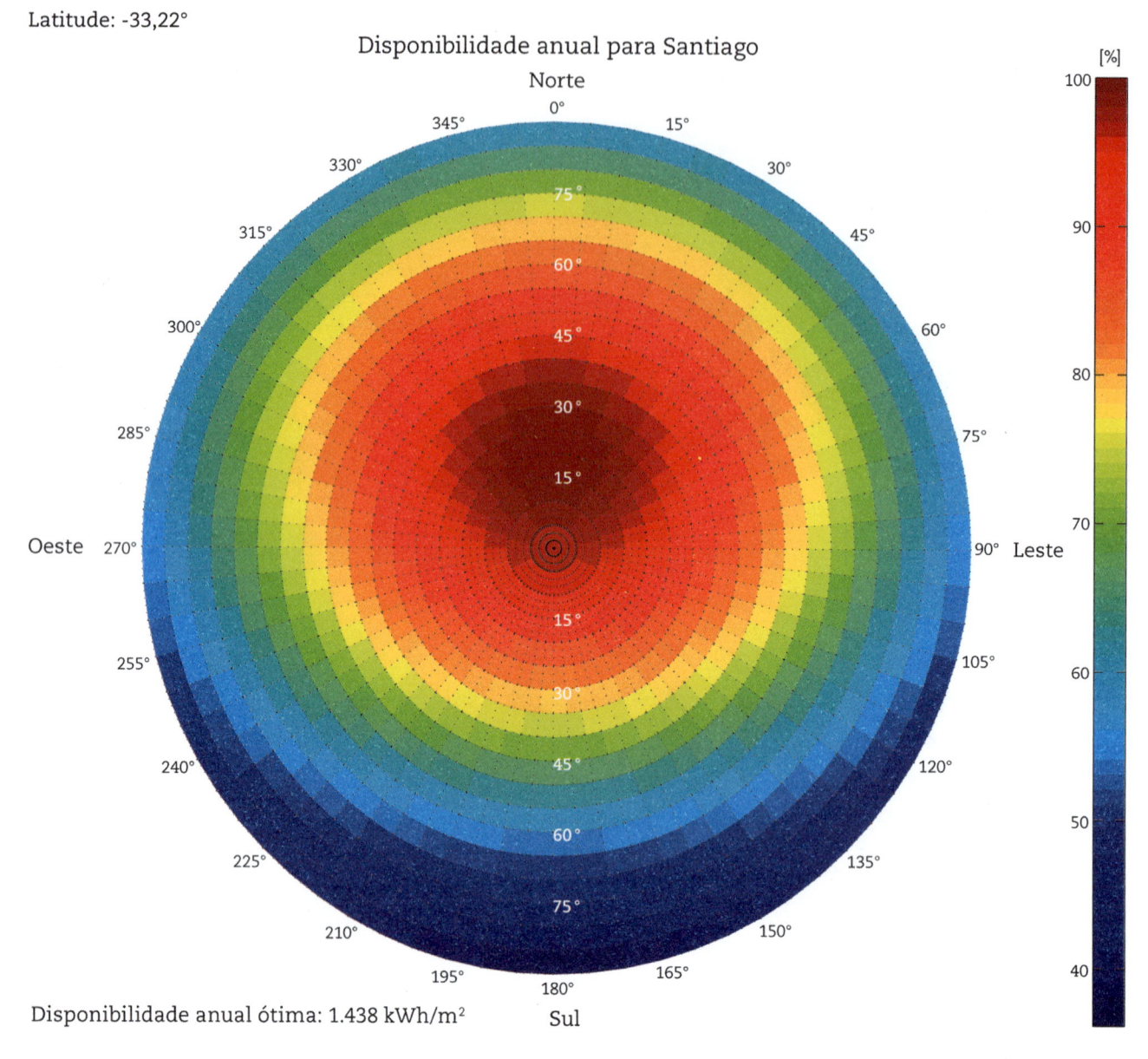

Tab. 6.39 Relação de perdas (sobre o valor máximo teórico) segundo a orientação (γ) e inclinação (β) do gerador fotovoltaico para a cidade de Santiago

	FATORES DE CORREÇÃO SEGUNDO UMA INCLINAÇÃO E ORIENTAÇÃO DADAS (Disponibilidade anual ótima = 1.438 kWh/m²)									
$\gamma \backslash \beta$	0°	10°	20°	30°	40°	50°	60°	70°	80°	90°
0°	0,969	0,995	1,000	0,986	0,953	0,901	0,833	0,751	0,658	0,558
±25°	0,969	0,992	0,994	0,978	0,943	0,892	0,825	0,745	0,657	0,564
±50°	0,969	0,985	0,982	0,960	0,923	0,871	0,806	0,731	0,649	0,564
±90°	0,969	0,961	0,935	0,896	0,846	0,789	0,724	0,656	0,587	0,518

Sistemas Fotovoltaicos